上大书系

永磁同步电机 DSC 控制

YONGCI TONGBU DIANJI
DSC KONGZHI

高瑾 高心远 ◎ 著

上海大学出版社

图书在版编目(CIP)数据

永磁同步电机 DSC 控制 / 高瑾，高心远著. -- 上海：上海大学出版社，2025.3. -- ISBN 978-7-5671-5218-2

Ⅰ. TM351.012

中国国家版本馆 CIP 数据核字第 2025N5Y552 号

责任编辑　贾素慧
封面设计　缪炎栩
技术编辑　金　鑫　钱宇坤

永磁同步电机 DSC 控制

高　瑾　高心远　著

上海大学出版社出版发行
（上海市上大路 99 号　邮政编码 200444）
（https://www.shupress.cn　发行热线 021-66135112）
出版人　余　洋

*

南京展望文化发展有限公司排版
广东虎彩云印刷有限公司印刷　各地新华书店经销
开本 787mm×1092mm　1/16　印张 15.5　字数 367 千
2025 年 3 月第 1 版　2025 年 3 月第 1 次印刷
ISBN 978-7-5671-5218-2/TM·2　定价 78.00 元

版权所有　侵权必究
如发现本书有印装质量问题请与印刷厂质量科联系
联系电话：0769-85252189

前言
FOREWORD

对初学者来说,用微处理器芯片进行独立编程并不是一件容易的事。尽管资料很多,却往往不得其门而入,很多时候,浩瀚的资料反而成为一种负担。当控制对象为电机时,也就意味着在芯片基础上,还要掌握电机的理论,难度就进一步提高了。

这是一本面向初学者的入门书,旨在使零基础读者能够顺利进入电机控制编程的大门。通过本书一步一步地阅读,读者能学会独立进行C语言编程及调试,初步掌握一个芯片的使用方法,不论算法是否高级,能实现电机的基本控制就好,为今后进一步学习奠定一个基础。

本书的所有例程都是在自行设计并制造的试验箱上运行,该试验箱包含了永磁同步电机和三相阻感性负载。之所以设计阻感性负载,是因为与电机相比,阻感性负载的控制相对容易,可以用作电机控制之前的训练,然后再将负载切换为电机。

C语言的基础是必须的,须具备电机学或电机拖动、电力电子技术、单片机原理的相关基础,是否接触过永磁电机倒不要紧。

书中尽量采用了浅显通俗的行文方式。例程代码以逻辑清晰、便于理解为第一目标,不追求高效率,甚至往往是低效的。在阐述原理的过程中,尽可能少地罗列数学公式。

书中采用原美国飞思卡尔(Freescale)公司的数字信号控制器(digital signal controller,DSC),飞思卡尔公司,曾经在全球半导体公司中名列第九,前身是摩托罗达半导体,2015年被荷兰恩智浦公司收购,在上海浦东设有研发部。DSC与其他公司的数字信号处理器(digital signal processor,DSP)既有本质的相同点也有细节上的区别,大体上可看做同一类芯片的两种不同叫法。荷兰恩智浦公司(NXP)认为,DSC兼具DSP的计算优势,同时在寻址方式上具有微控制器MCU(micro control unit)的灵活性,可简单理解为DSC更好。在本书中,DSC与DSP的称谓是混用的。

多种类型的控制芯片,如单片机、DSP、ARM、FPGA都可以作为微控制器MCU来使用。技术进步以及融合交叉使得它们彼此之间的界限并不清晰,在概念上往往被互相替换,可以笼统地将上述芯片统称为MCU。由于DSP所采用地址总线是与数据总线分开的流水线哈佛架构,运算速度更快,更适合电机控制的实时性需求。

芯片采用NXP公司的MC56F84763VLH,它是56F84xxx系列中的一种(56F84763、56F84766、56F84769、56F84786、56F84789),其内核是32位,主频时钟100 MHz。考虑到数据总线和指令总线是16位,寄存器地址也是16位,所以虽然内核采用了32位,也能直接进行32位的乘加运算,但本书将其视作16位定点DSP,书中例程也均采用了16位定点数。

MC56F84763实物外形见左图,为薄型四方扁平封装(LQFP, low-profile quad flat package),四周共有64个引脚(另有80、100个引脚的)。左上角有黑色圆圈符号的为第1号引脚,按逆时针方向引脚号依次变大。芯片为正方形,长约9 mm,厚约1.4 mm,两个相邻引脚之间的间隙约为0.2 mm。最大工作电流约64 mA,供电电压3.3 Vdc。人工焊接时烙铁温度不宜过高,以不超过260℃为好。

书中涉及了两个软件,这两个软件都可以在恩智浦(NXP)公司的官方网站(www.nxp.com)上免费下载。第一个软件是编程需要使用的代码勇士CodeWarrior_11,免费版有代码长度限制(64K),但可以满足教学、科研以及一般的工业化使用;第二个软件是FreeMASTER_2.0,其字面含义是"自由大师",它是飞思卡尔开发的一款功能全面、易于使用的数据可视化工具,适用于NXP微控制器和处理器,具有scope示波器显示、Recorder记录仪显示以及在线调试三大功能。

Scope示波器。它可视作一个功能强大、交互性好的虚拟示波器,每个示波器窗口能同时实时显示8路波形,窗口数量不限。将该软件安装在电脑上,电脑屏幕就成了示波器显示屏。对初学者而言,Scope比实物示波器更友好、更实用。在教学或研发阶段,可用于代替实物示波器,程序中的变量都可以实时显示,且能随意组合,便捷性超过实物示波器。Scope示波器显示低频信号非常好,高频信号则受限于串行通讯速度,有失真的问题。

Recorder记录器。针对Scope示波器的短板,FreeMASTER提供了记录仪Recorder,以显示暂态数据,采样率远高于Scope,但缺点是没有实时性。

在线调试,这是软件FreeMASTER的另一特点。在代码不修改时,程序只需下载一次,不需要反复烧录,就可以在FreeMASTER中进行实时的在线调试。如进行给定参数、PI参数的修改,这减少了不少重复性工作,且数据动态实现了可视化,非常方便。

书中波形均来自FreeMASTER的截图。

相关建议可联系gaojin@shu.edu.cn。

著 者

目 录
CONTENTS

第 1 章　基础与入门 ……………………………………………………………… 1
　1.1　软件安装 ……………………………………………………………………… 1
　1.2　第一个例程 …………………………………………………………………… 8
　1.3　代码勇士 CW11 基本操作 …………………………………………………… 24
　1.4　流水灯 ………………………………………………………………………… 30

第 2 章　无刷直流电机控制 ……………………………………………………… 35
　2.1　BLDC 三相六拍控制 ………………………………………………………… 35
　2.2　BLDC-PWM 斩波控制 ……………………………………………………… 50

第 3 章　函数库数据类型与 PI …………………………………………………… 57
　3.1　函数库 3.0 的使用 …………………………………………………………… 57
　3.2　数据类型与数学运算 ………………………………………………………… 65
　3.3　比例积分调节器 ……………………………………………………………… 76

第 4 章　模数转换 ………………………………………………………………… 82
　4.1　模数转换 ADC-电位器 ……………………………………………………… 82
　4.2　模数转换 ADC-PWM 同步触发 …………………………………………… 85
　4.3　模数转换 ADC-两相电流 …………………………………………………… 87
　4.4　BLDC 闭环调速 ……………………………………………………………… 92

第 5 章　脉冲宽度调制 PWM …………………………………………………… 104
　5.1　SPWM ………………………………………………………………………… 104
　5.2　SVPWM ……………………………………………………………………… 109

第 6 章　矢量控制入门 …………………………………………………………… 128
　6.1　坐标变换 ……………………………………………………………………… 128
　6.2　阻感负载电流滞环控制 ……………………………………………………… 143
　6.3　阻感负载 SPWM 闭环控制 ………………………………………………… 149

6.4 阻感负载 SVPWM 闭环控制 ⋯⋯⋯⋯⋯⋯⋯⋯⋯⋯⋯⋯⋯⋯⋯⋯⋯⋯⋯⋯ 155

第 7 章 速度与位置的测量 ⋯⋯⋯⋯⋯⋯⋯⋯⋯⋯⋯⋯⋯⋯⋯⋯⋯⋯⋯⋯⋯⋯⋯ 166
7.1 光编测速 ⋯⋯⋯⋯⋯⋯⋯⋯⋯⋯⋯⋯⋯⋯⋯⋯⋯⋯⋯⋯⋯⋯⋯⋯⋯⋯⋯⋯ 166
7.2 光编测位置 ⋯⋯⋯⋯⋯⋯⋯⋯⋯⋯⋯⋯⋯⋯⋯⋯⋯⋯⋯⋯⋯⋯⋯⋯⋯⋯⋯ 178
7.3 LED 显示 ⋯⋯⋯⋯⋯⋯⋯⋯⋯⋯⋯⋯⋯⋯⋯⋯⋯⋯⋯⋯⋯⋯⋯⋯⋯⋯⋯⋯ 183

第 8 章 永磁同步电动机控制 ⋯⋯⋯⋯⋯⋯⋯⋯⋯⋯⋯⋯⋯⋯⋯⋯⋯⋯⋯⋯⋯⋯ 191
8.1 PMSM 启动 ⋯⋯⋯⋯⋯⋯⋯⋯⋯⋯⋯⋯⋯⋯⋯⋯⋯⋯⋯⋯⋯⋯⋯⋯⋯⋯⋯ 191
8.2 PMSM 矢量控制 ⋯⋯⋯⋯⋯⋯⋯⋯⋯⋯⋯⋯⋯⋯⋯⋯⋯⋯⋯⋯⋯⋯⋯⋯⋯ 196
8.3 PMSM 直接转矩控制 ⋯⋯⋯⋯⋯⋯⋯⋯⋯⋯⋯⋯⋯⋯⋯⋯⋯⋯⋯⋯⋯⋯⋯ 211

附录 ⋯⋯⋯⋯⋯⋯⋯⋯⋯⋯⋯⋯⋯⋯⋯⋯⋯⋯⋯⋯⋯⋯⋯⋯⋯⋯⋯⋯⋯⋯⋯⋯⋯ 227
1 试验箱使用说明 ⋯⋯⋯⋯⋯⋯⋯⋯⋯⋯⋯⋯⋯⋯⋯⋯⋯⋯⋯⋯⋯⋯⋯⋯⋯ 227
2 PMSM 标幺化数学模型 ⋯⋯⋯⋯⋯⋯⋯⋯⋯⋯⋯⋯⋯⋯⋯⋯⋯⋯⋯⋯⋯⋯ 237

第 1 章 基础与入门

本安装方法适用于 Microsoft64 位操作系统 Windows7、Windows8、Windows10 及 Windows11,共需安装三个软件。安装前,请关闭杀毒软件与防火墙。安装及后续使用过程中,如果出现与编程软件相关的警告提示,可以选择信任并加入白名单,以免有用组件被误删除,导致软件不可用。

1.1 软件安装

1.1.1 CodeWarrior11 安装

本书采用的编程软件为代码勇士 CodeWarrior,用于程序的开发、编写、调试与下载。通常各个公司都有自己的编程软件,多数只能用于本公司产品,这也称集成开发环境(IDE,Integrated Development Environment)。以下将代码勇士简称为CW,使用的是恩智浦NXP半导体公司于 2018 年发布的 V11.0 版本。安装压缩包大小约 1.9 GB,解压缩后安装可执行文件(**setup.exe**),其位于文件夹 CW for MCU 11.0 中(图 1.1)。

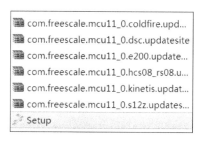

图 1.1 安装文件

图 1.2 管理员身份运行

右键单击 **setup.exe**,点击以管理员身份运行,开始安装。

直接单击下一步 Next(图 1.3)。

选择接受协议:I accept the term of the license Agreement(图 1.4)。

CW 可开发的芯片包括:ColdFire/Sensors、DSC、Kinetis、Qorivva、S12Z、S08/RS08 六个系列,每个系列包含若干不同具体型号的芯片。ColdFire 是 32 位的传统微处理器,多用于以太网

图 1.3　安装过程

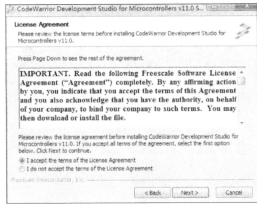

图 1.4　接受协议

控制、光伏发电、医疗电子等领域；DSC 主要用于电机控制、数字电源、功率变换和汽车电子等领域,当下主流芯片的内核是 16 位或 32 位的 MC56F8xxxx 系列；Kinetis 是采用 ARM 内核的 32 位微控制器；Qorivva 是汽车级 32 位微控制器；S12Z 是一种入门级的、用于汽车电子的 16 位微处理器；S08 是 8 位微处理器,多用于汽车电子与消费电子领域。

本书只选择第二项数字信号控制器 DSC(digital signal controller),如图 1.5,其他五个系列的芯片本书暂不涉及。

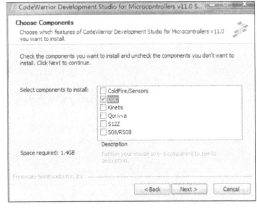

图 1.5　芯片类型选择

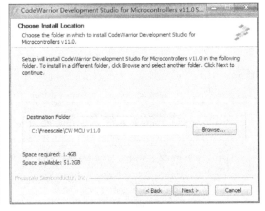

图 1.6　全英文路径

要注意安装路径中不能出现中文。容易犯的一个错误是:安装路径设置在了"桌面""我的文档"或者"用户",这三个选项均不可行,在后续编译、链接时都有可能会出现报错信息。自定义安装路径时采用全英文路径为佳(图 1.6),建议采用默认安装路径:C:\Freescale\CW MCU v11.0。

图 1.7　信任该软件

后续过程中始终选择默认安装,由于不同电脑的操作系统不一样,有可能出现多次如图 1.7 所示的提示信息。不论出现多少次,勾选

"始终信任来自 Freescale Semiconductor 的软件",并选择"安装"。尤其是杀毒软件、防火墙跳出相关提示的时候,均选择"信任"。在 CW 的后续使用过程中,也要始终选择信任,以防止杀毒软件误删除必要的有用组件,导致 CW 出现莫名的报错。

安装结束,总用时大约为 15 分钟。

单击"开始/所有程序",安装后的软件位于 Freescale CodeWarrior/CW for MCUv11.0(图 1.8)。双击图 1.8 中的图标代码勇士 CodeWarrior,打开集成开发环境 IDE。在 IDE 中,可以进行编程、调试及下载等工作。

  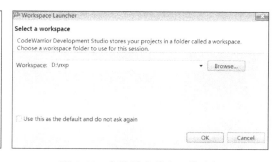

图 1.8　安装完成后的目录　　图 1.9　快捷图标　　　　图 1.10　启动过程中的界面

安装后,IDE 的快捷方式将自动放置到桌面上,桌面图标如图 1.9。

启动过程的界面如图 1.10。

启动过程中,会询问工作空间的位置,默认为 c:\users\Adminstrotor\workspace(图 1.11)。后续工程文件将全部保存在该工作空间中。

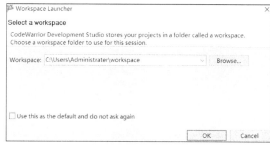 

图 1.11　默认的全英文工作路径　　　　图 1.12　自选的全英文工作路径

工作空间的路径是可以自定义的,但要注意,自定义路径中不能出现中文(如桌面、我的文档、用户都不行),全英文路径最保险,建议在根目录下新建一个英文名称的文档,例如图 1.12 的自定义路径为 D:\nxp。在后续工作中,每个工程均可新建一个单独的文档,作为 D:\nxp 的下级子文档,这是一个良好的习惯,所有的文档名都应当采用全英文。

启动结束后,主界面如图 1.13。

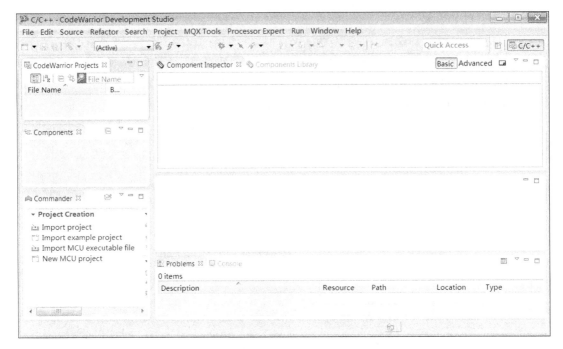

图 1.13 主界面

1.1.2 FreeMASTER 安装

该软件的版本号为 V2.0，它是恩智浦 NXP 半导体公司开发的一种异常有力的调试工具，可以在线实时显示程序中变量的波形，可作为一个安装在电脑上的虚拟示波器来使用。

右键单击安装文件 **FMASTERSW2.0.exe**，选择"管理员身份运行"（图 1.14），开始安装。

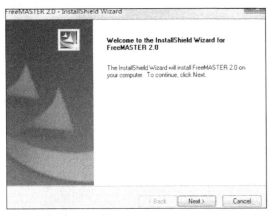

图 1.14 安装过程

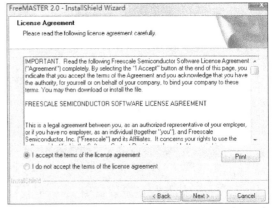

图 1.15 接受协议

选择接受协议"I accept the terms of the license agreement"（图 1.15）。

选择全部安装"Complete"（图 1.16）。

选择默认的安装路径：C:\program flies(x86)\Freescale\FreeMASTER2.0。

单击"开始/所有程序"，安装后的软件将位于FreeMASTER2.0文件夹中（图1.17）。双击图1.17中的FreeMASTER2.0图标，可以打开软件。桌面快捷方式见图1.18。

图 1.16　安装过程

图 1.17　安装后的文件夹

图 1.18　快捷方式

软件初始界面如图1.19。

图 1.19　主界面

1.1.3　库的安装

右键单击安装文件"**56800E_FSLESL_r3.0.exe**"，选择"管理员身份运行"，开始安装，并选择接受协议"I accept the terms of the license agreement"（图1.20）。

选择默认的安装路径即可：c:\Freescale\56800Ex_FSLESL_r3.0（图 1.21）。

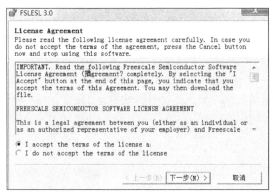

图 1.20　接受协议

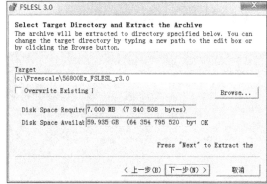

图 1.21　全英文安装路径

该软件的安装时间非常短。安装后的六个函数库如图 1.22 所示。

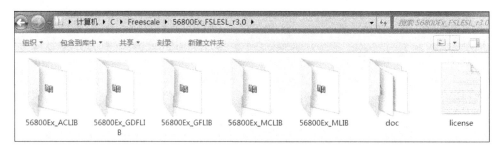

图 1.22　安装后的六个函数库

重启电脑，全部安装结束。

1.1.4　安装问题及处理

根据实践经验，95%以上都是可以一次安装成功的。安装不成功的现象主要表现为：在 CW11 中程序的编译、链接、下载均显示正常，但打开 FreeMASTER 后，会发现无法实现通讯，FreeMASTER 始终提示连接不成功。其原因在于缺少串口驱动。

示例电脑的操作系统为 64 位 Windows 10 家庭版。USB-TAP 仿真器外观如图 1.23 所示。

与前期曾经广泛使用的 Codewarrior 8.3 版本不同，Codewarrior 11 软件中包含了 USB-TAP 仿真器的驱动，通常不需要额外处理，所以多数情况下软

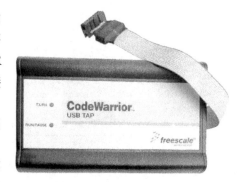

图 1.23　USB-TAP 仿真器

件可以一次安装成功。但是不同的 USB-TAP 仿真器所需的驱动不一定相同，有的仿真器在 Codewarrior 11 软件安装成功后可以直接使用，但有的仿真器就不行，在下载程序时会提示连接不成功。或者电脑本身的 Windows 操作系统缺少相关串行通讯驱动或 USB 驱动，

也会造成与 FreeMASTER 不能通讯的现象。

仿真器是否连接成功,可以通过下列方法验证。

右键单击"计算机",选择"管理",再选择"设备管理器",若出现图 1.24 所示信息则表明该仿真器是连接成功的,已经安装好了相关的串口驱动,能顺利地实现上位机电脑中 FreeMASTER 与 DSC 芯片的实时通讯。图 1.24 的操作适用于 Windows7 与 Windows10 两种操作系统。

图 1.24　USB‐TAP 仿真器驱动正常

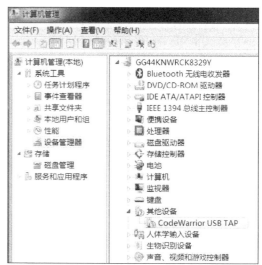

图 1.25　USB‐TAP 仿真器驱动异常

如果未成功安装该仿真器的串口驱动,则仿真器"CodeWarrior USB TAP"将出现在"其他设备"中,且前面有黄色感叹号标识,见图 1.25。

图 1.26 显示了 USB‐TAP 仿真器安装成功后串口驱动程序的详细信息。

按照由简单到复杂的顺序,本书依次给出了三种安装失败的解决方法,通常情况下,第一或第二种方法即可解决问题。

(1) 解决方法

第 1 种:如果 USB‐TAP 仿真器缺少驱动,可以安装补丁包 AN4338SW,该补丁包为压缩包文件,可以到 NXP 官网下载。解压缩后按照图 1.27 所示路径(AN4338SW\ccs\drivers\usb),找到并运行 setup.bat 批处理文件,让电脑自动安装补丁即可。安装之前,把 USB‐TAP 仿真器连接到电脑的 USB 接口,以便让电脑可以自动找到该设备。

第 2 种:利用相关软件(如驱动精灵、驱

图 1.26　USB‐TAP 仿真器串口驱动程序

图 1.27　补丁包所在位置

动人生），在电脑中自动检测并打上驱动补丁。但事先要将仿真器连接至电脑，以便相关软件自动检测到该硬件。

第3种：在电脑上安装双系统。如果电脑上安装的操作系统版本较高，可能会出现与CW、FreeMASTER不兼容的情况。此时可在电脑上另外安装较低版本的操作系统，如Window10，然后将上述软件安装在低版本操作系统中。

（2）使用中注意事项

再次提醒，在安装及后续使用过程中，如果杀毒软件、防火墙等跳出如图1.28提示，应选择"允许程序运行"，否则会导致软件的相关系统文件被误删除，使用了一段时间后，程序编译时会出现报错。

图 1.28　允许程序运行

1.2　第一个例程

作为第一个例程，越简单越好，需要达到的目的有两个：1) 测试软件与硬件系统；2) 尽快跨过编程门槛。初学者先有一个感性认知至关重要，久久迷失于长篇累牍的 datasheet（数据手册）文献，却依然不能独立解决实际问题的方式是一条弯路，初学者很容易走上这条弯路。

1.2.1　原理

产生一个周期性变化的锯齿波，取值范围 0~2000，到 2000 时复位，然后再重复，周期 2 秒，最后在 FreeMaster 中显示这个波形（图 1.29）。

整个工作分为两步：

1) 在 CW 中新建工程。完成初始化、编程、调试、下载。

2) 在 FreeMaster 中新建工程。完成初始化、连接、波形显示。

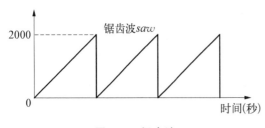

图 1.29　锯齿波

无论多么复杂的程序，开发步骤都相差无几，即在两个软件中分别建立一个工程。所以，这个例程虽然简单，但已经展示了 DSC 电机控制编程的整体框架与步骤。此处详细说明本例程，在后续例程中，将不再说明重复性内容。

上述两个工程均需保存在同一个文件夹中，特别是要及时保存 FreeMaster 工程，要养成保存的习惯，方便后续再次使用，以避免重复性操作。

1.2.2 CW 工程

打开软件 CW，新建工程，命名为 saw。工程英文是 project，称之为项目可能更易于理解。一个控制算法包含了很多文件，如配置文件、链接文件、初始化文件、源代码等。所有文件汇总起来就组成了一个工程。

（1）建立工程的基本框架

在菜单栏中选择 File\New\Bareboard Project，如图 1.30 所示。

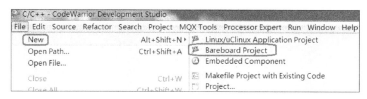

图 1.30　新建工程

工程的存放路径不能包含中文，否则编译会出现报错，全英文路径最保险。

单击 Next，然后根据实际使用的芯片 DSC 型号，选择 MC56F84763（图 1.32）。

根据实际使用的仿真器进行选择，本例程使用的仿真器是 Freescale USB TAP（图 1.33）。

选择所使用的编程语言类别 C（图 1.34）。选

图 1.31　工程保存路径

图 1.32　芯片型号选择

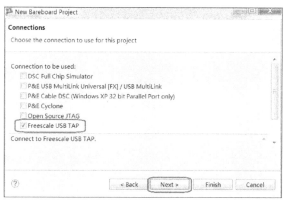

图 1.33　仿真器类型选择

择处理器专家 Processor Expert(PE)，最后单击 Finish(图 1.35)。

图 1.34 编程语言

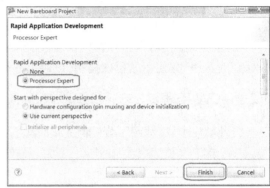
图 1.35 初始化工具处理器专家 PE

完成新建工程后的 CW 主界面如图 1.36。

图 1.36 初始主界面

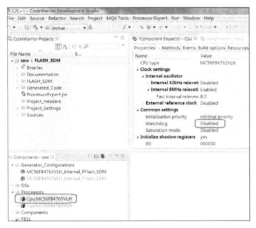
图 1.37 禁止看门狗

下面一步非常重要，对于初学者，建议关掉"看门狗"Watchdog 功能。将 Watchdog 设置为 Disabled(图 1.37)。看门狗的作用是为了防止程序跑飞或陷入死循环，目前还是把它禁止为好，否则容易出现程序只运行很短的时间就自动停止。本书中的后续工程都要首先禁止"看门狗"功能。

如果没有出现包含看门狗的界面 Component Inspector-Cpu，那么，单击图 1.37 左侧的 Cpu：MC56F84763VLH 即可。

使用看门狗的思路：在 main.c 文件中的主

循环里添加看门狗定时器 WatchDog;设置一个长周期,最长可为数秒,看门狗定时器则开始计数;在每个周期内,将看门狗定时器清零,重新开始计数,这一过程俗称"喂狗";如果"喂狗"不及时,看门狗将重置 CPU;如果程序跑飞或陷入死循环,也将错过"喂狗"时机。

完成新建工程后,系统自动生成的全部文件见图 1.38。与编程有关的两个文件分别为 Events.c 和 main.c(图 1.39),代码就写在这两个文件中。

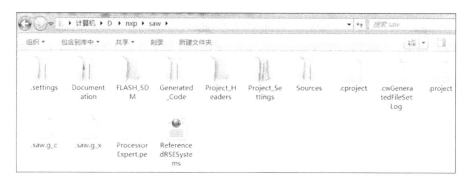

图 1.38　自动生成的文件

图 1.39　两个编程文件 main.c 与 Events.c

图 1.40　两个编程文件所在位置

main.c 为主文件,主体为一个无限主循环,用于等待中断。Events.c 为中断文件,所有中断服务的子程序都放在该文件中。它们在 CW 中的位置见图 1.40,双击即可打开。

(2) 添加 FreeMaster 模块及其初始化

在工程窗口 Components-saw 的 Component 文件夹里,可以添加各种功能模块 component(俗称嵌入豆\豆子\函数),目前还没有添加任何功能模块,该文件夹尚属空白(图 1.41)。

在 Processor Expert(处理器专家,PE)窗口有两个选项：1) Component Inspector-Cpu 用于对具体模块进行初始化,2) Components Library 是模块库(图 1.42),它包含了很多已经封装好的功能模块,可以直接拖曳进工程里使用。所以,首先要在库中找到需要的模块,将其添加进工程,然后再对其进行初始化设置。

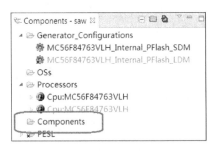
图 1.41　添加模块之前的显示

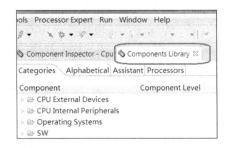
图 1.42　模块库 components library

添加 FreeMaster 模块,该模块位于 Component Library/CPU External Devices/Display (图 1.43),双击该模块即可将其加入工程。其他模块的添加都可照此办理。

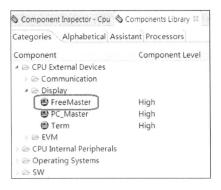
图 1.43　FreeMaster 模块

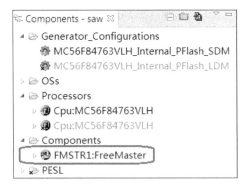
图 1.44　FreeMaster 添加之后

添加之后,在工程窗口 Components-saw 的 Components 文件夹里,会出现新增模块 FMSTR1:FreeMaster(图 1.44)。

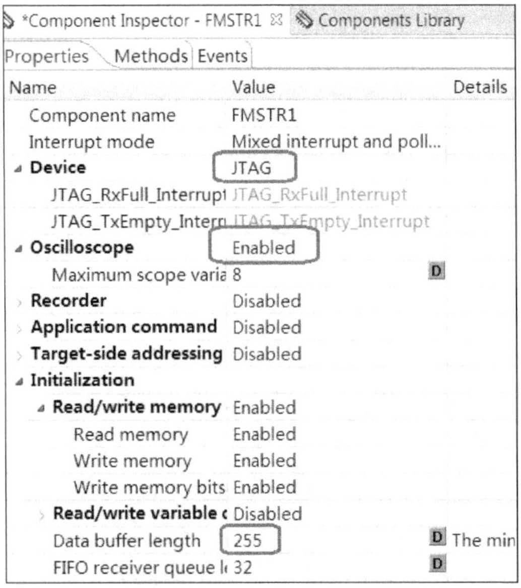

对该模块进行初始化。添加模块是第一步,初始化是第二步,编程是第三步。

双击图 1.44 中的模块 FMSTR1:FreeMaster,在配置窗口(图 1.45)Component Inspector 窗口进行初始化。按图 1.45 矩形框标记修改三个地方:

1) 通讯方式改为 JTAG(Device:JTAG),与实际对应。

2) 使示波器激活(Oscilloscope:Enabled),实时显示波形。

3) 数据缓存改为芯片能允许的最大值 255(Data buffer length:255)。

(3) 添加定时器模块 TimerInt 及其初始化

添加一个定时器模块 TimerInt,用于产生周期性中断。该模块在库中的位置见图 1.46,

图 1.45　FreeMaster 初始化

具体路径为 Components Library\Categories\CPU Internal Peripherals\Timer\TimerInt。定时器是 DSC 程序设计过程中的一个重要环节,该模块在后续例程中会经常被用到。

添加之后,在工程窗口 Components-saw 的 Component 文件夹里,会出现新增模块 TI1:TimerInt(图 1.47)。模块左侧之所以出现红色差号,这是因为还没有完成正确的初始化配置,完成后红色差号便会消失。

双击图 1.47 中的定时器模块图标 TI1:TimerInt,进行初始化,将定时器中断周期 Interrupt period 设定为 1 ms(图 1.48)。

在本配置窗口 Component Inspector 中,有三个选项页:Properties、Methods、Events(图 1.49)。默认选项为属性页 Properties。Methods 页面中提供了该模块的众多方法,在 Events 页面里列出了中断子程序的名称 TI1_OnInterrupt。上述内容的具体使用在后续例程中会逐步阐述。

现在来谈一谈中断是怎么回事。一个芯片只有一个中央处理器(CPU),所有的运算都由 CPU 来完成。而一个工程里有很多子程序,这些子程序都可以调用 CPU,那么就造成一个排队的问题,谁先用,谁后用。

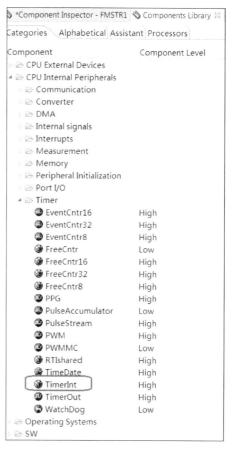

图 1.46 定时器中断 TimerInt

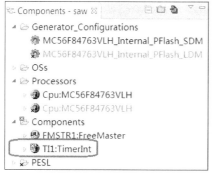

图 1.47 定时器中断模块添加之后

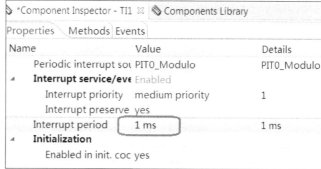

图 1.48 定时器模块初始化

每个子程序都有一个优先级,默认为中级(medium priority,图 1.50)。如果优先级一样,就遵循先来后到原则,即谁先向 CPU 提出申请,谁就先用。在 CPU 被一个中断子程序使用期间,假如另一个子程序也向 CPU 提出了申请,那么它只能按照先来后到的原则耐心等待。

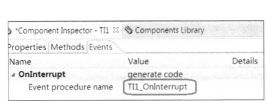
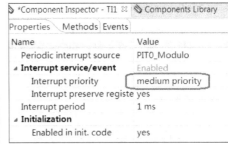

图 1.49　三个选项页　　　　　图 1.50　优先级 Interrupt priority

如果优先级不一样,那么具有高优先级的子程序就有了插队的权利,一旦高优先的子程序提出申请,CPU 会马上中断低优先级的任务,先处理高优先的任务,待完成后再返回去从刚才结束的地方(即断点)继续执行原有任务。通俗地讲,就是高优先级的可以插队,优先级越高,插队的权利越大。

本例程中只有一个定时器中断子程序,它里面包含了很多语句,是需要用户自己动手编写的。那么这个定时器多长时间要找 CPU 一次呢?按照上面的初始化配置,就是每 1 ms 找 CPU 一次(提出中断申请)。本例程中的 CPU 总是有空的,于是马上就答应(中断响应),子程序中的代码随后就被送入 CPU,从头到尾执行一遍,最后把计算结果告诉定时器(返回)。

(4) 编译生成基本框架

单击菜单栏下方的锤子形状的 build 按钮 ，生成程序基本框架(图 1.51)。每次初始化之后,都要做 build,此过程称为编译,否则 Events.c 中不会出现中断子程序的初始框架代码。build 起到检查语法的目的,如果代码存在错误,编译后会在主界面右下方的 Problems 中显示错误信息 errors。

假如 errors 为零,则可以忽略警告 warnings,不必顾及 warnings 有多少个。

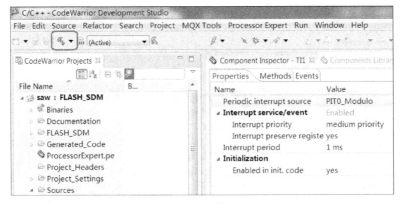

图 1.51　编译 build

(5) 主文件 main.c

双击图 1.52 中主文件 main.c,打开 PE 自动生成的初始框架代码。

自动生成的初始代码只提供了一个框架,需要编程人员"填空",将自己的代码写在 /* Write your code here* /之后(图 1.53)。"/*"处字体为注释。

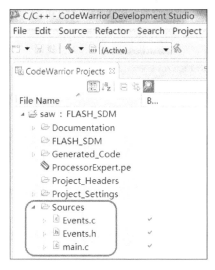
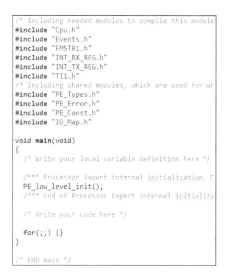

图 1.52　主文件 main.c　　　　图 1.53　主文件 main.c 初始框架代码

在 for(;;)主循环中添加一个方法：Poll(图 1.54)，用来向 FreeMaster 传输数据。操作步骤如下：1) 左键选中 FMSTR1：FreeMaster 模块中的方法：Poll；2) 按住左键不放，拖曳到主循环适当位置再释放。

每个模块中有若干方法 method，method 的添加都采用与此相同的步骤。

Poll 的字面意思为"投票"，可理解成 DSC 芯片将数据打包，源源不断地提交给上位机，用于 FreeMaster 实时显示波形。

图 1.54　FreeMaster 模块中的方法 poll　　图 1.55　主文件 main.c 编程完成

完成后的结果见图 1.55。要注意句末有分号，分号必须在输入法为英文状态下输入，否则编译时将报错。关于方法 method 的添加建议用上文中的"拖曳"方式，手动输入虽然也可以但不建议，以免出现不必要的输入语法错误，对这种错误进行排查而耗费时间是没有什么价值的。

(6) 中断文件 Events.c

Events.c 与主文件 main.c 的打开方法相同，编写好的代码见图 1.56，需要用户自己编写的源代码只有四行。它们分别是：

```
#include "Cpu.h"
#include "Events.h"

/* User includes (#include below t
unsigned int saw;
/*
** ================================
**     Event       :  TI1_OnInterr
**
**     Component   :  TI1 [TimerIr
**     Description :
**         When a timer interrupt
**         when the component is e
**         enabled - <EnableEvent>
**         <interrupt service/ever
**     Parameters  : None
**     Returns     : Nothing
** ================================
*/
/* Comment following line if the a
/* is set to 'yes' (#pragma interr
#pragma interrupt called
void TI1_OnInterrupt(void)
{
  /* Write your code here ... */
    saw++;
    if(saw >= 2000)
        saw = 0;
}

/* END Events */
```

图 1.56　Events.c 编程已完成

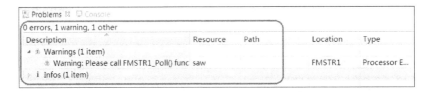

1) unsigned int saw;即变量声明,其初始值默认为零,是无符号整形数。

2) saw++;即每 1ms,变量 saw 增加 1。

3) if(saw>=2000)

saw=0;

表示当变量 saw 累加到 2000 时,复位为零,之后重复刚才的过程。因为中断周期是 1 ms,所以变量 saw 累加到 2000 需要 2000 个周期,对应时间为 2 秒。

值得注意的是,输入代码时,输入法务必为英文状态,包括标点符号,也要在英文状态下输入,否则将导致难以排查的错误。

(7) 编译(build)工程

保存工程,然后单击菜单栏下方的编译按钮 build ,检查是否存在语法错误。CW11 主界面右下方会有信息提示,如图 1.57 中显示“0 errors”,说明无语法错误,警告 warning (1 item)可以忽略。

如果代码中的某个分号是在中文状态下输入,则 build 之后,会出现图 1.58 所示的提示。双击提示信息,输入提示符会自动跳到所对应的问题代码处。但提示信息仅供参考,不可完全依赖。

Problems　Console

0 errors, 1 warning, 1 other

Description	Resource	Path	Location	Type
Warnings (1 item)				
Warning: Please call FMSTR1_Poll() func	saw		FMSTR1	Processor E...
Infos (1 item)				

图 1.57　语法检查结果为正常

Problems　Console

2 errors, 1 warning, 1 other

Description	Resource	Path	Location	Type
Errors (2 items)				
';' expected	Events.c	/saw/Sources	line 57	C/C++ Pro...
mingw32-make: *** [Sources/Events_c.c	saw			C/C++ Pro...
Warnings (1 item)				
Warning: Please call FMSTR1_Poll() func	saw		FMSTR1	Processor E...
Infos (1 item)				

图 1.58　出现语法错误

到此为止,电脑无需连接 USB-TAP 仿真器,仅在电脑上完成编程即可。

(8) 链接与下载(debug)

首先,将电脑与 USB-TAP 仿真器连接,并给 DSC 核心板供电,令 DSC 芯片处于工作状态。要注意避免出现 DSC 核心板不上电就 debug 的情况,若 DSC 不上电则无法工作,不可能实现与电脑的通讯。这是初学者容易犯的错误。

该例程无需使用逆变器直流电压(强电)u_{dc},可通过试验箱中的断路器 S1,事先断开逆变器与负载之间的能量通道。

上电的顺序：先弱电，后强电。这样可最大程度地确保安全。断电顺序则相反：先强电，后弱电。同时也要避免带强电烧录程序的操作，因为带强电烧录程序实质上是先强电后弱电，违反了正常的上电顺序，非常有可能在毫无觉察的情况下烧毁功率管。

把所有文件整合在一起，翻译成机器语言，然后通过 USB-TAP 仿真器下载到 DSC 芯片的 Flash 存储器中运行。断电后程序依然保存，在下次上电后程序会继续运行。这也从另一个侧面说明了"先弱电后强电"的上电顺序的重要性。

菜单栏下方有两个按钮，分别为 build 编译按钮 与 debug 按钮 。build 按钮用于检查语法错误，debug 按钮用于链接和下载（图 1.59）。

图 1.59　build 与 debug 按钮

图 1.60　小数据模式

单击 debug 按钮 后，有两种模式可供选择：小数据模式（small data model，SDM）和大数据模式（large data model，LDM），前者为 16 位，后者为 24 位。推荐选择小数据模式：saw_FLASH_SDM_FSL_USB TAP（图 1.60），因为这种方式速度更快，形成的可执行文件也较小。

在 CW11 界面最右下方会出现进度条（图 1.61），当下载到 100% 时，说明下载完毕。同时还会显示最后生成的可执行文件的大小。

图 1.61　链接与下载进度

下载过程中，USB-TAP 仿真器上的绿色与红色两个指示灯会快速闪烁，说明程序正在写入芯片的 Flash 存储器。完成后，CW 会自动进入 debug 调试界面（图 1.62），如果没有进入，可单击 CW 界面右上方的 Debug 按钮。

图 1.62　debug 调试界面

在 debug 调试界面，菜单栏下方有三个按钮，依次为运行 、暂停 、终止 。单击运行按钮，使程序开始运行。

程序开始运行后，才可以使用 FreeMaster。只有 CW 程序处于运行状态时，主函数才会源源不断地将数据传输给 FreeMaster，才会实时显示波形。如果 CW 程序没有运行，却希望在 FreeMaster 中显示波形,是不可能成功的,这也是容易犯的一个操作型错误。

1.2.3　FreeMaster 工程

FreeMaster 与上位机电脑为串行通讯方式,为保证最快响应时间,尽可能不失真地显示波形,需关闭电脑里无关程序及后台应用,否则不仅会拖慢波形的响应速度,严重的甚至会出现电脑死机。但需认清一点:串行通讯的采样率是有限的,越是高频信号,失真越严重。所以,FreeMaster 的 Scope 有它的局限性,归根到底它只是一个虚拟示波器,实时显示是其优点,但采样率低、采样点少也是它的不足。

（1）新建工程

打开 FreeMaster 软件,系统提供了一个默认工程(图 1.63)。

图 1.63　默认工程

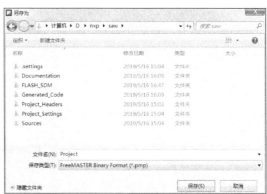
图 1.64　保存 FreeMaster 工程

首先将其保存到本工程的根目录下,方便以后可以直接打开,无需重新设置,避免重复性劳动。工程文件名采用默认名称 Project 即可(图 1.64)。

这时,FreeMaster 还没有与 DSC 芯片实现通讯,界面下方状态栏中显示未连接 Not connected(图 1.65)。

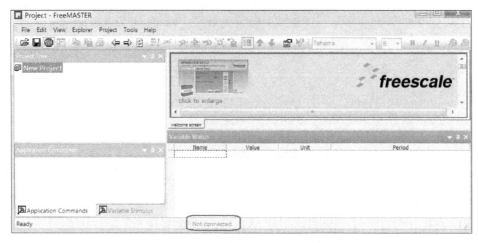
图 1.65　未实现上位机与 DSC 芯片的连接

(2) 创建示波器 scope

右键单击工程名 New Project,选择新建一个示波器选项 Create Scope(图 1.66)。

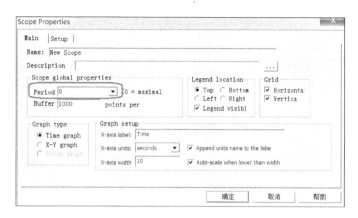

图 1.66　新建一个示波器　　　　图 1.67　示波器实时显示的最大刷新速度

利用右键属性,把示波器周期 Period 改为 0 秒(图 1.67),以获得最快响应速度。如果采用默认的 250 ms,波形会明显失真。

在创建的空白示波器中(图 1.68),由于未添加任何待观察变量,所以示波器界面上为空白,在示波器空白任意处,通过单击鼠标右键可以修改参数。

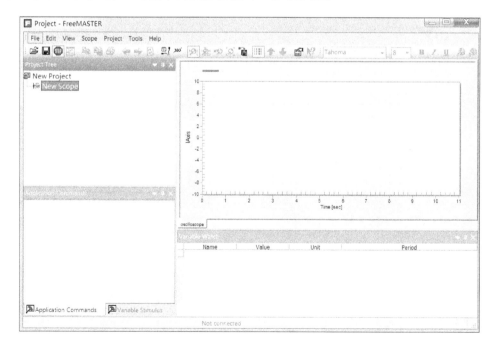

图 1.68　创建了一个空白示波器

通过菜单栏中 Project\Options,进入初始化设置界面(图 1.69)。

仿真器与连接方式按图 1.70 选择,在 Plug-in Module 右侧列表中,根据实际情况,选择 MASTER CodeWarrior-CCS JTAG/OnCE Communication Plugin。因为在 CW 工程中已

经进行了初始化,所以此处已经被系统自动修改为正确项,如果不符,则需要通过下拉箭头手动修改。该项的含义是选择所使用的仿真器类型及其连接方式。

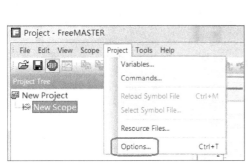

图 1.69 初始化

图 1.70 仿真器连接方式

在 MAP Files 页中,按图 1.71 进行如下两项设置。

1) 在 Default symbol 一栏中,选择文件 saw,其具体位置为 D:\nxp\saw\FLASH_SDM\saw.elf。该文件是 CW 编译后自动产生并保存的。当电脑中有多个工程时,选择 elf 类文件要特别注意路径,避免张冠李戴。

2) File 一栏中,选择类型 Binary ELF with DWARF2 dbg for...。其他为默认。

图 1.71 初始化中的 MAP 文件选择

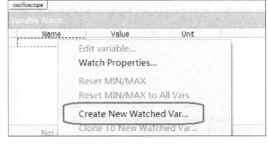

图 1.72 添加待观察的变量以显示其波形

(3) 添加待观测变量

界面右下方为变量观测区 Variable Watch。在变量名一栏的空白处单击右键,选择创建新变量 Create New Watched Variable,也就是待观察的变量(图 1.72)。

在地址栏 address 中找到变量 saw,然后单击,把这个变量添加进来(图 1.73)。address 栏中包含了很多变量,它们按字母顺序排列,每个变量都可以在所创建的示波器中显示。注意显示数据的类型 type 要与源代码中变量声明的类型保持一致。

在主界面菜单栏中单击启停按钮 [STOP],进行上位机电脑与 DSC 芯片的连接。未连接时,该按钮为凹陷形状,连接成功后为凸起形状。连接成功后,会实时显示变量 saw 的数值(图 1.74)。

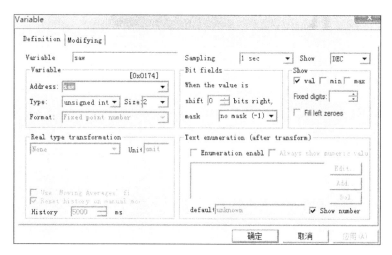

图 1.73 变量选择

综上所述,为了实时显示波形,需要把变量添加到示波器中。虽然受串行通讯速度限制,示波器带宽很窄,只能大概看看主要趋势,而当变量变化频率很高时,波形就会失真了。但不可否认其在调试阶段的有效性,对于低频信号还是有相当可信度的。

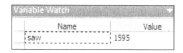

图 1.74 连接成功后 saw 的数值

上位机与 DSC 芯片连接成功后,只有界面右下方的变量观察栏 value 中显示了数字的变化(图 1.74),但示波器中没有波形。还需要进行如下操作:在空白示波器处单击右键,选择 Scope properities 选项,可对示波器进行多方面的配置(图 1.75)。

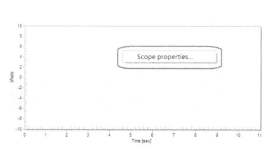

图 1.75 示波器配置入口

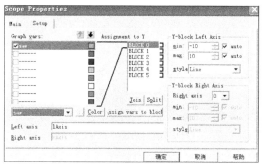

图 1.76 显示方式的配置

在 setup 页中,把变量 saw 添加进来(图 1.76)。添加到哪个通道 BLOCK,以及波形的颜色,都是可以修改的,也可以建立几个通道,或者在一个通道内同时显示几个波形。这些可以通过 Assign vars to block 来实现,具体并不复杂,实际操作一下就能掌握。从图 1.76 中可以看出,在一个示波器通道 BLOCK0 中可以同时显示 8 个变量,一个示波器界面可以同时创建并显示 6 个通道 BLOCK0~BLOCK5,一个通道意味着一个独立的示波器显示界面。

最终显现的结果见图 1.77。

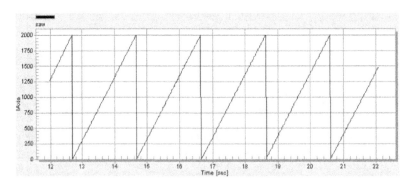

图 1.77 锯齿波

如果示波器周期采用默认的 250 ms 而不是修改为 0，则显示的结果如图 1.78，可见失真是比较严重的。

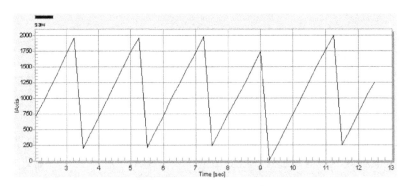

图 1.78 失真严重的锯齿波

务必保存 FreeMaster 工程，以便下次再打开时可以直接使用。到这一步为止，说明系统的软硬件都是正常的，可以安心地进行后续工作了。

(4) 实时调试

上面例程中，只实现了数据可视化功能，并没有实现在线调试。比如 saw 最大值是一个固定的值，要想改变，只能回到 CW 中修改程序，然后再次下载，这样很不灵活，简单重复性劳动容易令人疲倦。如果只下载一次，然后在 FreeMaster 中修改这个参数，就方便多了。这就是实时调试的一个例子。

首先回到 CW 程序中，修改源程序，增加一个变量 max，令其初值为 2 000，代码如下（图 1.79）。

```
#include "Cpu.h"
#include "Events.h"

/* User includes (#include
unsigned int saw;
unsigned int max = 2000;
```

```
#pragma interrupt called
void TI1_OnInterrupt(void)
{
  /* Write your code here ... */
  saw++;
  if(saw >= max)
      saw = 0;
}
```

图 1.79 实时调试源代码

下载后令 CW 程序运行,然后回到 FreeMaster,添加待观测变量 max(图 1.80)。

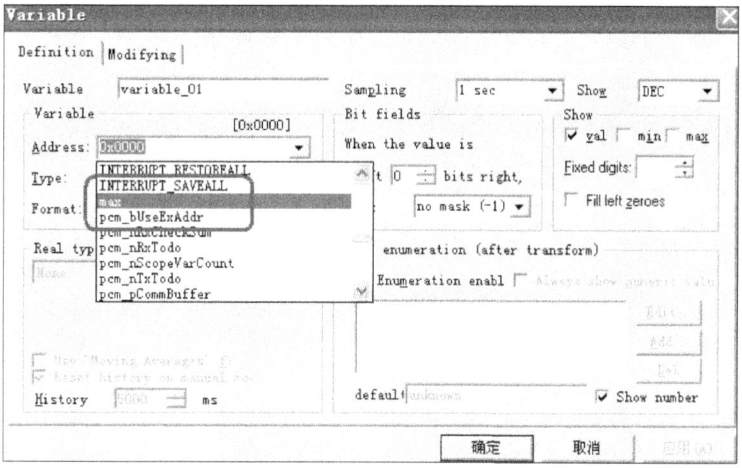

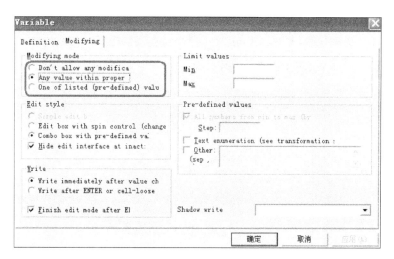

图 1.80　添加变量 max

在 Modifying 页中,将修改模式 Modifying mode 改为可任意修改 Any value within proper value(图 1.81)。

图 1.81　令变量 max 处于可修改状态

完成后,界面中变量显示如图 1.82,max 的值可从初始值 2000 修改为任意值,可在程序运行过程中随时修改。如图 1.82 中显示了把数值从原先的 2000 修改为 5000 之后的结果。

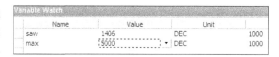

图 1.82　在线实时调试

当 max 的值从 2000 修改为 5000 时,变量 saw 的波形如图 1.83 所示。CW 程序在此过程中始终保持运行,下载一次即可,无需反复编译下载。要充分利用实时调试功能,它可为系统调试、错误排查带来极大便利,节省了大量时间。

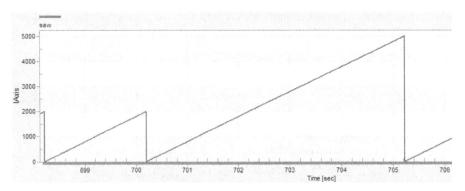

图 1.83　变量 max 从 2 000 修改为 5 000 的波形

1.3　代码勇士 CW11 基本操作

本节列举了代码勇士 CW11 的一些基本操作，内容可进一步参考在线帮助。

1.3.1　字体的修改

文件 Events.c 与 main.c 中的文字大小、样式均是可以修改的，方法如下：在菜单栏中，选择 Window\Preferences（图 1.84）。

在随后出现的界面中，选择下述路径可进行字体修改：General\Appearance\Colors and Fonts\Basic\Text Font，然后单击 Edit（图 1.85），根据个人喜好进行编辑。

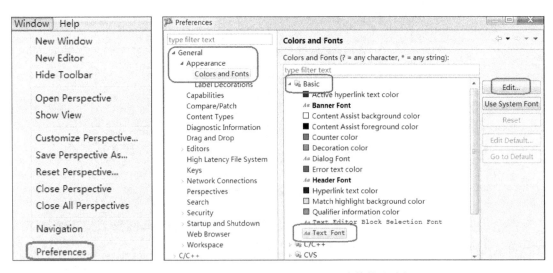

图 1.84　字体修改入口　　　　　　图 1.85　字体修改路径

1.3.2　导入工程

前期已经建立好的工程只能采用导入的方式，而无法简单地打开。因为打开只针对某

个具体的文件,而非整个工程。导入有两种可选途径,可以根据个人习惯,选择其中一个:

1) 在菜单栏中选择 Files\Import。
2) 在 CW11 界面左下方,单击 Import project(图 1.86)。

图 1.86 导入工程入口   图 1.87 导入工程

选择工程文件所对应的路径:Select root directory:D:\nxp。然后勾选拟导入的工程,单击 Finish 按钮结束(图 1.87)。

保险起见,尤其是在文件管理器中复制工程之后,首先要清理以前的编译结果,避免出现莫名的错误。方法为在菜单栏中选择 Project\Clean(图 1.88)。这个清理的方法会经常使用,尤其是出现不知名的语法错误时,清理一下旧的编译内容往往可以解决问题。

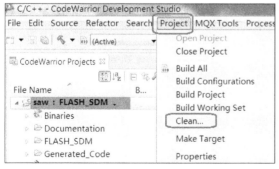
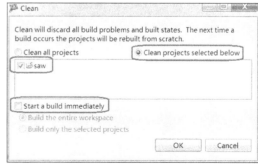

图 1.88 清理原有编译的入口   图 1.89 清理原有编译内容

在图 1.89 中,选择要清理的工程,图 1.89 中选项 Start a build immediately 是否勾选都可以,选择该项则立即进行新的编译,否则需要手动进行编译。清理之后,原先编译的信息就会消失。

1.3.3 关闭工程

关闭工程也有两个途径：
1) 在菜单栏中选择 Edit\Delete。
2) 在 CW11 界面中，右键单击工程名，然后选择 Delete（图 1.90）。

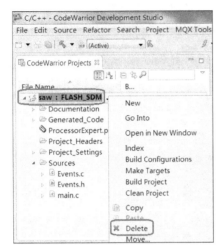

图 1.90 关闭工程的入口

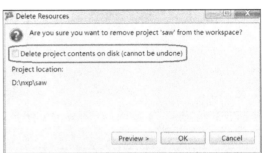

图 1.91 是否从硬盘上完全删除工程

不能勾选 Delete project contents on disk，否则会把工程文件从硬盘上彻底删掉（图 1.91）。不勾选的话，则只是让该工程退出 CW11 软件，电脑硬盘上的工程文件还是会保留的。

1.3.4 界面操作

如果不小心关闭了 CW11 界面中的某个子窗口，可以通过菜单栏 Window\Show View 来恢复（图 1.92）。

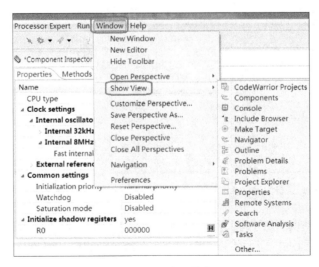

图 1.92 子窗口恢复

CW11 主界面的每个子窗口的右上角，有最大化、最小化按钮（图 1.93）。

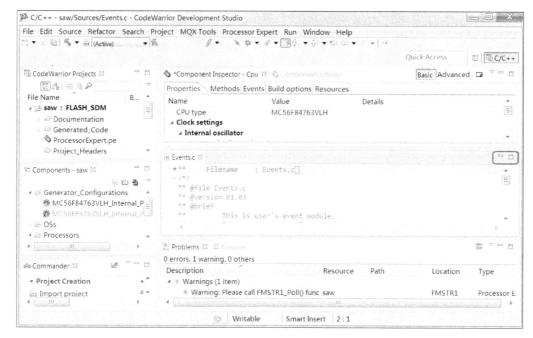

图 1.93　子窗口大小的修改

最小化按钮最好不要用，否则需要重复上述的恢复过程。而最大化按钮是可以放心使用的。最大化之后界面如图 1.94，单击图 1.94 右上角按钮　可令子窗口恢复原状。

图 1.94　子窗口最大化

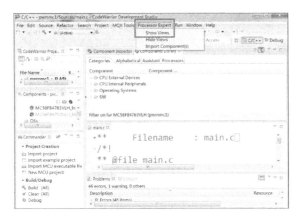

图 1.95　模块初始化与模块库的恢复

模块初始化 Component Inspector 与模块库 Components Library 如果被误操作关闭,可选择菜单中 Processor Expert/Show Views 进行恢复(图 1.95)。

(1) 如何查看寄存器的值

编译 build 之后,可以观测模块中各个寄存器的值。以定时器中断模块 TimerInt 为例,右键该模块,选择配置寄存器 Configuration Register(图 1.96)。

这是一个可编程的周期性定时器(programmable interval timer, PIT),图 1.97 展示了此刻隶属于该模块的三个寄存器的数值与地址。包括控制寄存器 control register(CTRL),模数寄存器 modulo register(MOD),16 位的计数器 control register(CNTR)。

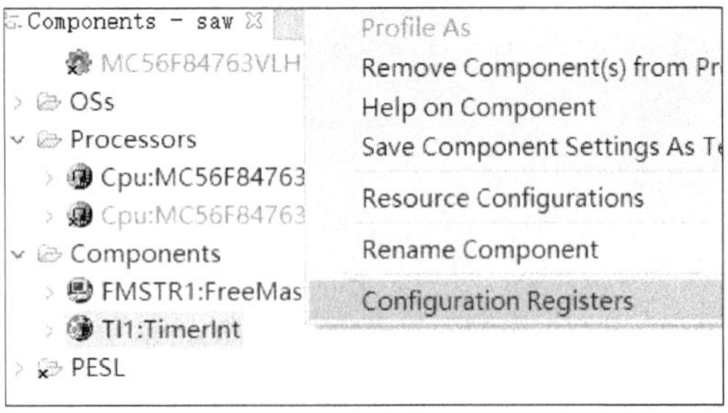

图 1.96　寄存器查看入口 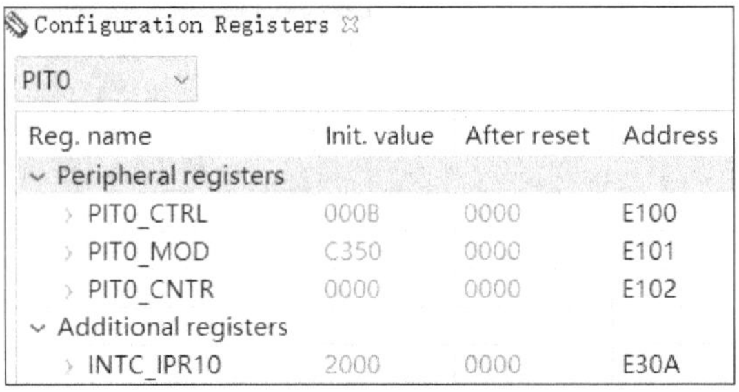　　　　图 1.97　寄存器参数

图 1.97 中寄存器的数值显示格式为 16 进制,寄存器每一位取 1 或 0 时均有不同含义和用途。控制寄存器 CTRL 初始值为 0x000B,低七位代表的含义为:计数模式启动、翻转中断使能、计数器尚未达到模数值,预分频数为 2。

每个芯片厂商都提供了大量的数据手册(datasheet),它们只可作为"字典"来使用,初学者切不可将其作为入门指南。把数据手册从头到尾读一遍,这种事没有意义,即使做了也依然不会使用 DSP。就如同我们一般不会把新华字典从头到尾读一遍,但仍可以熟练地使用它一样。

图 1.98 的寄存器相关内容见数据手册:*MC56F847xx Reference Manual with Addendum*,该手册总页码为 1103,在 NXP 官网上可以免费下载。

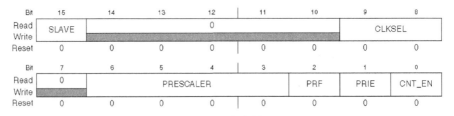

图 1.98　控制寄存器 CTRL

(2) 如何查看芯片的引脚初始化配置

对于 DSC 芯片资源，包括内部外设、引脚的使用状况，可通过如下途径进行查看。在 CW11 主界面中，右键单击 Cpu：MC56F84763VLH（图 1.99），选择 Target Processor Package(字面含义为目标处理器包，可理解为芯片封装方式)。

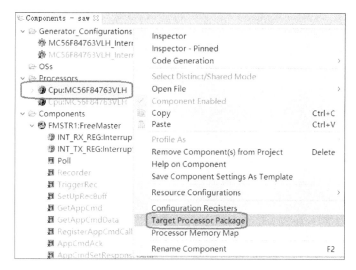

图 1.99　查看芯片资源使用的入口

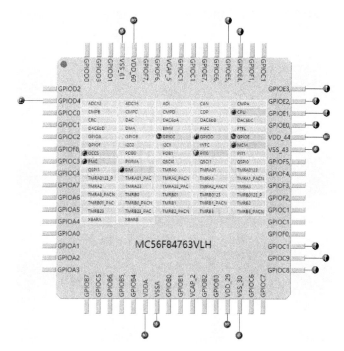

图 1.100　芯片资源使用状况

图 1.100 以可视化方式直观地展示了本工程对芯片资源的使用情况，具体详情及进一步内容可查阅相关技术文档或 CW11 的在线帮助。

1.4 流水灯

1.4.1 原理

DSC 输出六路 PWM(Pulse-Width Modulation)驱动信号,分别控制了核心板右上方的六个发光二极管 AH、AL、BH、BL、CH、CL(图 1.101),PWM 信号为高电平时,二极管被点亮;PWM 信号为低电平时,二极管熄灭。

图 1.101 六个发光二极管

这六个 PWM 信号还分别控制了逆变器的六个功率管。当 PWM 信号为高电平时,功率管导通(高有效);当 PWM 信号为低电平时,功率管关断。所以,通过六个发光二极管,便可以直观地观察到功率管的开关状态,当发光二极管点亮时,表明其所对应的功率管处于导通状态;当发光二极管熄灭时,表明其所对应的功率管处于关断状态(图 1.102)。

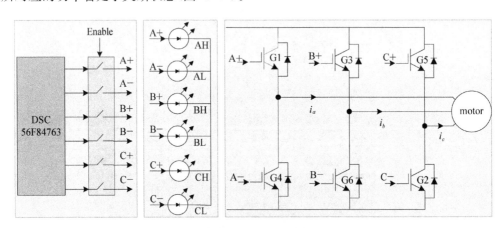

图 1.102 发光二极管与功率管的对应关系

本例程控制六个发光二极管,按照 AH→AL→BH→BL→CH→CL 的顺序依次导通,每个二极管点亮时间为 1 秒,然后循环往复。

通过断路器空气开关,切断逆变器直流电压 u_{dc},只给核心板供电即可。即关断强电,仅提供弱电。

1.4.2 CW 工程

新建工程,取名 liushuideng。
添加定时器中断模块 TimerInt,中断周期设为 1 ms。
添加一个 I/O 端口(input/output)的控制模块 Bit,该模块的位置见图 1.103。它只能控制 DSC 芯片的一个引脚。

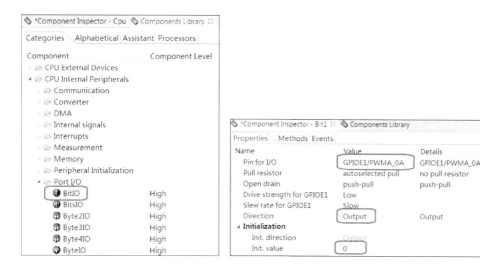

图 1.103　BitIO 位置　　　　　　图 1.104　初始化

添加模块之后,处理器专家 PE 将其自动命名为 Bit1,按图 1.104 所示进行初始化。想令该模块具体控制 DSC 的哪个引脚,就需要在初始化中进行配置。在 Pin for I/O 一栏中,通过右侧下拉菜单,选中 GPIOE1_PWMA_0A(general purpose input/output),此为 DSC-56F84763 芯片的第 46 号引脚,输出信号控制的是发光二极管 AH 和逆变器 A 相桥臂的上管,高电平有效,即输出信号为高电平时,发光二极管 AH 点亮,且逆变器 A 相桥臂的上管导通。方向 Direction 设定为输出 Output,输入还是输出以 DSC-56F84763 芯片为判断基准,即"输入到 DSC 芯片"还是"从 DSC 芯片输出"。初始值 Init.value 设定为 0,即低电平。

再添加五个 Bit 模块,处理器专家 PE 将其依次自动命名为 Bit2~Bit6,按照下表所列进行引脚配置(表 1.1)。

表 1.1　引 脚 配 置 表

模块名	DSC 引脚名	DSC 引脚号	发光二极管	逆变器功率管
Bit1	GPIOE1	46	AH	A 相上管
Bit2	GPIOE0	45	AL	A 相下管
Bit3	GPIOE3	48	BH	B 相上管
Bit4	GPIOE2	47	BL	B 相下管
Bit5	GPIOE5	52	CH	C 相上管
Bit6	GPIOE4	51	CL	C 相下管

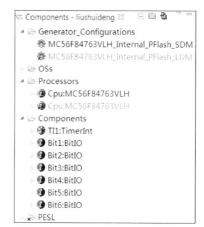

图 1.105　全部模块

本工程共需添加 7 个模块(图 1.105)。模块的名称是可以修改的,这里采用 PE 自动生成的名字。

(1) 主文件 main.c

不写任何代码，保持原状。

(2) 中断文件 Events.c

单击打开模块 Bit1 前面的加号，展开全部方法 method，选用其中的两个方法：SetVal 和 ClrVal。把鼠标左键放到 SetVal 上，会自动显示其功能和使用方法（图 1.106）。SetVal 令引脚输出高电平 1，发光二极管将被点亮。ClrVal 令引脚输出低电平 0，发光二极管将熄灭。

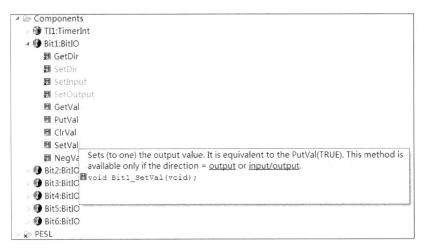

图 1.106　右键展示 method 的使用方法

图 1.107　使能与禁止方法

每个模块（component）都包含若干方法（method），在使用某个方法之前，要先将其使能 Enable，即去除方法前面蓝色 M 图标左下角的黑色叉号×，将其改为绿色勾号√。具体实现方式：右键该方法，选择 Toggle Enable/Disable，可在使能与禁止之间切换（图 1.107）。

源代码如下，双斜杠"//"后面为注释，注释内容不参与编译。

```
# include "Cpu.h"
# include "Events.h"
unsigned int number;            //变量声明，无符号整型，初始值为 0
# pragma interrupt called
void TI1_OnInterrupt(void)
{
   number ++ ;                  //每个中断周期(1ms)累加 1

   if(number <= 1000)           //1000 个中断周期，1ms * 1000 = 1s
                                //应当写成 999，写成 1000 是为了方便理解
   {
      Bit1_SetVal();            //点亮 AH
```

```c
        Bit2_ClrVal();          //熄灭 AL
        Bit3_ClrVal();          //熄灭 BH
        Bit4_ClrVal();          //熄灭 BL
        Bit5_ClrVal();          //熄灭 CH
        Bit6_ClrVal();          //熄灭 CL
    }
if(number > 1000 && number < = 2000)
    {
        Bit1_ClrVal();
        Bit2_SetVal();
        Bit3_ClrVal();
        Bit4_ClrVal();
        Bit5_ClrVal();
        Bit6_ClrVal();
    }
if(number > 2000 && number < = 3000)
    {
        Bit1_ClrVal();
        Bit2_ClrVal();
        Bit3_SetVal();
        Bit4_ClrVal();
        Bit5_ClrVal();
        Bit6_ClrVal();
    }
if(number > 3000 && number < = 4000)
    {
        Bit1_ClrVal();
        Bit2_ClrVal();
        Bit3_ClrVal();
        Bit4_SetVal();
        Bit5_ClrVal();
        Bit6_ClrVal();
    }
if(number > 4000 && number < = 5000)
    {
        Bit1_ClrVal();
        Bit2_ClrVal();
        Bit3_ClrVal();
        Bit4_ClrVal();
```

```
            Bit5_SetVal();
            Bit6_ClrVal();
        }
    if(number > 5000 && number < = 6000)
        {
            Bit1_ClrVal();
            Bit2_ClrVal();
            Bit3_ClrVal();
            Bit4_ClrVal();
            Bit5_ClrVal();
            Bit6_SetVal();
        }
    if(number > 6000)
        number = 0;                        //复位
}
```

代码必须写在中断子程序中。

代码中的方法 method 建议通过鼠标拖曳的方式来添加,采用这种方式可减少出错概率。手动输入也是可以的,但并不推荐。

要分别在不同模块中拖曳对应的方法,例如 Bit2_ClrVal() 要在 Bit2 模块中找到 ClrVal 这个方法,同样 Bit1_ClrVal() 要在 Bit1 模块中找到 ClrVal 这个方法,然后用鼠标左键拖曳到程序的合适位置。

把方法拖曳到程序中,CW11 会自动在句末添加分号,如果没有添加,则需要手动输入。要注意,如果在中文状态下输入标点符号,编译时会报错,这种错误往往较难排查,所以手动输入之前,务必确认输入状态为英文。

定时器中断周期为 1 ms,每次进入该中断,number 加 1,这样 number 也就起到了第二个定时器的作用。共六个状态,因为 number 计数满 1000 才会进入下一个状态,而 1000 个中断周期正好是 1 秒。所以,每个状态的持续时间为 1 秒,每个灯的点亮时间为 1 秒。

下载后运行,可以观察到六个发光二极管依次点亮。

(3) 思考题

1) 上面的例程中,每个 LED 二极管的发光时间是固定的,要想改变这个时间,只能返回到程序中修改,然后再次下载。请修改程序,并利用 FreeMASTER 的实时调试功能,在 FreeMASTER 中在线修改 LED 二极管的发光时间。

2) LED 二极管的发光亮度和什么有关? 能否改变它们的发光亮度?

3) 修改程序,实现任意规律的发光次序。

第 2 章

无刷直流电机控制

2.1 BLDC 三相六拍控制

2.1.1 原理

永磁体(permanent magnet)也叫磁钢,就是我们熟知的磁铁,它可以被做成各种形状。做成瓦片状的俗称磁瓦,电机中常用的是铁氧体(Ferrite)磁钢和钕铁硼(NdFeB)磁钢。磁钢安装在转子上,和转子组成一体共同旋转。由磁钢来产生转子励磁磁场 ψ_f,以替代同步电机的转子励磁绕组,因为省略了同步电机中的电刷,永磁电机的寿命更长,而且由于没有了转子励磁绕组,永磁电机不存在转子绕组的铜损耗,效率也会提高。

常见的永磁电机大体分三类:

1) 永磁有刷直流电机(permanent magnet brush direct current machine/motor,简写为 PMDC)。直流电机有电刷,包含两套绕组,定子绕组用于励磁,转子绕组为电枢,通电枢电流。把定子绕组撤掉,换成磁钢,其他不变,这就是永磁有刷直流电机。

2) 无刷直流电机(Brushless Direct Current Machine/motor,简写为 BLDC 或 BLDCM)。磁钢放置在转子上,多为表贴式。

3) 永磁同步电机(Permanent Magnet Synchronous Machine/motor,简写为 PMSM)。磁钢放在转子上,根据磁钢的安装方式,又可分为表贴式 SPM(surface PMSM)和内置式 IPM(interior PMSM)。

无刷直流电机 BLDC 将磁钢贴在转子铁芯的表面,定子上为三相集中整距绕组。经典 BLDC 的空载相反电势为梯形波,稳态电流为方波。但是,目前梯形波反电势的 BLDC 越来越少,相反电势为正弦波的永磁电机也常被叫作 BLDC,也就是不将表贴式正弦波永磁同步电机 SPM 与梯形波 BLDC 作严格区分,当作了同一种电机。梯形波 BLDC 已经被淘汰,代之以 SPM,但 BLDC 的名称仍旧在使用。出现这种现象,总体而言就是因为 SPM 保留了 BLDC 的优点,却去除了 BLDC 的缺点:

1) 梯形波 BLDC 存在固有不足,突出表现为换相脉动大,不易消除。

2) SPM 的结构继承了 BLDC 的简易性,同时也容易将反电势设计成正弦波,而成本基本不增。

传统 BLDC 使用了三个霍尔位置传感器,其核心部件是三个开关型霍尔元件。SPM 多配有增量式光电编码器,有的 SPM 除了光电编码器之外,还另外增加了霍尔位置传感器,以解决启动问题。

(1) 试验箱

试验箱中是一台表贴式永磁同步电机 SPM,空载相反电势为正弦波,配备了增量式光电编码器和霍尔位置传感器。本节阐述并使用的依然是传统梯形波 BLDC 的最基本控制方法:三相六拍。因为该方法简单易行,有助于尽快入门,能够帮助读者快速建立感性认识,同时熟悉霍尔位置传感器的使用方法。

表贴式永磁同步电机 SPM 依然可以采用两两导通的三相六拍控制方式,就如同梯形波 BLDC 也可以通以三相对称正弦电流,依旧可以实现电机的旋转与调速,只不过性能指标不强,脉动较大罢了。转矩的产生是由于定子磁场与转子磁场"同性相斥,异性相吸",定子磁场"拉"着转子磁场前进。如果两个磁场的波形不佳(例如正弦度差),拉力依旧会存在,虽然电机还是可以旋转,但拉力时大时小不稳定,存在转矩脉动。若欲消除转矩脉动,则在电机本体设计与控制方法上都有很多细节有待改进,这不是本书要讨论的内容。下面先聚焦于第一步:使电机能够旋转。

(2) 电机旋转

BLDC 的定子绕组多做成整距集中绕组,转子磁钢采用表贴式的居多,产生矩形磁场。图 2.1 是一个 8 极 12 槽的 BLDC,一相绕组的每个线包就缠在一个定子齿上,匝数等于 3,并联支路数为 1,每相串联匝数为 12,绕组节距等于 1,端部较短。

三相绕组采用星型接法。转子磁钢是等厚的磁瓦,磁力线沿着横截面圆的半径方向(即径向,以转轴为圆心),并不追求磁场分布的正弦化。这种结构制造简单,成本低廉,是 BLDC 的优势。

(a) 转子铁心、磁钢、轴、滚珠轴承

(b) 电机总成(8极12槽)

(c) 单相绕组

(d) 定转子铁心、单相绕组、磁钢、轴、滚珠轴承

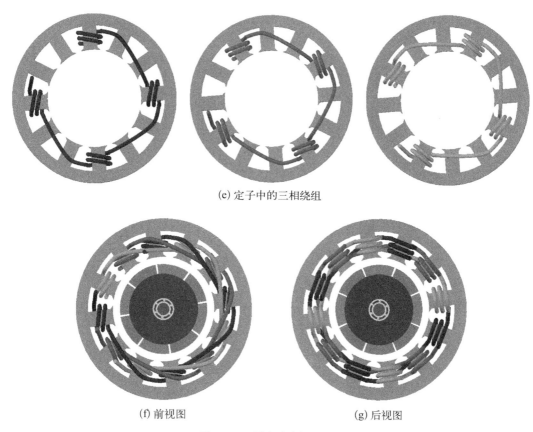

(e) 定子中的三相绕组

(f) 前视图　　　　　　　　(g) 后视图

图 2.1　无刷直流电机 BLDC

转子旋转,矩形磁场切割定子绕组(图 2.1),绕组的空载相反电动势不可能是正弦波,而是梯形波。在电机设计时,采用一些手段,可以使得梯形波平顶段为 120°,这种梯形波最为常见。

电机旋转时,磁钢产生的励磁磁场依次切割三相绕组,于是就有了三个空载相反电动势 e_a、e_b、e_c,它们依次滞后 120°电角度,其幅值与转速成正比,但形状不变。因为三相绕组的中性点放置在电机内部,所以没办法直接测量相反电势,只能测量线反电势,如 e_{ab}($e_{ab}=e_a-e_b$)。

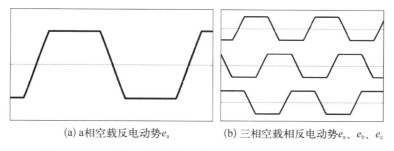

(a) a 相空载反电动势 e_a　　　　(b) 三相空载相反电动势 e_a、e_b、e_c

图 2.2　BLDC 梯形波空载相反电动势(平顶宽度一般为 120°)

梯形波反电势配以方波电流,才会产生稳定、无脉动的转矩。相反电势和相电流的对应关系见图 2.3。

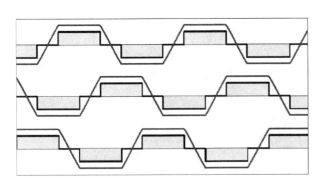

图 2.3 三相梯形波反电动势 e_a、e_b、e_c(梯形)与方波电流 i_a、i_b、i_c(矩形)

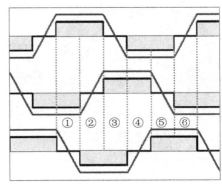

图 2.4 每周期六个状态①、②、③、④、⑤、⑥{e_a、e_b、e_c(梯形),i_a、i_b、i_c(矩形)}

"三相六拍"是 BLDC 最基本的控制方法,有如下特点:

1) 每周期分为六个状态(图 2.4):①、②、③、④、⑤、⑥。每个状态只有两相导通,第三相关断,即两两导通的方式。

2) 理想电流为 120°方波,与梯形波相反电势同相位,定、转子磁场正交。

六个状态与导通相的对应关系见表 2.1,字母有下划线的表示该相为负电流,无下划线的表示该相为正电流。例如状态①,A 相为正电流 $i_a>0$,B 相为负电流 $i_b<0$,两相电流大小相等,方向相反。

表 2.1 六个状态与导通相的对应关系

①	②	③	④	⑤	⑥
A<u>B</u>	A<u>C</u>	B<u>C</u>	B<u>A</u>	C<u>A</u>	C<u>B</u>
210°~270°	270°~330°	330°~30°	30°~90°	90°~150°	150°~210°

这是典型的"三相六拍"方式。每个状态中,只有两相导通,每隔 60°便改变一次状态,这叫换相(或换向)。它是根据转子位置来决定哪两相导通的,术语叫做自同步。它不会失步,也不存在启动问题。

三相六拍不能控制速度,电机以最高转速旋转,具体数值取决于逆变器直流侧电压 u_{dc} 和负载。u_{dc} 越大,转速越高;负载越轻,转速越高,机械特性也比较软。

(3) 相电流和相反电势

理想的相电流和相反电势是同相位的(图 2.5),所以,在相反电势过零点 30°之后开始导通(30°为图 2.5 过零点 1 到换相点 1 的距离)。

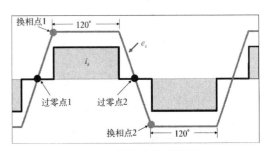

图 2.5 换相点与过零点

图 2.5 中换相点 1 为梯形波平顶段的起点,这里不必考虑梯形波平顶段的终点,因为相邻 B 相梯形波平顶段的起点正好对应 A 相梯形波平顶段的终点(图 2.4)。B 相开始正向导通的时刻,就是 A 相正向电流的关断时刻。

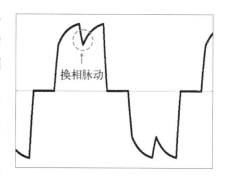

图 2.6 实际相电流 i_a

对于 A 相来说,知道图 2.5 中的两个换相点就可以了,同理 B、C 两相也是如此,三相共 6 个换相点,正好对应着三相反电势平顶段的全部起点和终点。有负载时,理想的 A 相相电流 i_a 为方波,但实际电流却是如图 2.6 所示,存在换相脉动,B、C 两相的相电流与此形状相同,依次滞后 120°。

转子连续旋转,转子磁场也就连续旋转。但定子磁场不是连续旋转,而是跳跃式前进,步进角为 60°。在每个状态中,定子磁场保持固定不动,维持这种静止状态直到转子转过了 60°。然后定子磁场瞬间向前步进 60°,再维持静止,依次往复。静止 6 次,步进 6 次,便完成一个周期。定子磁场走走停停,两个磁场旋转速度的平均值相等,所以 BLDC 属于同步电机。

每个电周期有 6 个状态,所以称之为"六拍"。"六拍"与"两两导通"是梯形波 BLDC 盛行时常出现的两个关键词。

下面以 6 槽 2 极的 BLDC 为例,结合图 2.7 所示对三相六拍的原理进行说明(A 相绕组 a_x,B 相绕组 b_y,C 相绕组 c_z)。转子逆时针旋转,在每个状态中,定子磁场不动,"等着"转子磁场,两个磁场的夹角从 120°减小到 60°,平均值是 90°(对正弦波电机来说,90°时产生的转矩最大)。

图 2.7 中,正北方朝上的 12 点钟方向为 0 度,它也是 A 相绕组的轴线。也可以把 0 度设定为水平向右的位置,只要将图 2.7 中的图顺时针旋转 90°即可。

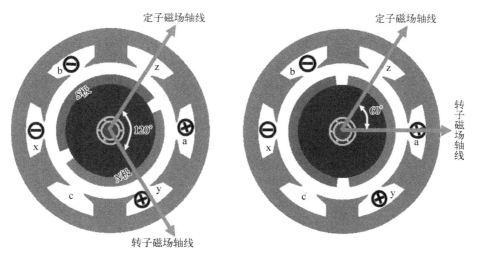

(a) 状态①,A$\underline{B}$,A、B 两相导通,C 相关断,$i_a > 0$,$i_b < 0$,$i_c = 0$,转子位置 210°~270°

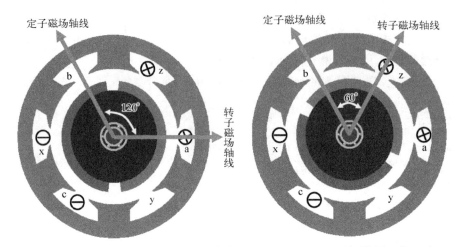

(b) 状态②，A$\underline{C}$，A、C两相导通，B相关断，$i_a > 0$，$i_c < 0$，$i_b = 0$，转子位置270°~330°

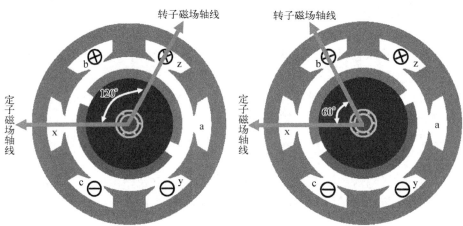

(c) 状态③，B$\underline{C}$，B、C两相导通，A相关断，$i_b > 0$，$i_c < 0$，$i_a = 0$，转子位置330°~30°

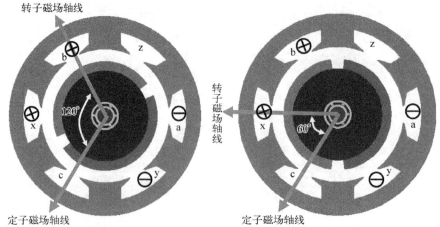

(d) 状态④，B$\underline{A}$，B、A两相导通，C相关断，$i_b > 0$，$i_a < 0$，$i_c = 0$，转子位置30°~90°

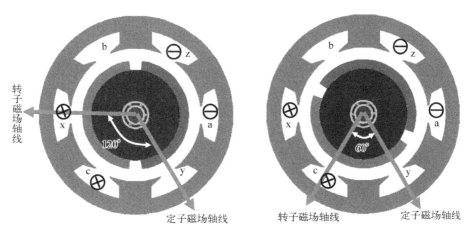

(e) 状态⑤，C$\underline{A}$，C、A两相导通，B相关断，$i_c>0$，$i_a<0$，$i_b=0$，转子位置90°~150°

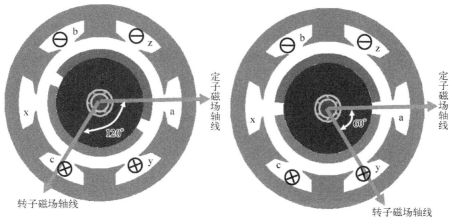

(f) 状态⑥，C$\underline{B}$，C、B两相导通，A相关断，$i_c>0$，$i_b<0$，$i_a=0$，转子位置150°~210°

图 2.7 三相六拍原理

2.1.2 BLDC 数学模型

BLDC 每相可以等效成电阻 R、电感 L、相空载反电势的串联（图 2.8）。图 2.8 规定了各

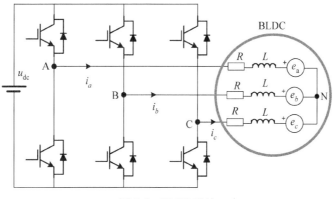

图 2.8 BLDC 系统

量的正方向，R 为每相导线的电阻，I^2R 便是每相铜耗，其中 I 取有效值。L 是考虑了自感和互感的"总电感"。三个空载相反电势 e_a、e_b、e_c 是相差 120° 的梯形波。图 2.8 也适用于 SPM。三相星形连接，中性点 N 位于电机内部。

BLDC 数学模型不需要坐标变换，最常用的是下面的三相模型。磁钢表贴式结构意味着等效均匀气隙，所以其电感矩阵是比较简单的。互感是负值，大小约为自感的一半。

（1）电压方程（相电压）

$$\begin{bmatrix} u_{AN} \\ u_{BN} \\ u_{CN} \end{bmatrix} = \begin{bmatrix} R & 0 & 0 \\ 0 & R & 0 \\ 0 & 0 & R \end{bmatrix} \begin{bmatrix} i_a \\ i_b \\ i_c \end{bmatrix} + \begin{bmatrix} L & 0 & 0 \\ 0 & L & 0 \\ 0 & 0 & L \end{bmatrix} \frac{d}{dt} \begin{bmatrix} i_a \\ i_b \\ i_c \end{bmatrix} + \begin{bmatrix} e_a \\ e_b \\ e_c \end{bmatrix}$$

可见三相是独立的，写成分立方程如下：

$$u_{AN} = Ri_a + L\frac{di_a}{dt} + e_a$$

$$u_{BN} = Ri_b + L\frac{di_b}{dt} + e_b$$

$$u_{CN} = Ri_c + L\frac{di_c}{dt} + e_c$$

（2）转矩方程

电磁功率：$$P = e_a i_a + e_b i_b + e_c i_c$$

电磁转矩：$T = \dfrac{P}{\Omega} = \dfrac{e_a i_a + e_b i_b + e_c i_c}{\Omega}$，$\Omega$ 为机械角速度，单位弧度每秒，rad/s。

理想条件下，反电势幅值与转速成正比，对于梯形波 BLDC 而言，在某个状态时（如状态 1 的 AB 两相导通），电磁转矩为：

$$T = \frac{e_a i_a + e_b i_b + e_c i_c}{\Omega} = \frac{e_a i_a + e_b i_b}{\Omega} = \frac{E i_a + (-E)(-i_a)}{\Omega}$$

$$= \frac{2E i_a}{\Omega} = \frac{2k\Omega i_a}{\Omega} = 2k i_a = K i_a$$

所以，梯形波反电势配以方波电流，才会产生稳定转矩。

（3）运动方程

$$T - T_L = J\frac{d\Omega}{dt}$$

T 代表电机产生的电磁转矩，通常将 T 直接作为输出转矩。T_L 代表总负载转矩，包括摩擦、风阻。J 代表系统总的转动惯量。Ω 为机械角速度，转速 n 的单位是"转每分钟"（round per minute，rpm）

$$\Omega = \frac{2\pi n}{60}$$

2.1.3 霍尔(Hall)位置传感器

转子位置 θ 就是 d 轴与 A 轴的夹角(图 2.9),转子磁钢的 N 极中心线(d 轴)随着转子一起旋转,定子 A 相绕组的轴线则固定不动。所以,以转子 d 轴和定子 A 轴之间的夹角 θ 来表示转子的位置,θ 的取值范围是 $0\sim2\pi$。要控制电机连续旋转,首先要知道转子所处的位置。

图 2.9 转子位置 　　　图 2.10 霍尔元件

位置传感器,顾名思义就是检测转子位置的传感器,也可以用来测速,但测位置是主要的。BLDC 常用的位置传感器是霍尔传感器,其核心是三个霍尔元件(图 2.10)。

三个霍尔元件安装在电机内部,位于定子侧靠近气隙的位置,如定子槽口或某个定子齿的中间位置。三个霍尔元件在安装时依次相差了 120°,这个角度指电角度,务必精准,霍尔元件需足够固定,应防止在电机运行中发生松动。

给霍尔元件供电(通常为直流 5 V),随着电机旋转,当安装在转子上的永磁体 N 极扫过霍尔元件,磁力线切割霍尔元件时,它就会输出一个高电平。当永磁体 S 极扫过霍尔元件,切割霍尔的磁力线反向,此时霍尔元件输出低电平。从而输出一个高低电平的开关信号。

位置传感器使用的霍尔元件一般有两类,首先是最简单的电压型开关霍尔,其次是电流型开关霍尔;后者需要外接上拉电阻才会测量到霍尔输出信号,而前者无需外接上拉电阻即可用示波器测量到输出信号。

图 2.11 中,标出了转子磁钢的 N 极、S 极。N 极轴线位于 N 极的中心,也就是 d 轴,它随着转子一起旋转。图 2.11 还标示了定子 A 相的轴线,它静止不动。随着转子的旋转,转子 N 极轴线和定子 A 相轴线之间的夹角 θ,即转子位置,会在 $0\sim2\pi$ 之间不停变化。

三个霍尔元件分别输出三路数字信号 H_a、H_b、H_c,因为磁钢 N 极总是先扫过 Hall A,旋转 120° 之后才扫到 Hall B,而且磁钢的 N 极与 S 极各占 180°,所以,三路霍尔输出信号是相差 120° 的方波,高电平为 180°,低电平也为 180°。方波的频率与电机转速成正比。电机每旋转一圈,霍尔信号变化 p 个周期,p 为电机极对数。

当转子 d 轴和定子 A 轴重合时,规定此时转子位置位于 $0°(\theta=0)$。

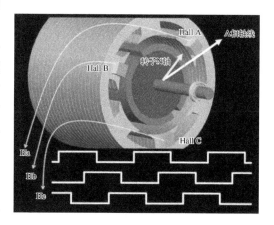

图 2.11 霍尔位置传感器原理(电机逆时针旋转)

霍尔输出信号和电机转子的位置有着固定的一一对应关系,但是 Hall A 这个元件可以固定在定子圆周的任意位置,那么对于不同的电机,Hall A 输出信号的上升沿所代表的转子位置就不一样。不论怎么移动,三个霍尔元件之间永远相差 120°电角度,这条原则不能违背。图 2.12 为霍尔位置传感器的实物图与安装示意图。如图所示三个霍尔元件安装在电路板上,包括了供电电源、信号处理等电路,在电机运行期间,整个电路板是静止不动的。

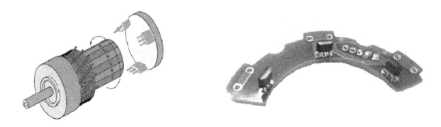

图 2.12　霍尔位置传感器实物与安装方式

2.1.4　控制系统构成

本例程用到的 DSC 引脚包括:六路 PWM、三路霍尔信号。信号的逻辑关系见图 2.13。根据反馈的三路霍尔信号,DSC 发出六路开关信号,控制六个功率管的导通与关断。功率管的开关状态可以通过六个发光二极管来观测:二极管点亮,则对应的功率管导通,二极管熄灭,则对应的功率管关断。

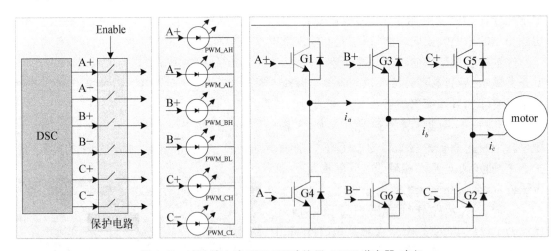

图 2.13　试验箱六路 PWM 驱动信号,IGBT 逆变器,电机

试验箱内电机的三个霍尔信号和转子位置的对应关系见图 2.14。此对应关系只适用于本电机,对于其他型号或其他厂商生产的电机并不一定适用,而需要事先测量,不能简单地生搬硬套。

详细的对应关系见表 2.2。霍尔信号 1 代表高电平,0 代表低电平,根据这张导通逻辑表,就可以编写程序代码了。字母带下划线表示该相桥臂的下管导通,流过负向电流。无下划线则表示该相桥臂的上管导通,流过正向电流。例如 A<u>B</u>,表示 A 相桥臂的上管导通,B 相桥臂的下管导通,同时,C 相桥臂的两个功率管始终关断。

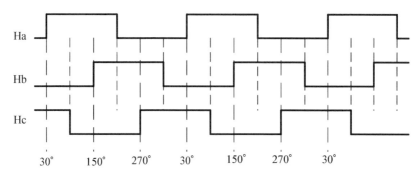

图 2.14 霍尔信号与转子位置的对应关系

表 2.2 导通逻辑详表

| 霍尔输出信号 | | | 转子位置 | 导通相 | 三相电流 | 导通的 |
H_a	H_b	H_c	（电角度）			功率管
0	1	0	210°~270°	AB	$i_a>0$, $i_b<0$, $i_c=0$, $i_a=-i_b$	G_1, G_6
0	1	1	270°~330°	AC	$i_a>0$, $i_c<0$, $i_b=0$, $i_a=-i_c$	G_1, G_2
0	0	1	330°~30°	BC	$i_b>0$, $i_c<0$, $i_a=0$, $i_b=-i_c$	G_2, G_3
1	0	1	30°~90°	BA	$i_b>0$, $i_a<0$, $i_c=0$, $i_b=-i_a$	G_3, G_4
1	0	0	90°~150°	CA	$i_c>0$, $i_a<0$, $i_b=0$, $i_c=-i_a$	G_4, G_5
1	1	0	150°~210°	CB	$i_c>0$, $i_b<0$, $i_a=0$, $i_c=-i_b$	G_5, G_6

一个周期包含了六个状态，即"六拍"。每个状态占 60°。在单个 60°状态内，电流不可控。

2.1.5 CW 工程

新建工程，取名 bldc6STEP。添加下列模块：
1) 定时器 TimerInt。
2) 9 个 Bit，全部进行重命名，新名字依次为 A1、A2、B1、B2、C1、C2、hallA、hallB、hallC。

A1、A2、B1、B2、C1、C2 负责发送六路 PWM 驱动信号。其中 A1 为 A 相桥臂的上管，A2 为 A 相桥臂的下管，另外两相也是如此。hallA 用来接收霍尔信号 U，hallB 用来接收霍尔信号 V，hallC 用来接收霍尔信号 W。

添加模块后（图 2.15），单击按钮 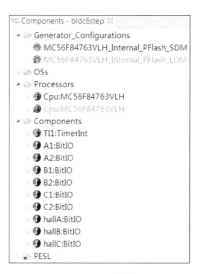，生成程序框架：

对定时器初始化（图 2.16）。中断周期设定为 100 微秒（μs，$100\times10^{-6}=10^{-4}$ 秒），对应 10 kHz 的 PWM 开关频率（$f=1/T=1/(10^{-4})=10^4=10$ k），即每个功率管的开关频率。功率管为 IGBT，理论最大开关频率可达 20 kHz，10 kHz 的开关频率在永磁同步电机控制中是很常见的。将

图 2.15 全部模块

所有代码放到 TimerInt 中断子程序里,每隔 100 μs,程序按从头至尾顺序执行一遍。

图 2.16　初始化定时器

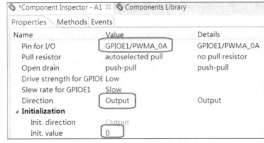

图 2.17　模块 A1 初始化

A1(逆变器 A 相桥臂上管的 PWM 驱动信号)模块的初始化见图 2.17。它是第一个添加的 Bit 嵌入豆,默认配置到 DSC 芯片的第 2 号引脚,但默认配置不符合实际,应当配置到 DSC 的第 46 号引脚,该引脚的名称是 GPIOE1/PWMA_0A。信号方向修改为 output,这里输入还是输出以芯片为基准,output 意味着从芯片输出,input 意味着输入到芯片。把初始值 init.value 设定为 0,即低电平,以保证 A 相桥臂上管处于关断状态。

把鼠标左键放到名称 GPIOE1 上,会自动弹出该引脚的说明,包括功能、引脚编号等(图 2.18),其他模块、方法、函数都具备此功能,简单便捷,可理解为简化版的在线帮助。

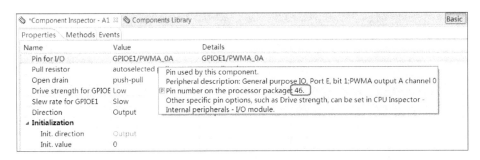

图 2.18　左键后显示的在线帮助

A2(逆变器 A 相桥臂下管的 PWM 驱动信号)模块的初始化见图 2.19。它是第二个添加的 Bit,默认配置到 DSC 的第 2 号引脚,这也必须更改,应当配置到 DSC 的第 45 号引脚 GPIOE0。方向修改为 output,初始值设定为 0。

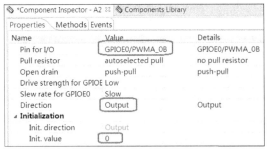

图 2.19　模块 A2 的初始化

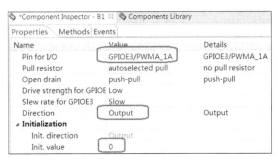

图 2.20　模块 B1 的初始化

B1(逆变器 B 相桥臂上管的 PWM 驱动信号)模块的初始化见图 2.20。把它配置到 DSC 的第 48 号引脚(GPIOE3),方向修改为 output,初始值设定为 0。

B2(逆变器 B 相桥臂下管的 PWM 驱动信号)模块的初始化见图 2.21。将其配置到 DSC 的第 47 号引脚(GPIOE2),方向修改为 output,初始值设定为 0。

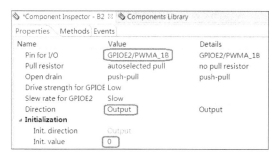

图 2.21　模块 B2 的初始化

图 2.22　模块 C1 的初始化

C1(逆变器 C 相桥臂上管的 PWM 驱动信号)模块的初始化见图 2.22。把它配置到 DSC 的第 52 号引脚(GPIOE5),方向修改为 output,初始值设定为 0。

C2(逆变器 C 相桥臂下管的 PWM 驱动信号)模块的初始化见图 2.23。将其配置到 DSC 的第 51 号引脚(GPIOE4),方向修改为 output,初始值设定为 0。

图 2.23　模块 C2 的初始化

图 2.24　模块 hallA 的初始化

hallA 模块的初始化见图 2.24。将它配置到第 33 号引脚(GPIOC8),方向修改为 input (输入 DSC),用于接收霍尔传感器输出的信号 U。

hallB 模块的初始化见图 2.25。把它配置到第 34 号引脚(GPIOC9),方向修改为 input,用于接收霍尔传感器输出的信号 V。

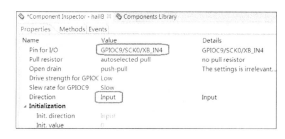

图 2.25　模块 hallB 的初始化

图 2.26　模块 hallC 的初始化

hallC 模块的初始化见图 2.26。把它配置到第 35 号引脚(GPIOC10),方向修改为 input,用于接收霍尔传感器输出的信号 W。

配置完成后,单击 make/build 按钮 ,生成程序基础框架。

(1) 主文件 main.c

主文件保持原样,未做修改。

```
# include "Cpu.h"
# include "Events.h"
# include "TI1.h"
# include "A1.h"
# include "A2.h"
# include "B1.h"
# include "B2.h"
# include "C1.h"
# include "C2.h"
# include "hallA.h"
# include "hallB.h"
# include "hallC.h"
# include "PE_Types.h"
# include "PE_Error.h"
# include "PE_Const.h"
# include "IO_Map.h"

void main(void)
{
  PE_low_level_init();
  for(;;) {}
}
```

(2) 中断文件 Events.c

一共六个状态,每个状态同时控制六个功率管。

```
# include "Cpu.h"
# include "Events.h"
unsigned int HA,HB,HC;         //变量声明,16 位无符号整形数,取值范围 0~ 65535

# pragma interrupt called
void TI1_OnInterrupt(void)
{
  HA = hallA_GetVal();          //获取三路霍尔信号,分别赋值给 HA、HB、HC
  HB = hallB_GetVal();
  HC = hallC_GetVal();
```

```c
if((HA==0)&&(HB!=0)&&(HC==0))   // 霍尔信号 010,电机导通相 AB
    {
        A1_SetVal();            // 输出引脚置高,输出高电平,A 相上管导通
        A2_ClrVal();            // A 相下管关断
        B1_ClrVal();            // B 相上管关断
        B2_SetVal();            // 输出引脚置高,输出高电平,B 相下管导通
        C1_ClrVal();            // C 相上管关断
        C2_ClrVal();            // C 相下管关断
    }
else if((HA==0)&&(HB!=0)&&(HC!=0))    // 011 , AC
    {
        A1_SetVal();
        A2_ClrVal();
        B1_ClrVal();
        B2_ClrVal();
        C1_ClrVal();
        C2_SetVal();
    }
else if((HA==0)&&(HB==0)&&(HC!=0))    // 001 , BC
    {
        A1_ClrVal();
        A2_ClrVal();
        B1_SetVal();
        B2_ClrVal();
        C1_ClrVal();
        C2_SetVal();
    }
else if((HA!=0)&&(HB==0)&&(HC!=0))    // 101 , BA
    {
        A1_ClrVal();
        A2_SetVal();
        B1_SetVal();
        B2_ClrVal();
        C1_ClrVal();
        C2_ClrVal();
    }
else if((HA!=0)&&(HB==0)&&(HC==0))    // 100 , CA
    {
        A1_ClrVal();
```

```
                A2_SetVal();
                B1_ClrVal();
                B2_ClrVal();
                C1_SetVal();
                C2_ClrVal();
            }
        else if((HA! = 0)&&(HB! = 0)&&(HC = = 0))    // 110 , CB
            {
                A1_ClrVal();
                A2_ClrVal();
                B1_ClrVal();
                B2_SetVal();
                C1_SetVal();
                C2_ClrVal();
            }
        else                                          // 六个功率管全部关断
            {
                A1_ClrVal();
                A2_ClrVal();
                B1_ClrVal();
                B2_ClrVal();
                C1_ClrVal();
                C2_ClrVal();
            }
    }
```

占空比只有两个值,0 或者 100%。这种方法不能调速,电机将始终运行在最高速,大约 4200 rpm。

需注意三个变量 HA、HB、HC 在非零时并不等于 1,欲观察其具体数值,可对例程略加修改,增加 FreeMaster 模块,然后在 FreeMaster 软件中实时查看。

例程中包含有六个工作状态和第七个额外状态,这第七个状态并非可有可无,它是一个最起码的软件保护容错机制,不建议省略。

2.2 BLDC‑PWM 斩波控制

2.2.1 原理

用 PWMMC 模块替换上一章的 Bit 模块,基于"三相六拍"方式,利用 FreeMASTER 在线调节占空比,能实现 BLDC 调速。

2.2.2 CW 工程

新建工程,取名为 bldcPWM。添加下列模块:

1) FreeMASTER。

2) 3 个 Bit。全部进行重命名,新名字依次为 hallA、hallB、hallC。hallA 用来接收霍尔信号 U,hallB 接收霍尔信号 V,hallC 接收霍尔信号 W。

3) PWMMC(PWM for Motor Control)。该模块位于 Components Library/Categories/CPU Internal Peripherals/Timer 中(图 2.27),其作用是一次性同时发送六路 PWM 驱动信号。

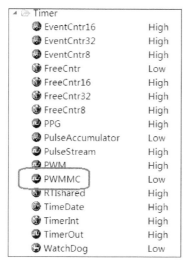

图 2.27 PWMMC 模块

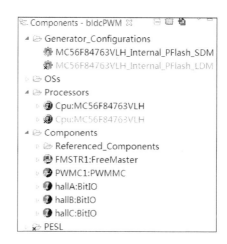

图 2.28 全部模块

添加模块后,界面如图 2.28。

初始化 FreeMASTER 与 hallA、hallB、hallC 三个 Bit 模块,具体操作前文已有阐述,故不再展开。

PWMMC 模块的初始化相对复杂些,需要两个步骤:

步骤 1(图 2.29):对 PWMMC1:PWMMC 模块进行初始化。开关频率设置为 10 k(Frequency/period:10 kHz)。死区时间设置为 3 微秒,包括上管死区时间(Dead-time:3 μs)与下管死区时间(Dead-time 1:3 μs),两个死区时间都要设置。使中断激活(Interrupt service/event:Enabled)。

死区时间的设置极度重要!死区时间为 3 μs ($μs = 10^{-6}$ 秒),直接填写数字即可,即在 Dead-

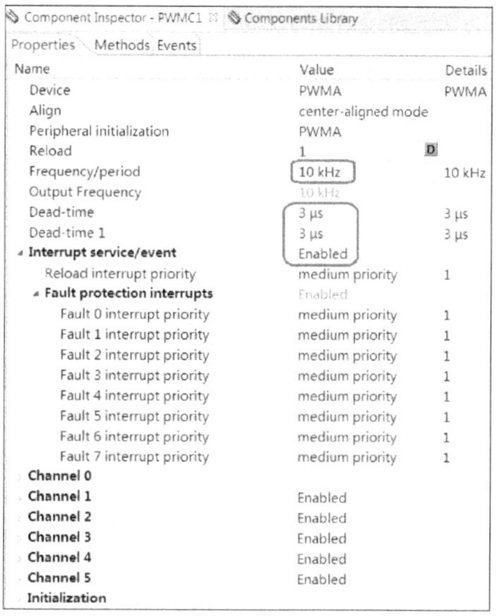

图 2.29 开关频率与死区时间

time、Dead-time1 取值栏中填入数字"3",回车后便显示"3 μs"。

功率管的开通和关断不可能在瞬间完成,都需要一定的时间(IGBT 一般为 1 μs 左右),关断则需要更长的时间。所以死区时间必须设置,死区时间要设置的比关断时间长,以保证可靠的、完全的关断。死区时间要留充裕,不能太少,更不能为零,否则将导致同一桥臂的上下两个 IGBT 同时导通,从而发生直通故障。直流电源 u_{dc} 被同一桥臂的两个 IGBT 短路时,大电流会烧毁 IGBT。但是死区时间也没必要设太多,添加死区是不得已而为之,会导致加到负载上的等效电压减少,还会引起电流畸变。在精细化控制中,还要对死区造成的不良影响进行补偿。

死区可概括为"延时导通,按时关断",类似于"上班迟到,下班准点"。逆变器的六个功率管都要添加死区,以杜绝直通。"仅仅三个上管需要加死区,下管不需要加死区",这种认知是错误的。

图 2.30 为 A 相桥臂上、下两个功率管的 PWM 驱动信号(通道 1 为上管驱动信号,通道 2 为下管驱动信号)。死区时间 3 μs,高电平有效(高电平表示功率管导通,低电平表示功率管关断),两个信号的每个上升沿都被向后延迟了 3 μs。当一个功率管关断,必须延迟 3 μs,等到它完全关断,同桥臂的另一个功率管才可以导通。在这 3 μs 内,两个功率管都没有导通信号,逆变器处于续流状态,所以称之为"死区"。

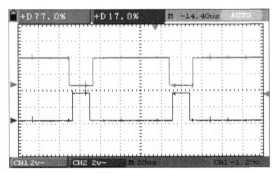

图 2.30　死区时间(高有效) 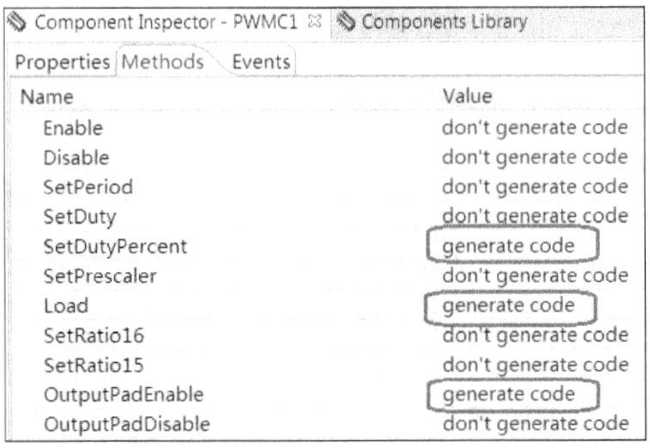　　图 2.31　使能代码中拟采用的 methods

图 2.30 中,两个信号的下降沿是不用延时的,也就是按时关断。

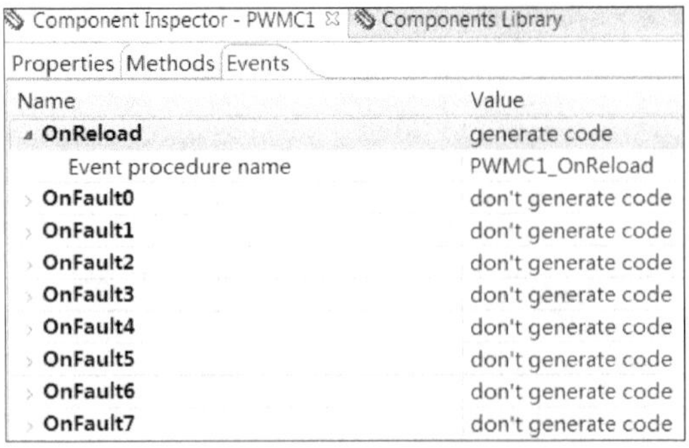

图 2.32　PWMMC 重载

进入 PWM 模块的 Methods 页(图 2.31),令 SetDutyPercent、Load、OutputPadEnable 产生代码(generate code),其他不产生代码(don't generate code)。产生代码意味着该函数被使能,可以将其直接拖曳到程序中使用(图 2.31)。

进入 PWM 模块的 Events 页,令 OnReload 产生代码,其他不产生代码。OnReload 为 PWMMC 重载中断子程序的名称(图 2.32)。

步骤 2:单击 PWMA:Init_eFlexPWM,

对其初始化(图 2.33)。

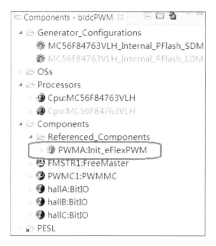

图 2.33 初始化步骤 2

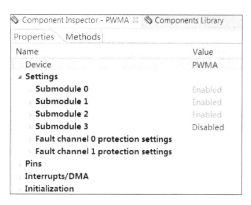

图 2.34 初始化之前三个桥臂的列表

初始化之前的界面如图 2.34。Submodule 0 包含了 A 相桥臂两个功率管的 PWM 信号，Submodule 1 包含了 B 相桥臂两个功率管的 PWM 信号，Submodule 2 包含 C 相两个功率管的 PWM 信号。

展开 Submodule 0 内容，对 A 相桥臂上下两个功率管的 PWM 信号进行初始化(图 2.35)。

1) 独立模式 independent

每个桥臂有上下两个功率管，这两个功率管具有两种开关模式：互补模式与独立模式，默认的是互补模式 complementary。在互补模式中，有且只有一个功率管导通。如果上管导通，下管必定关断；反之，如果上管关断，则下管必定导通。所以，在程序代码里，只给逆变器的三个"上管"发送驱动信号即可，而三个"下管"的驱动信号 DSC 会自动取反。在控制感应电机、永磁同步电机时，可以选择互补模式。

独立模式 independent，顾名思义是同一桥臂的上下两个功率管的驱动信号彼此独立，互不干涉，但不允许同时导通，保险起见，死区时间是必须设定的。本例程控制无刷直流电机 BLDC，就是选择独立模式。

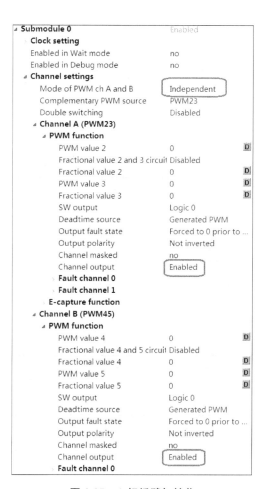

图 2.35 A 相桥臂初始化

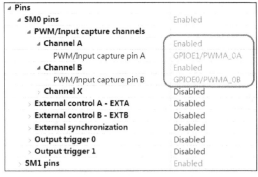

图 2.36　初始化完成后的显示

2) 使两个 PWM 信号输出激活（Channel output：Enabled）。

分别展开 Submodule 1 与 Submodule 2，按同样步骤进行操作，完成六路 PWM 信号的初始化。在 Pins 中，可以看到六个 PWM 信号已经全部被激活（图 2.36），并且自动配置到相应的 DSC 引脚，无需再手动指定引脚。图 2.36 中，Submodule 0 所控制的两个 PWM 信号已经被 PE 自动配置到了 GPIOE1 和 GPIOE2 两个引脚。

(1) 主文件 main.c

```
void main(void)
{
  PE_low_level_init();
  PWMC1_OutputPadEnable();      // PWM 输出使能
  for(;;)
  {
    FMSTR1_Poll();              // FreeMASTER 通讯
  }
}
```

(2) 中断文件 Events.c

一共六个状态，每个状态同时控制六个功率管。

在方法 PWMC1_SetDutyPercent(byte channel, byte Duty) 中，channel 为通道号，取值范围 0～5，依次对应 A 上、A 下、B 上、B 下、C 上、C 下这六个功率管。Duty 为占空比，取值范围 0～100，表示 0～100% 占空比。两个数据都是字节型，取值范围 0～255。源代码如下，此处省略了 PE 自动生成的头文件。后续例程中，也只列出需要自己手动添加的代码。

```
unsigned int HA,HB,HC;
byte duty = 20;                 //占空比 duty,初始值 20,代表 20% 占空比


# pragma interrupt called
void PWMC1_OnReload(void)
{
  HA = hallA_GetVal();          // 三路霍尔信号
  HB = hallB_GetVal();
  HC = hallC_GetVal();
    if((HA==0)&&(HB!=0)&&(HC==0))    // 010,AB,A、B 两相导通
    {
      PWMC1_SetDutyPercent(0,duty);  // A 相上管导通,占空比 duty
```

```
   PWMC1_SetDutyPercent(1,0);           // A 相下管关断
   PWMC1_SetDutyPercent(2,0);           // B 相上管关断
   PWMC1_SetDutyPercent(3,100);         // B 相下管导通,占空比 100%
   PWMC1_SetDutyPercent(4,0);           // C 相上管关断
   PWMC1_SetDutyPercent(5,0);           // C 相下管关断
}
else if((HA = = 0)&&(HB! = 0)&&(HC! = 0))    // 011，AC
{
   PWMC1_SetDutyPercent(0,duty);
   PWMC1_SetDutyPercent(1,0);
   PWMC1_SetDutyPercent(2,0);
   PWMC1_SetDutyPercent(3,0);
   PWMC1_SetDutyPercent(4,0);
   PWMC1_SetDutyPercent(5,100);
}
else if((HA = = 0)&&(HB = = 0)&&(HC! = 0))   //001，BC
{
   PWMC1_SetDutyPercent(0,0);
   PWMC1_SetDutyPercent(1,0);
   PWMC1_SetDutyPercent(2,duty);
   PWMC1_SetDutyPercent(3,0);
   PWMC1_SetDutyPercent(4,0);
   PWMC1_SetDutyPercent(5,100);
}
else if((HA! = 0)&&(HB = = 0)&&(HC! = 0))    //101，BA
{
   PWMC1_SetDutyPercent(0,0);
   PWMC1_SetDutyPercent(1,100);
   PWMC1_SetDutyPercent(2,duty);
   PWMC1_SetDutyPercent(3,0);
   PWMC1_SetDutyPercent(4,0);
   PWMC1_SetDutyPercent(5,0);
}
else if((HA! = 0)&&(HB = = 0)&&(HC = = 0))   //100，CA
{
   PWMC1_SetDutyPercent(0,0);
   PWMC1_SetDutyPercent(1,100);
   PWMC1_SetDutyPercent(2,0);
   PWMC1_SetDutyPercent(3,0);
```

```
      PWMC1_SetDutyPercent(4,duty);
      PWMC1_SetDutyPercent(5,0);
    }
    else if((HA!=0)&&(HB!=0)&&(HC==0))    //110,CB
    {
      PWMC1_SetDutyPercent(0,0);
      PWMC1_SetDutyPercent(1,0);
      PWMC1_SetDutyPercent(2,0);
      PWMC1_SetDutyPercent(3,100);
      PWMC1_SetDutyPercent(4,duty);
      PWMC1_SetDutyPercent(5,0);
    }
    Else                              // 六个功率管全部关断,软件保护
    {
      PWMC1_SetDutyPercent(0,0);
      PWMC1_SetDutyPercent(1,0);
      PWMC1_SetDutyPercent(2,0);
      PWMC1_SetDutyPercent(3,0);
      PWMC1_SetDutyPercent(4,0);
      PWMC1_SetDutyPercent(5,0);
    }
    PWMC1_Load();                     //重载
}
```

上述例程采用了上管 PWM,下管 ON 的斩波方式（$H_{PWM}-L_{ON}$）。下管的占空比为 100%,但是并不推荐,可考虑设为 95%~98%。如果采用 100% 的占空比,在下次上电时,有可能出现电机不能旋转的情况,需要用手稍微推动一下转子,电机才会运行。其原因在于硬件电路下管自举电压没有给下管足够供电,导致下管不能导通。手推动一下转子,开关状态就发生了变化,自举电路便能够为下管提供足够能量。安全起见,手推转子之前,要事先切断逆变器直流电压,防止电机旋转伤到手指。

（3）FreeMASTER 工程

建立工程并保存,实时修改变量 duty 的数值,电机转速会随之变化,duty 值越大,转速越高,注意 duty 的取值范围是 0~100。

第 3 章

函数库数据类型与 PI

3.1 函数库 3.0 的使用

3.1.1 概述

在 3.0 版本中,NXP 提供了五个函数库,它们分别是:
1) 通用函数库 GFLIB(General Function Library)
2) 电机控制库 MCLIB(Motor Control Library)
3) 数学库 MLIB(Math Library)
4) 高级控制库 ACLIB(Advanced Control Library)
5) 通用数字滤波库 GDFLIB(General Digital Filters Library)

这些库中包含了很多函数,每个函数都可以直接调用,从而简化了编程。函数的详细使用方法可见 pdf 说明文件。说明文件在安装了库函数之后,已经自动存放在库函数的安装目录中(图 3.1)。本例程中五个库的说明文件位于:C:\Freescale\56800Ex_FSLESL_r3.0\doc。

图 3.1 函数库使用说明文件

3.1.2 GFLIB 库的说明

通用函数库 GFLIB(General Function Library)最为常用,它包含了下列函数(表 3.1),详细使用方法可见图 3.1 所示说明文件:C:\Freescale\56800Ex_FSLESL_r3.0\doc\56800Ex_GFLIB.pdf。该函数库包含了三角函数、反三角函数、开方、限幅、斜坡函数、符号函数以及 PI

等。需要调用三角函数运算时,推荐使用该库中的 GFLIB_SinTlr 与 GFLIB_CosTlr。

表 3.1　GFLIB 库函数及其简要说明

函 数 名	含 义	说　　明
GFLIB_SinTlr	sin(x)	使用 9 阶泰勒多项式,近似计算自变量的正弦值,$\sin x = x - x^3/3! + x^5/5! - x^7/7! + x^9/9!$,16 位精度,耗时 48~60 个时钟
GFLIB_Sin12Tlr		使用 9 阶泰勒多项式,近似计算自变量的正弦值。12 位精度,比 GFLIB_SinTlr 速度快,但精度略低,耗时 41 个时钟
GFLIB_SinLut		使用查找表线性插值,计算参数的正弦值,耗时 62 个时钟
GFLIB_CosTlr	cos(x)	使用 9 阶泰勒多项式,近似计算自变量的余弦值,$\cos x = \sin(\pi/2 - x)$,16 位精度,耗时 54~65 个时钟
GFLIB_Cos12Tlr		使用 9 阶泰勒多项式,近似计算自变量的余弦值。12 位精度,比 GFLIB_Cos12Tlr 更快,但精度略低,耗时 49 个时钟
GFLIB_CosLut		使用查找表线性插值,计算参数的余弦值,耗时 63 个时钟
GFLIB_Tan	tan(x)	使用分段多项式,近似计算参数的正切值,1) $-180°\sim-145°$ 之间、$\pm 45°$ 之间、$145°\sim 180°$ 之间正常使用,2) $-145°\sim-90°$ 之间限幅到 1,$-45°\sim-90°$ 之间限幅到 -1,$45°\sim 90°$ 之间限幅到 1,$145°\sim 180°$ 之间限幅到 -1,耗时 76 个时钟
GFLIB_Asin	asin(x)	使用分段多项式,近似计算自变量的正弦弧值,输入范围 ± 1 之间,输出范围 $\pm 90°$,耗时 96~216 个时钟
GFLIB_Acos	acos(x)	使用分段多项式,近似计算自变量的反余弦值,输入范围 ± 1 之间,输出范围 $0\sim 180°$,耗时 120~240 个时钟
GFLIB_Atan	atan(x)	使用分段多项式,近似计算自变量的反正切值,输入范围 ± 1 之间,输出范围 $\pm 45°$ 之间,耗时 68 个时钟
GFLIB_AtanYX	atan(y/x)	使用除法和逐段多项式近似,根据提供的 x、y 作为自变量来计算反正切值,耗时 74~146 个时钟
GFLIB_AtanYXShifted	$\triangle\theta$	计算两个正弦波之间的相位差 $\triangle\theta$,$y=\sin(\theta)$,$x=\sin(\theta+\triangle\theta)$,耗时 140~216 个时钟
GFLIB_SqrtPoly	$\sqrt{x}$	使用逐段多项式,计算自变量的平方根值,最低位四舍五入,输入范围 $0\sim 1$,耗时 38~103 个时钟
GFLIB_SqrtIter	$\sqrt{x}$	使用四次迭代计算平方根值,输入范围 $0\sim 1$,与 GFLIB_SqrtPoly 相比,该函数精度较低,速度更快,耗时 73 个时钟
GFLIB_Lut		使用插值法去近似用户创建的一维函数,用户函数存储表的大小由 uw16TableSize 指定,表的地址由 *pTable 指针来指向,耗时 55~63 个时钟

续表

函数名	含义	说明
GFLIB_Ramp16		计算 16 位的上/下斜坡函数,斜坡的步长在 pudtParam 结构中定义,输入与输出范围为±1 之间,耗时 44 个时钟
GFLIB_Ramp32		计算 32 位的上/下斜坡函数,斜坡的步长在 pudtParam 结构中定义,输入与输出范围为±1 之间,耗时 48 个时钟
GFLIB_DynRamp16InitVal		初始化 GFLIB_DynRamp16 算法的内部变量,耗时 24 个时钟
GFLIB_DynRamp16		16 位斜坡函数,耗时 61 个时钟
GFLIB_DynRamp32InitVal		初始化 32 位斜坡函数的内部变量,耗时 24 个时钟
GFLIB_DynRamp32		32 位斜坡函数,耗时 65 个时钟
GFLIB_Limit16		对 16 位输入信号进行限幅,包括上限与下限,耗时 16 个时钟
GFLIB_Limit32		对 32 位输入信号进行限幅,包括上限与下限,耗时 14 个时钟
GFLIB_LowerLimit16		对 16 位输入信号进行下限限幅,耗时 12 个时钟
GFLIB_LowerLimit32		对 32 位输入信号进行下限限幅,耗时 10 个时钟
GFLIB_UpperLimit16		对 16 位输入信号进行上限限幅,耗时 12 个时钟
GFLIB_UpperLimit32		对 32 位输入信号进行上限限幅,耗时 10 个时钟
GFLIB_Sgn		计算输入参数的符号,输入范围在±1 之间,输出为-1,0,1,耗时 13 个时钟
GFLIB_Sgn2		计算输入参数的符号,当参数为 0 时,作为正数处理,输入范围为±1 之间,输出为-1,1,耗时 8 个时钟
GFLIB_Hyst		滞环,输出三个值:上、下阈值与实际值,耗时 35 个时钟
GFLIB_ControllerPIpInitVal		PIp 积分参数初始化,通常可初始化为 0,耗时 24 个时钟
GFLIB_ControllerPIp	PI	PI 比例积分调节器,有限幅,并行模式,位置式 PI,耗时 76 个时钟
GFLIB_ControllerPIr	PI	PI 比例积分调节器,无限幅,递归模式,增量式 PI,耗时 38 个时钟
GFLIB_ControllerPIrLim	PI	PI 比例积分调节器,有限幅,递归模式,增量式 PI,耗时 51 个时钟
GFLIB_ControllerPIDpInitVal		PIDp 并行模式积分参数初始化,耗时 25 个时钟
GFLIB_ControllerPIDp	PID	PID 比例积分微分调节器,有限幅,并行模式,位置式 PID,耗时 103 个时钟
GFLIB_ControllerPIDr	PID	PID 比例积分微分调节器,无限幅,递归模式,增量式 PID,耗时 45 个时钟

3.1.3 MCLIB 库的说明

电机控制函数库 MCLIB(Motor Control Library)包含下列函数(表 3.2),详细使用方法见图 3.1 说明文件:C:\Freescale\56800Ex_FSLESL_r3.0\doc\56800Ex_MCLIB.pdf。

表 3.2　MCLIB 库函数及其简要说明

函数	说明
MCLIB_ClarkTrf	Clarke 变换,abc→$\alpha\beta$,磁势不变的静止 3/2 变换,矩阵系数 2/3,$\alpha=a$,$\beta=(a+2b)/\sqrt{3}$,耗时 26 个时钟
MCLIB_ClarkTrfInv	Clarke 反变换,$\alpha\beta$→abc,磁势不变的静止 2/3 变换,矩阵系数 1,$a=\alpha$,$b=-\alpha/2+\sqrt{3}\beta/2$,$c=-(a+b)$,耗时 29 个时钟
MCLIB_ParkTrf	Park 变换,$\alpha\beta$→dq,旋转变换,矩阵系数 1,$d=\alpha*\cos\theta+\beta*\sin\theta$,$q=-\alpha*\sin\theta+\beta*\cos\theta$,耗时 25 个时钟
MCLIB_ParkTrfInv	Park 反变换,dq→$\alpha\beta$,旋转变换,矩阵系数 1,$\alpha=d*\cos\theta-q*\sin\theta$,$\beta=d*\sin\theta+q*\cos\theta$,耗时 24 个时钟
MCLIB_SvmStd	占空比计算,以生成参考定子电压空间矢量,标准模式,七段式 SVPWM,两个零矢量 000 与 111 均被使用,耗时 90~118 个时钟
MCLIB_SvmU0n	占空比计算,以生成参考定子电压空间矢量,五段式 SVPWM,零矢量仅使用 000 且位于五段式中间,耗时 83~112 个时钟
MCLIB_SvmU7n	占空比计算,以生成参考定子电压空间矢量,五段式 SVPWM,零矢量仅使用 111 且位于五段式的首尾,耗时 87~115 个时钟
MCLIB_SvmAlt	占空比计算,以生成参考定子电压空间矢量,五段式 SVPWM,交替模式,偶数扇区用 000,奇数扇区用 111,耗时 87~116 个时钟
MCLIB_SvmSci	占空比计算,以生成参考定子电压空间矢量,三次谐波注入 PWM,耗时 139~167 个时钟
MCLIB_PwmIct	正弦 SPWM,占空比=$(u_{ref}+1)/2$,耗时 82 个时钟
MCLIB_DecouplingPMSM	实时计算交叉耦合电压(u_d 中的 $L_q i_q \omega$,u_q 中的 $L_d i_d \omega$),将其进行前馈,消除转速变化与交叉耦合的影响,使得 PI 更具线性,耗时 65~110 个时钟
MCLIB_ElimDcBusRip	对逆变器直流侧直流电压 u_{dc} 波动进行补偿,消除其脉动的影响,以 $u_{dc}/2$ 为基准定标,耗时 79 个时钟
MCLIB_ElimDcBusRipGen	对逆变器直流侧直流电压 u_{dc} 波动进行补偿,消除其脉动的影响,以 u_{dc} 为基准定标,耗时 70 个时钟

续表

MCLIB_VectorLimit	首先确定定子电压空间矢量 dq 分量的最大值,超过则限幅,耗时 45～186 个时钟
MCLIB_VectorLimit12	首先确定定子电压空间矢量 dq 分量的最大值,超过则限幅,12 位精度,速度较快,牺牲部分精度,耗时 44～156 个时钟

其他三个函数库的使用说明需查阅说明文档,不再列出。

3.1.4 函数库的添加方法

首先要把函数库添加进工程,才可以使用其中的函数。即使仅仅用到库中的一个函数,也要把整个库添加进工程。

所有库的添加过程、步骤与方法都一样,下面以 GFLIB 库为例进行说明。

在 CW11 中新建一个工程,命名为 library。右键单击工程名 library,选择属性 property(图 3.2)。

库的添加总共分为四步,前三步在属性页进行,最后一步则在 CW11 界面中进行。

(1) 第一步:库函数的本体

选择 C/C++ General\Paths and Symbols,进入 Properties for library 设置页(图 3.3)。

图 3.2 函数库添加入口

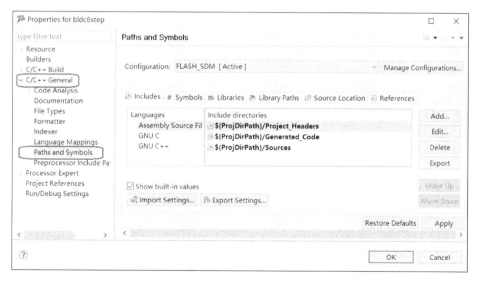

图 3.3 属性设置页

进入图 3.4 右侧的 Libraries 页,单击右侧的 Add 按钮,在随后弹出的对话框中,单击 File system,选中安装目录中的文件 56800Ex_GFLIB.lib,然后单击 OK。文件位置(图 3.4):

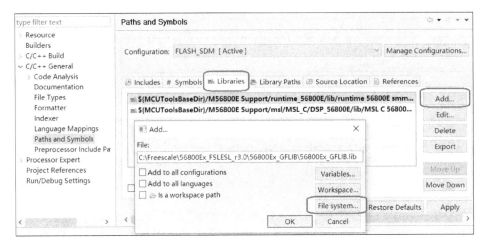

图 3.4　添加步骤 1

C：\ Freescale \ 56800Ex_FSLESL_r3.0 \ 56800Ex_GFLIB \ 56800Ex_GFLIB.lib。

第一步完成之后的界面如图 3.5，个别电脑的显示没有发生变动，如果操作正确，可以忽略这种显示问题。关闭该界面并重新进入，会发现刷新后的正确显示。

图 3.5　第一步已完成

（2）第二步：include 文件夹

进入 Library Paths 页，按上述方法添加 include 文件夹。（图 3.6）该文件夹位置为：
C：\ Freescale \ 56800Ex_FSLESL_r3.0 \ 56800Ex_GFLIB \ include。

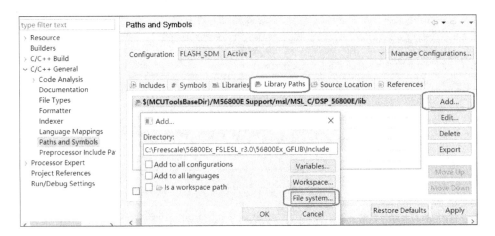

图 3.6　添加步骤 2

第二步添加之后的界面见图 3.7，个别电脑的显示没有发生变动，如果操作正确，可忽略不计，这是由于个别电脑未及时刷新所导致的。

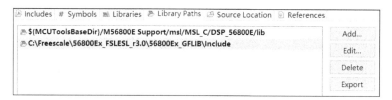

图 3.7　第二步已完成

（3）第三步：访问路径

在 Properties for library 设置页的左侧，选择 C/C++ Build\Settings。进入 DSC Compiler \ Access Paths，在第一个框 Search User Paths（♯include"…"）的右侧，单击 add 按钮，通过 File system 按钮，添加 include 文件夹。注意务必把 Relative to 前面的勾选项去掉（图 3.8）。

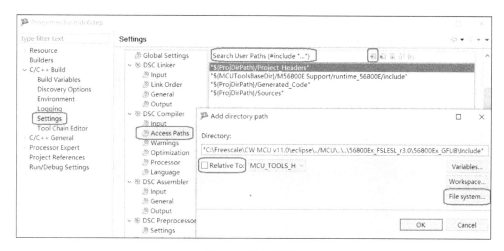

图 3.8　添加步骤 3

结果如图 3.9，单击 OK 结束。

图 3.9　第三步已完成

（4）第四步：头文件

回到 CW11 主界面。右键单击工程文件中的 Project_Headers，选择 Add Files。添加文

件 gflib.h(图 3.10),该文件位置如下(图 3.11):

C:\ Freescale \ 56800Ex_FSLESL_r3.0 \ 56800Ex_GFLIB \ include。

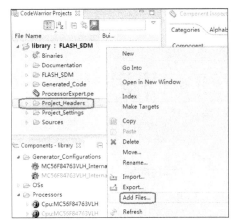

图 3.10 添加头文件

图 3.11 头文件位置

在弹出的对话框中,选择 Link to files,并去除 Creat link locations relative to 前面的勾选(图 3.12),完成后结果界面如图 3.13:

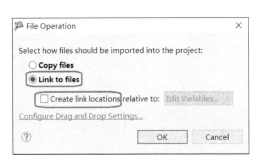

图 3.12 两个选项(选择、去除)

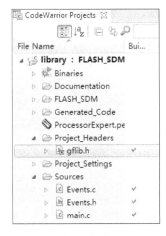

图 3.13 完成后界面显示

通过以上四步,就完成了库函数的添加。与以往旧版本相比,CW11 的库函数添加要麻烦很多。可以新建一个空白工程,添加好库函数,将此空白工程作为模版,以减少重复性工作。

更换电脑后,最好重新添加库函数,因为不同电脑的软件安装路径不一定一样。

3.1.5　Events.c 中增加头文件

在编程之前,要在中断文件 Events.c 中增加头文件"gflib.h"(图 3.14),采用手动输入方式。链接时会将该头文件的全部内容都编译进去,图 3.15 列出了头文件 gflib.h 的部分代码。

```
main.c  Events.c
/* MODULE Events */

#include "Cpu.h"
#include "Events.h"

/* User includes (#incluc
#include"gflib.h"
/* END Events */
```

图 3.14　代码中添加头文件

```
#ifndef _GFLIB_H_
#define _GFLIB_H_

#include "56800E_types.h"

#include "GFLIB_SinCosDefAsm.h"
#include "GFLIB_SinLutAsm.h"
#include "GFLIB_CosLutAsm.h"

#include "GFLIB_SinCosTlrDefAsm.h"
#include "GFLIB_SinCosTlrAsm.h"
```

图 3.15　头文件 gflib.h 中的部分内容

3.2　数据类型与数学运算

以16位数据为例,本节阐述其所使用的数据类型与数学运算的简单规律。

3.2.1　数据类型

16位二进制数的格式如图3.16,最左侧是最高位(most significant bit, MSB),最右侧是最低位(least significant bit, LSB)。16位数的表示范围是0～65535(表3.3),即 $65535=2^{16}-1$,之所以减1是因为从0开始计数,而非从1开始计数。

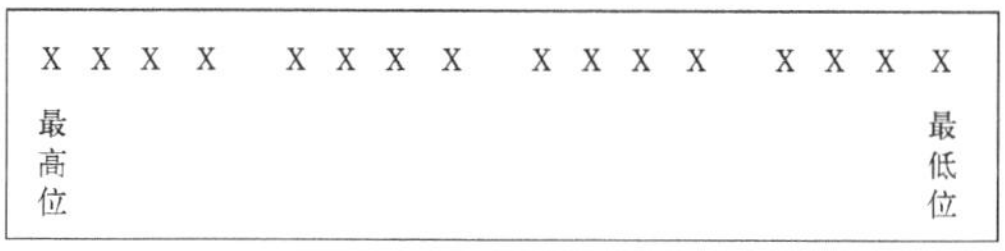

图 3.16　十六位二进制数

表 3.3　对 应 表

十进制	二进制	十六进制
0	$0000\ 0000\ 0000\ 0000_2$	0000_H
32767	$0111\ 1111\ 1111\ 1111_2$	$7FFF_H$
32768	$1000\ 0000\ 0000\ 0000_2$	8000_H
65535	$1111\ 1111\ 1111\ 1111_2$	$FFFF_H$

DSC-MC56F84763编程常用的几种数据见表3.4,其中浮点数float不建议使用。

表 3.4　几种常用的数据类型

名　称		位	表 示 范 围	对应的十进制	同类型
unsigned int	无符号整数	16	0～65 535	0～65 535	word
signed int	有符号整数	16	−32 768～32 767	−32 768～32 767	short
byte	字节型整数	8	0～255	0～255	unsigned char
Frac16	Q15有符号小数	16	−32 768～32 767	[−1　+1)	
float	浮点数	32		$-3.4\times10^{38}\sim3.4\times10^{38}$	

3.2.2　原码与补码

1）芯片只认识0和1。

2) 不论正数还是负数,都用补码表示。
3) 正数的补码和原码一样。
4) 负数的补码:数值部分按位"取反加1"。补码变回原码,也是数值部分"取反加1"。
5) 有符号数(有正有负)的最高位是符号位,0代表正数,1代表负数。

例如:

6666 的原码和补码都是 $1A0A_H$。

-6666 的数值部分为 6666,对 $1A0A_H$ 取反,得到 $E5F5_H$,再加 1 后得到 $E5F6_H$。符号位始终保持为 1,取反加 1 针对的是数值部分。

正数的补码是其自身,负数的补码为"符号位不变,数据位取反加1"。

例如,十进制数 -32768,这是一个有符号数。正数 32768 的原码是 $1000\ 0000\ 0000\ 0000_2$,求补码时,符号位不变,其它数据位取反,为 $0111\ 1111\ 1111\ 1111_2 = 7FFF_H$;然后加 1,$7FFF_H + 1 = 8000_H$。数据部分有进位,舍弃。

减去一个正数,就等于加上它的负数的补码,从而把减法变成了加法。例如:

$7777 - 6666 = 1E61_H - 1A0A_H = 1E61_H + E5F6_H = 0457_H = 1111$

3.2.3 浮点数、定点数定标

浮点数可理解为人习惯用的数,如 0、±1、±1.5、±255、±∞,有正负整数、正负小数,使用十进制。小数就是典型的浮点数。

二进制数是芯片用的数,只有两个值 0、1,即低电平与高电平。每个 0 或 1 称为一位(bit),八位称为一个字节(byte),所以芯片位数多是 8 的倍数,如 8 位、16 位、32 位、64 位单片机。二进制数可以用二进制、十六进制、十进制(BCD 码)或八进制来表示,其中前两种用得最多。

二进制都是整数,但也可以表示正负。人为地将一个二进制数分为两部分:最高位被定义成符号位(0 表示正数,1 表示负数),最高位后面的部分被定义为数值。但是二进制只能表示正整数与负整数,无法表示小数。

定点数就是为了表示小数而诞生的,它依然是二进制数,总的位数不变,但人为地假想了一个小数点,并放入二进制数中,小数点左侧是整数位,用于表示浮点数的整数部分;小数点右侧是小数位,用于表示浮点数的小数部分。有了这个"假想小数点"的二进制数就称为定点数。

表 3.5 四位数的定标

小数点位置	xxxx.	xxx.x	xx.xx	x.xxx
Q 格式	Q0	Q1	Q2	Q3

问题是小数点放到二进制数的哪个位置才好?以四位二进制数为例(表 3.5),小数点有四个可选位置。放到最低位的右侧称为 Q0 格式,即没有小数位。其他依次为 Q1、Q2、Q3 格式,这个过程就称为"定标",即确定小数点的位置。

必须要清醒意识到:芯片里是没有小数点的,这个小数点是人为假想出来的。芯片什么也不知道,它还是按照原先固有的二进制原则来加减乘除,不会管你什么定标不定标。

定标的原则有二：

1) 确保精度，Q 格式越大，小数的位数越多，精度就越高。精度或分辨率取决于二进制最低位从 0 变化到 1 时(或从 1 变化到 0)所产生的误差。

对电压而言，采用 Q10 格式对毫伏级别的分辨率可达千分之一，例如 24.268 V 用 Q10 格式定点数表示为 6112_H，折算回浮点数为 24.267。也就是说，对于小数点后前两位(0.26)，Q10 格式是完全可以精确表示的，但最后一位(0.008)则不然，Q10 格式的精度为 1‰，如欲提高精度，则须增大 Q 格式。

2) 定点数小数点左侧整数位的位数要足够多，以便能完整表示浮点数的整数部分。例如 24.268 的整数部分为 24，定点数需要至少 5 位整数位(因为 $2^5=32>24$)。

下面举一个简单例子，浮点数为 3.25，定点数的整数位需要 2 位($2^2=4>3$)，具体内容见表 3.6，表中给出了四个例子，"有符号原码"只是为了方便理解，机器中采用的是补码。

表 3.6 表示方法的对比

	浮点数	定点数(二进制)	定点数(十进制)	定点数(十六进制)	定标(Q2)
无符号	3.25	01101_2	13	D_H	011.01
有符号	+3.25	01101_2	13	D_H	011.01
有符号原码	−3.25	11101_2	−13	$-D_H$	111.01
有符号补码	−3.25	10011_2	−13	-3_H	100.11

3.25 当然是浮点数，那么 255 到底是浮点数还是定点数呢？答案都是，称其为浮点数没有异议，之所以称其为定点数，只不过是用十进制表示的一个二进制数罢了($1111\ 1111_2$)。

定点数就是有假想小数点的总位数固定的二进制数。浮点数是人用的，定点数是芯片用的。定点数的表示形式有二进制、八进制、十六进制、十进制。由于都能用十进制表示，难免出现混淆。

3.2.4 关于 16 位数的定标

当控制对象是电机时，算法有其特点，Q 格式可以简化，简化的核心环节是"标幺值"，本书全部采用 Q15 格式。

16 位数的取值只能在 $0000_H \sim FFFF_H$ 之间，也就是($0000\ 0000\ 0000\ 0000_2$)~($1111\ 1111\ 1111\ 1111_2$)。总共 65 536 个值，任何一个数都可以是 16 位，例如浮点数 0 可表示为 16 个零 $0000\ 0000\ 0000\ 0000_2$，浮点数 1 可表示为 $0000\ 0000\ 0000\ 0001_2$。

芯片内部运算永远按照二进制的原则，都是 16 位二进制数的加减乘除，机器不会考虑二进制数所对应的浮点数是多少。但实际系统涉及很多小数，如何用 16 位定点数来表示实际中的小数、特别是有符号的小数呢？方法就是定标，其原则是：既要足够精确，但又不能溢出。

对于 16 位数而言，小数点有 16 个可放位置，所以就有 16 种定标方法，分别用 Q0~Q15 表示(图 3.17)。其中 X 代表二进制的一位，实心点"·"代表小数点：

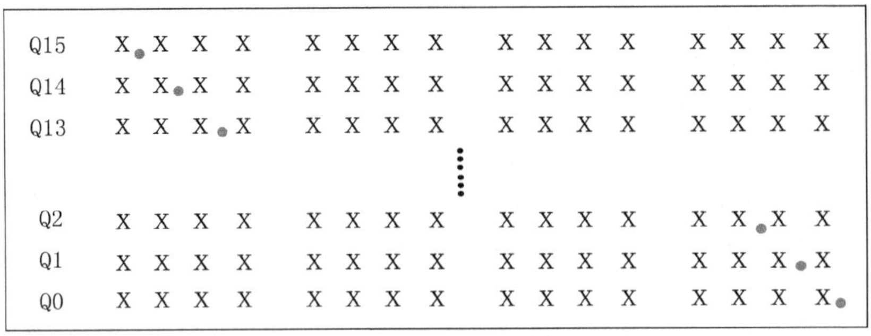

```
Q15    X.X X X    X X X X    X X X X    X X X X
Q14    X X.X X    X X X X    X X X X    X X X X
Q13    X X X.X    X X X X    X X X X    X X X X
                     ⋮
Q2     X X X X    X X X X    X X X X    X X.X X
Q1     X X X X    X X X X    X X X X    X X X.X
Q0     X X X X    X X X X    X X X X    X X X X.
```

图 3.17 十六位数的 16 种定标方法

假设有一个 Q15 格式的无符号小数,那么,16 位数($0000_H \sim FFFF_H$)表示的浮点数范围是[0, 2.0)。

当 16 位数为($0000\ 0000\ 0000\ 0000_2$)时,表示浮点数为零,因为已经定义它是 Q15 格式了,加上小数点后,结果就一目了然($0.000\ 0000\ 0000\ 0000_2$),把这个二进制数换算成浮点小数:

$$ans = 0 \times 2^0 + 0 \times 2^{-1} + 0 \times 2^{-2} + \cdots + 0 \times 2^{-15} = 0$$

当二进制数为($1111\ 1111\ 1111\ 1111_2$)时,表示浮点数为 2.0,加上小数点后为($1.111\ 1111\ 1111\ 1111_2$),换算成浮点小数:

$$ans = 1 \times 2^0 + 1 \times 2^{-1} + 1 \times 2^{-2} + \cdots + 1 \times 2^{-15} = 1.999\ 969\ 482\ 421\ 875 \approx 2.0$$

做加法时,三个定点数(c=a+b)的 Q 格式要相同,小数点对齐。

做减法时,三个定点数(c=a-b)的 Q 格式要相同,小数点对齐。

做乘法时,三个定点数(c=a*b)的 Q 格式可以不同。

做除法时,三个定点数(c=a/b)的 Q 格式可以不同,但分母不能为零。

3.2.5 无符号整数 unsigned int

无符号整数为 Q0 定标格式,均为正数。$0000_H \sim FFFF_H$ 代表浮点数 $0 \sim 65\ 535$(图 3.18)。字节型数据 byte 原理与此相同,byte 只有八位,表示范围 $0 \sim 255$($255 = 2^8 - 1$)。

(1) unsigned int 的加法

源代码:c=a+b;

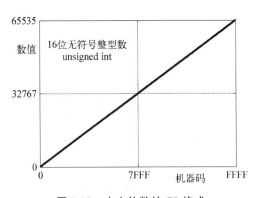

图 3.18 十六位数的 Q0 格式

表 3.7 运 算 过 程

a	b	c 期望值	c 实际计算结果	
600	500	1 100	1 100	正确
65 534	10	65 544	8	溢出,超出 $0 \sim 65\ 535$

三个数据都是无符号整型,是最简单的加法,只有上溢的可能。16 位无符号数表示范围为 0~65535,上溢发生后复位到零,继续执行后续加法,最终结果是"期望值对 65 536(2^{16})取余",注意图 3.19 中加法的运动方向,是沿着变大的方向。

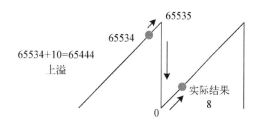

图 3.19 向上溢出

（2）unsigned int 的减法

源代码：c=a−b;

表 3.8 运 算 过 程

a	b	c 期望值	c 实际计算结果	
600	500	100	100	正确
500	600	−100	65 436	溢出,超出 0~65 535

无符号整数的减法,要保证被减数不小于减数,否则下溢,最终结果是"65536−期望值"。注意图 3.20 中减法的运动方向,是朝着减小的方向。

（3）unsigned int 的乘法

源代码：c=a*b;

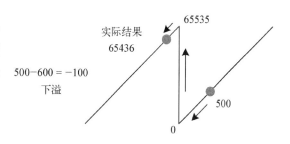

图 3.20 向下溢出

表 3.9 运 算 过 程

a	b	c 期望值	c 实际计算结果	
1000	5	5000	5000	正确
1000	500	500000	41248	错误

期望结果 500000 超出了 16 位数最大值 65535,发生溢出错误。实际得到的计算结果是 500000 对 65536 取余数：500000％65536=41248。

如果 a 为 Q_x 格式,b 为 Q_y 格式,则乘积 c 为 $Q_{(x+y)}$ 格式,且为 32 位。然后再根据参数 c 的位数和定义的 Q 格式进行移位。本例中数据均为 Q0 格式,可不考虑这些。

总之,0~65535 就是 Q_0 格式,那么当 a 为 Q_0 格式,b 为 Q_0 格式,则乘积 c 为 $Q_{(0+0)}=Q_0$ 格式,例如：c=a*b=03EA$_H$ * 0003$_H$=1 002 * 3=3 006。

（4）unsigned int 的除法

源代码：c=a/b,为整除。

表 3.10 运 算 过 程

a	b	c 期望值	c 实际计算结果	
1 000	500	2	2	正确
1 000	600	1.666 6	1	错误
500	1 000	0.5	0	错误

整除结果中的小数部分全部被舍弃,存在截断误差。当被除数 a 小于除数 b 时(a<b),结果为零。

如果 a 为 Q_x 格式,b 为 Q_y 格式,则商 c 为 $Q_{(x-y)}$ 格式。为保证结果的精度,可先将 a 左移,人为地增大 a 的值,然后再做运算。如果要求商 c 为 Q_z 格式,那么首先要把 a 左移一定的位数使其变为 $Q_{(y+z)}$ 格式,b 保持 Q_y 格式不变,则除法的结果 c 就是 $Q_{(y+z-y)} = Q_z$ 格式了。

3.2.6 有符号整型数 signed int(或 int)

有符号整数为 Q_0 定标,有正数,也有负数,表示范围:$-32768 \sim +32767$。二进制最高位是符号位,0 表示正数,1 表示负数。那么 $0000_H \sim 7FFF_H$ 表示正数,而 $8000_H \sim FFFF_H$ 表示负数(图 3.21)。

下面来分析负数。

$8001_H = (1000\ 0000\ 0000\ 0001_2)$ 是用补码表示的一个负数,先求出原码:

$8001_{H原码} = (1111\ 1111\ 1111\ 1110_2) + (0000\ 0000\ 0000\ 0001_2) = (1111\ 1111\ 1111\ 1111_2)$

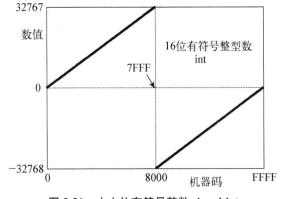

图 3.21 十六位有符号整数 signed int

把这个二进制数换算成十进制浮点数:

$$ans = -(1 \times 2^{14} + 1 \times 2^{13} + \cdots + 1 \times 2^0) = -32767$$

8000_H 转换到十进制稍微麻烦些,$8000_H = (1000\ 0000\ 0000\ 0000_2)$,这是用补码表示的负数,原码:

$8000_{H原码} = (1111\ 1111\ 1111\ 1111_2) + (0000\ 0000\ 0000\ 0001_2)$

因为有进位,所以只写数值部分,不写符号位:

$8000_{H原码数值} = (0111\ 1111\ 1111\ 1111_2) + (0000\ 0000\ 0000\ 0001_2)$
$= (1000\ 0000\ 0000\ 0000_2)$

把这个二进制数换算成十进制浮点数:$ans = -(1 \times 2^{15}) = -32\,768$

$FFFF_H = (1111\ 1111\ 1111\ 1111_2)$ 的原码为:$FFFF_{H原码} = (1000\ 0000\ 0000\ 0000_2) + (0000\ 0000\ 0000\ 0001_2) = (1000\ 0000\ 0000\ 0001_2)$,换算成十进制浮点数:

$$ans = -(1 \times 2^0) = -1$$

(1) signed int 的加法

源代码：c=a+b;

表 3.11 运 算 过 程

a	b	c 期望值	c 实际计算结果	
1 000	500	1 500	1 500	正确
1 000	−500	500	500	正确
32 766	10	32 776	−32 760	上溢，超出−32 768～32 767

无符号数的加法只存在上溢（图 3.22），有符号数则上溢与下溢都有可能。

(2) signed int 的减法

源代码：c=a−b;

错误部分为发生了上溢，上溢过程见图 3.22。

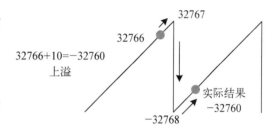

图 3.22 有符号整数 signed int 发生上溢

表 3.12 运 算 过 程

a	b	c 期望值	c 实际计算结果	
1 000	500	500	500	正确
1 000	−500	1 500	1 500	正确
500	1 000	−500	−500	正确
32 766	−10	32 776	−32 760	错误

(3) signed int 的乘法

源代码：c=a*b;

表 3.13 运 算 过 程

a	b	c 期望值	c 实际计算结果	
1 000	5	5 000	5 000	正确
1 000	−5	−5 000	−5 000	正确
1 000	50	50 000	−15 536	错误

表 3.13 中 50000 超出了 signed int 的表示范围（50000＞32767），所以发生错误。

(4) signed int 的除法

源代码：c=a/b；为整除。

表 3.14 运 算 过 程

a	b	c 期望值	c 实际计算结果	
1 000	500	2	2	正确
1 000	−500	−2	−2	正确
1 000	600	1.666 6	1	错误
500	1 000	0.5	0	错误

表 3.14 中 signed int 不能表示小数，所以发生错误。

3.2.7 有符号小数 Frac16

该类型特别适用于 16 位定点芯片的电机控制编程，在本书后续的例程中将大量使用。

变量声明：Frac16 a；

变量声明并赋值：Frac16 a=FRAC16(0.5)；　　// a = 0.5

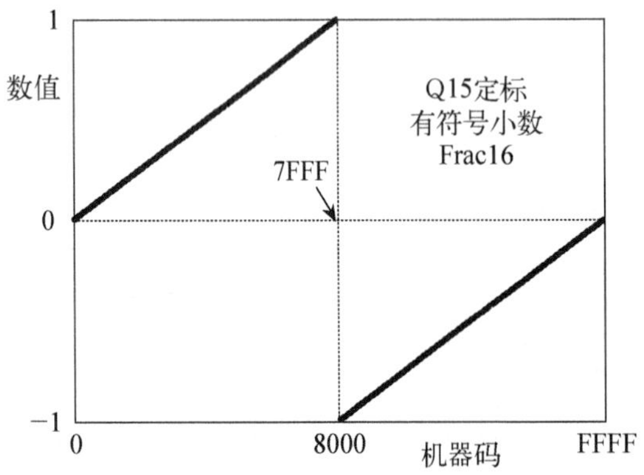

有符号小数 Frac16 是十六位 Q15 格式，最高位是符号位，没有整数部分，表示的浮点数范围为：[−1.0, 1.0)，见图 3.23。在使用之前，需要增加头文件：# include "gflib.h"

先分析 $0000_H \sim 7FFF_H$ 区间。

$0000_H =$ (0000 0000 0000 0000)表示正零，加上小数点后为(0.000 0000 0000 0000)，把这个二进制数换算成十进制浮点数：

$$ans = 0 \times 2^{-1} + 0 \times 2^{-2} + \cdots + 0 \times 2^{-15} = 0$$

$7FFF_H =$ (0111 1111 1111 1111)加上小数点后为(0.111 1111 1111 1111)，将其换算成十进制浮点数：

$$ans = 1 \times 2^{-1} + 1 \times 2^{-2} + \cdots + 1 \times 2^{-15} = 0.999\ 969\ 482\ 421\ 875 \approx 1.0$$

图 3.23 有符号小数 Frac16

所以最大值只能接近 1，不会完全等于 1。

再分析 $8000_H \sim FFFF_H$ 区间。

$8001_H =$ (1000 0000 0000 0001)是用补码表示的负数，先求出原码：

$8001_{H\text{原码}} =$ (1111 1111 1111 1110)+(0000 0000 0000 0001)=(1111 1111 1111 1111)

加上小数点(1.111 1111 1111 1111)，换算成十进制浮点数：

$$ans = -(1 \times 2^{-1} + 1 \times 2^{-2} + \cdots + 1 \times 2^{-15}) = -0.999\ 969\ 482\ 421\ 875$$

8000_H 转换到十进制稍微麻烦些，$8000_H = (1000\ 0000\ 0000\ 0000)$ 是用补码表示的负数，原码：

$8000_{H\ 原码} = (1111\ 1111\ 1111\ 1111) + (0000\ 0000\ 0000\ 0001)$

因为最高位有进位，所以只写数值部分，不写符号位：

$8000_{H\ 原码数值部分} = (0111\ 1111\ 1111\ 1111) + (0000\ 0000\ 0000\ 0001) = (1000\ 0000\ 0000\ 0000)$

加上小数点 $(1.000\ 0000\ 0000\ 0000)$，将其换算成十进制浮点数：

$$ans = -(1 \times 2^0 + 0 \times 2^{-2} + \cdots + 0 \times 2^{-15}) = -1.0$$

$9000_H = (1001\ 0000\ 0000\ 0000)$ 的原码：

$9000_{H\ 原码} = (1110\ 1111\ 1111\ 1111) + (0000\ 0000\ 0000\ 0001) = (1111\ 0000\ 0000\ 0000)$

加上小数点 $(1.111\ 0000\ 0000\ 0000)$，将其换算成十进制浮点数：

$$ans = -(1 \times 2^{-1} + 1 \times 2^{-2} + 1 \times 2^{-3}) = -0.875$$

$FFFF_H = (1111\ 1111\ 1111\ 1111)$ 的原码为：

$FFFF_{H\ 原码} = (1000\ 0000\ 0000\ 0000) + (0000\ 0000\ 0000\ 0001) = (1000\ 0000\ 0000\ 0001)$

加上小数点 $(1.000\ 0000\ 0000\ 0001)$，将其换算成十进制浮点数：

$$ans = -(0 \times 2^{-1} + 0 \times 2^{-2} + \cdots + 1 \times 2^{-15}) = -(0.000\ 030\ 5) \approx -0$$

综上所述，Frac16 定点数与浮点数之间的换算关系如下：

$$定点数 = 浮点数 \times 2^{15}$$

$$浮点数 = 定点数 \div 2^{15} \quad (0000_H \leqslant 定点数 \leqslant 7FFF_H)$$

$$浮点数 = 定点数 \div 2^{15} - 2.0 (8000_H \leqslant 定点数 \leqslant FFFF_H)$$

例 1：Frac16 浮点数为 0.1，换算到定点数为：

$$定点数 = 浮点数 \times 2^{15} = 0.1 \times 2^{15} = 3\ 276.8 = 3\ 276(舍去小数) = CCC_H$$

例 2：定点数为 $3AE6_H$，换算到 Frac16 浮点数：

$$浮点数 = 定点数 \div 2^{15} = 3AE6_H \div 2^{15} = 15\ 078 \div 2^{15} = 0.460\ 1$$

例 3：定点数为 $9B03_H$，换算到 Frac16 浮点数：

这是一个负数，有两种方法来换算到 Frac16 浮点数。

方法 1：采用上文所用的方法：补码→原码→十进制，过程如下：

$9B03_H = (1001\ 1011\ 0000\ 0011)$，这是补码表示的负数；

原码 $= (1110\ 0100\ 1111\ 1100) + (0000\ 0000\ 0000\ 0001) = (1110\ 0100\ 1111\ 1101)$

加上小数点为：$(1.110\ 0100\ 1111\ 1101)$

将其换算到十进制：

$$ans = -(2^{-1} + 2^{-2} + 2^{-5} + 2^{-8} + 2^{-9} + 2^{-10} + 2^{-11} + 2^{-12} + 2^{-13} + 2^{-15}) = -0.788\ 97$$

方法 2：采用简便方法(仅针对负数)，过程如下：

$$浮点数=(定点数-2^{16})\div 2^{15}=定点数\div 2^{15}-2.0$$

具体过程如下：

$$浮点数=定点数\div 2^{15}=9B03_H\div 2^{15}-2.0=39\,683\div 2^{15}-2.0=-0.78897$$

(1) Frac16 的加法

源代码：c＝a＋b 或 c＝add(a,b);

表 3.15　运 算 过 程

a 定点数	b 定点数	c 期望值	c 计算结果	a 浮点数	b 浮点数	c 浮点数结果	
10 000	5 000	15 000	15 000	0.305 1	0.152 5	0.457 7	正确
10 000	−5 000	5 000	5 000	0.305 1	−0.152 5	0.152 5	正确
32 766	10	32 776	−32 760	0.999 9	0.000 3	−0.999 7	错误

有符号定点数表示范围−32 768～32 767，超出该范围则溢出。

(2) Frac16 的减法

源代码：c＝a−b 或 c＝sub(a,b);

表 3.16　运 算 过 程

a 定点数	b 定点数	c 期望值	c 计算结果	a 浮点数	b 浮点数	c 浮点数结果	
10 000	5 000	5 000	15 000	0.305 1	0.152 5	0.152 5	正确
10 000	−5 000	15 000	5 000	0.305 1	−0.152 5	0.457 7	正确
5 000	10 000	−5 000	−5 000	0.152 5	0.305 1	−0.152 5	正确
32 766	−10	32 776	−32 760	0.999 9	−0.000 3	−0.999 7	错误

(3) Frac16 的乘法

源代码：c＝mult(a,b);

表 3.17　运 算 过 程

a 定点数	b 定点数	a 浮点数	b 浮点数	c 浮点数结果	
10 000	5 000	0.305 1	0.152 5	0.046 5	正确
10 000	−5 000	0.305 1	−0.152 5	−0.046 5	正确

由于 Frac16 有符号小数的表示范围[−1.0, 1.0]，所以乘法不会发生溢出，但必须使用 c＝mult(a,b)，不能用 c＝a*b。因为 c＝a*b 是整乘，不能处理小数。

注意一点，mult(−1, −1)＝−1，尽管期望结果是 1，但由于 Frac16 的表示范围为

[−1.0,1.0),1 是取不到的,只会得到−1。

(4) Frac16 的除法

源代码：c=div_s(a,b) 或 c=div_s4q(a,b),表示 a 除以 b(c=a÷b)。

表 3.18　运 算 过 程

a 定点数	b 定点数	a 浮点数	b 浮点数	c 浮点数结果	
10 000	20 000	0.305 1	0.610 3	0.5	正确
10 000	−20 000	0.305 1	−0.610 3	−0.5	正确
10 000	10 000	0.305 1	0.305 1	0.999 9	正确
10 000	−10 000	0.305 1	−0.305 1	−0.999 9	正确
10 000	6 000	0.305 1	0.183 1	−0.992 2	错误

尽可能保证被除数不大于除数($a \leqslant b$),且除数不能为零。

div_s 为单象限除法,被除数和除数都必须是正数。

div_s4q 为四象限除法,被除数和除数是正数或负数均可。当被除数大于除数时,有自动饱和处理功能。

例 1：a=6 554(0.2),b=3 276(0.1),则 c=div_s4q(a,b)=32 561(0.993 683)

例 2：a=58 982(−0.2),b=3 276(0.1),则 c=div_s4q(a,b)=32 975(−0.993 683)

3.2.8　浮点数 float

变量声明：float a,b,c;

浮点数的运算法则很简单,符合人的思维习惯。浮点数表示范围非常大,绝大多数情况下,不需考虑溢出问题,但尽量不用,因为 DSC-56F84763 为定点处理器,运行浮点数速度较慢,很容易引起 FreeMASTER 显示的卡顿,甚至会导致无响应死机。

加法源代码：c=a+b;

减法源代码：c=a−b;

乘法源代码：c=a*b;

除法源代码：c=a/b;

浮点 DSP 芯片已经实现商业化,为编程带来了极大便利。目前这种芯片尚还存在功耗大、芯片发热的问题。采用定点数编程更加底层,代码的效率更高,虽然浮点型芯片代表了未来趋势,但掌握定点数编程技巧还是有意义的。

3.2.9　三角函数运算

一律采用 Frac16 格式的小数。

正弦、余弦函数的源代码如下：

```
#include"gflib.h"           // 包含头文件
Frac16 x,y,z;                // 变量声明,初始值为 0
```

```
y = GFLIB_SinTlr(x);        // y = sin(x)
z = GFLIB_CosTlr(x);        // z = cos(x)
```
x、y、z 都是 Frac16 有符号小数，取值范围在[−1.0，1.0]。因为角度 θ 的取值范围是 0～2π，所以使用上述三角函数有其特殊性。假如要计算 $\sin(\pi/4)$，则源代码如下：

```
#include "gflib.h"
Frac16 x = FRAC16(0.25);    // 变量声明，x = 0.25
Frac16 y;                   // 变量声明，y = 0
y = GFLIB_SinTlr(x);        // y = sin(0.25π)
```
GFLIB_SinTlr(0.25)等价于 $\sin(0.25\pi)$，推而广之，GFLIB_SinTlr(x)等价于 $\sin(x*\pi)$。

3.2.10 不同类型之间的赋值

赋值就是复制，复制的是二进制数。不同类型数据之间是可以直接赋值的，但需要类型转换。

（1）无符号赋值给其他类型：(signed int、Frac16、float)＝unsigned int

例：a＝b，当 b＝1234_H，则 a＝1234_H

赋值后，a 与 b 的定点数都是 1234_H，但数据类型不同，建议先对右操作数做类型转换，转换成左操作数的类型。类型转换是临时的，并不改变具体值，虽然并非强制性要求一定要先类型转换，但如果没作转换，有时编译器会报错。

```
signed int a;
unsigned int b;
a = (signed int)b;          // 暂时将 b 的数据类型转换为与 a 相同
```

（2）浮点数赋值给其他类型：(其他类型)＝float

浮点数向其他类型赋值时，分两种情况：1) 当不超出被赋值数的表示范围时，拷贝二进制数。2) 当超出被赋值数表示范围时，有限幅，保持限幅值。

例 1：浮点数赋值给无符号整数：unsigned int＝float

当浮点数超过 65 535 时，无符号数始终为最大值 65 535。

例 2：浮点数赋值给有符号整数：signed int＝float

当浮点数超过 32 767 时，有符号整数始终为最大值 32 767。

例 3：浮点数赋值给有符号小数：Frac16＝float

当浮点数超过 32 767 时，有符号小数始终为最大值 32 767。

3.3 比例积分调节器

本节阐述两种常用的比例积分调节器(proportional integral regulator, PI)：位置式与增量式。两者的原理相同，但离散化方法不同。PID 中的微分不在本节讨论范围之内。

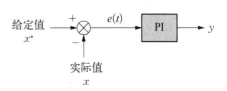

图 3.24　PI 调节器

3.3.1 原理

在负反馈系统中,给定值 x^* 与实际值 x 做减法,得到的差值 $e(t)$ 有正有负:

$$e(t) = x^* - x$$

t 时刻的差值 $e(t)$ 输入 PI 调节器,运算后得到输出 y:

$$y = K_p \left(e(t) + \frac{1}{\tau} * \int e(t) \cdot dt \right) = K_p * e(t) + K_i * \int e(t) \cdot dt \tag{3.1}$$

K_p 为比例系数,K_i 为积分系数,τ 为积分时间常数。式 3.1 右侧括号内第一项是当前 t 时刻的误差,第二项是对所有时刻误差的累加(即积分),两者分别乘以一个不同的加权系数,最后加起来。

式 3.1 为时域表达方式,积分的步长无限短。而在 DSC 编程时,要对式 3.1 作离散化。因为 DSC 的运算速度并非无限,它总是在一个时间段 T 内,才对式 3.1 进行一次运算,这个时间段 T 也就是常说的"控制周期 T""采样周期 T"或"开关周期"。

按照定义,离散化公式如下,注意到"积分就是加法",则第 k 个控制周期的输出为:

$$y(k) = K_p * e(k) + K_i * \sum_{n=1}^{k} e(n) = y_p + y_i \tag{3.2}$$

这是基本离散方法,在积分环节,要对从零时刻起的每个周期的误差进行累加,要记住所有周期的误差,因而有占用内存的弊端。

只用比例环节 P 会有静差。以转速环为例,设给定转速 1 500 rpm,实际转速从 0 逐渐上升,当达到 1 500 rpm 时,差值 $e(t)$ 为零,输出立即变为零,导致实际转速下降,当实际转速又一次达到 1 500 rpm,输出再次为零,反反复复,所以,实际转速总是低于给定值,存在静差。

比例系数 K_p 越大,比例环节所起的作用越大,转速上升得越快,这是好事,但转速上升过快会引起超调。由于电机惯性,实际转速在达到给定值 1 500 rpm 时还会继续增加,然后回调。比例系数越大,超调越严重,这是坏事。

积分的本质是对误差累加,积分系数 K_i 越大,积分环节所起的作用越大。如果转速上升得慢,意味着积分时间长,这会导致超调严重,更重要的是,转速从超调降回到稳态的过程为积分器退饱和,虽然退饱和阶段的差值 $e(t)$ 为负数,但积分系数越大,前期积分的"累加总存储量"越大,一时半会儿难以"削薄",则退饱和时间就越久,进入稳态也越慢,从而拖慢了系统的动态性能。

3.3.2 位置式 PI

通用函数库 GFLIB 中的 GFLIB_ControllerPIp 就是位置式 PI,称作并行模式(parallel form of PI regulator),自带限幅功能,耗时 76 个时钟周期。推荐自己先编写代码,以加深对底层原理的理解,把握来龙去脉,提高编程能力;然后再与库函数做对比,既比较功能,也比较效率。

(1) 离散化

比例环节没有变化：
$$y_p(k) = K_p \cdot e(k)$$

积分环节的离散化过程如下，这种离散方法称为前向欧拉法：

$$y_i = K * \int e(t) \cdot dt$$

$$\frac{dy_i}{dt} = K * e(t)$$

$$\frac{\Delta y_i}{\Delta t} = K * e(k)$$

$$\frac{y_i(k) - y_i(k-1)}{T} = K * e(k)$$

$$y_i(k) = y_i(k-1) + K \cdot T \cdot e(k) = y_i(k-1) + K_i \cdot e(k)$$

汇总比例与积分两个环节，则第 k 个控制周期内的输出如式 3.3，当差值 $e(k)$ 为零时，PI 调节器输出一个固定值 $y(k-1)$，系统进入稳态。根据式 3.3，可以通过编程实现 PI 调节。

$$y(k) = K_p \cdot e(k) + y_i(k-1) + K_i \cdot e(k) = y_p + y_{i1} + y_{i2} \tag{3.3}$$

K_p 为比例系数，K_i 为积分系数，$K_i = K \cdot T = K_p \cdot \dfrac{T}{\tau}$。

(2) CW 工程

添加通用函数库 GFLIB。添加定时器中断 TimerInt，中断周期为 $100\,\mu s$。

主文件 **main.c** 不做改动。中断文件 **Events.c** 代码如下：

```
# include "gflib.h"
Frac16 Kp = FRAC16(0.6);              // 比例系数 Kp
Frac16 Ki = FRAC16(0.02);             // 积分系数 Ki
Frac16 K2= FRAC16(0.0002);            // 积分系数 K2
Frac16 xref = FRAC16(0.5);            // 给定值
Frac16 x,error;                       // x 实际值,error 误差
Frac16 y,yp,yi;                       // y 输出,yp 比例结果,yi 积分结果
Frac16 yi1,yi2;                       // 中间变量
Frac16 TEMP;                          // 临时变量
# pragma interrupt called
void TI1_OnInterrupt(void)
{
    // 第一种实现方法,式 3.2
    // y(k) = Kp * e(k) + Ki * ∑e
    // y = yp+ yi
    error = xref - x;                 //误差 e
    yp = mult(Kp,error);              //比例部分,Kp * e
```

```
    yi1 = mult(Ki,error);          //本周期的积分,K_i * e
    yi = yi + yi1;                 //每个周期积分的累加,K_i * ∑e
    y = yp + yi;                   //最终结果
        // 第二种实现方法,式 3.3
        // y(k) = K_p * e(k) + y_i(k - 1) + K_2 * e(k)
        // y = y_p + y_{i1} + y_{i2} = y_p + y_i
    error = xref - x;              //误差 e
    yp = mult(Kp,error);           //比例部分,K_p * e
    yi2 = mult(K_2,error);         //本周期的积分,K_2 * e
    yi = yi1 + yi2;                //本周期积分与上次积分之和
    yi1 = yi;                      //累加
    y = yp + yi;                   //最终结果
}
```

例程提供了两种方法,这两种方法其实是一样的,都有累加。

需注意上述代码并没有考虑溢出。

3.3.3 增量式 PI

通用函数库 GFLIB 中的 GFLIB_ControllerPIr 与 GFLIB_ControllerPIrLim 就是增量式 PI,其叫法为递归模式(recurrent form of PI regulator)。前者没有限幅功能,耗时 38 个时钟周期,后者有限幅功能,耗时 51 个时钟周期。

(1) 离散化

根据前述的离散方法,第 $k-1$ 与第 k 个控制周期内的输出分别为:

$$y(k-1) = K_p * e(k-1) + K_i * \sum_{n=1}^{k-1} e(n)$$

$$y(k) = K_p * e(k) + K_i * \sum_{n=1}^{k} e(n)$$

将两式相减并整理可得到式 3.4,结果只和最近两个控制周期有关,根据式 3.4 进行编程。

$$y(k) = K_p \cdot [e(k) - e(k-1)] + y(k-1) + K_i \cdot e(k) = y_p + y_{old} + y_i \quad (3.4)$$

与位置式 PI 相比,使用增量式 PI,能令电机空载时下探到更低的转速。

有鉴于此,后续例程使用的都是增量式。

(2) CW 工程

添加通用函数库 GFLIB。添加定时器中断 TimerInt,中断周期设为 $100\ \mu s$。主文件 **main.c** 不做改动。中断文件 **Events.c** 代码如下,代码中没有考虑溢出问题:

```
# include"gflib.h"
Frac16 Kp = FRAC16(0.6);      // 比例系数 K_p
Frac16 Ki = FRAC16(0.1);      // 积分系数 K_i
Frac16 xref = FRAC16(0.5);    // 给定值,参考值,期望值
```

```
Frac16 x,error;                    // x 实际值,error 误差即 e(k)
Frac16 errorOLD;                   // 上一个周期误差,即 e(k - 1)
Frac16 errorDEL;                   // 两个相邻周期误差的差值,△e = e(k) - e(k - 1)
Frac16 y,yp,yi;                    // y 总输出,yp 比例结果,yi 积分结果
Frac16 yOLD;                       // 上一个周期的输出,即 y(k - 1)

# pragma interrupt called
void TI1_OnInterrupt(void)
{
    // y(k) = Kp * [e(k) - e(k - 1)] + y(k - 1) + Ki * e(k)
    // y = yp + yold + yi
    error = xref - x;              // 误差 e
    errorDEL = error - errorOLD;   // △e
    yp = mult(Kp,errorDEL);        // Kp△e
    yi = mult(Ki,error);           // kie
    y = yp + yOLD + yi;            // 最终输出
    yOLD = y;                      // 保留,下周期用
    errorOLD = error;              // 保留,下周期用
}
```

上述代码是可以精简的,由于累加依然存在,所以不应忘记溢出的风险。

(3) 中断文件 Events.c(函数调用)

采用函数调用可以提高程序的可移植性,减少源程序的代码数量,这是 C 语言模块化设计的惯例。而且一个控制系统中可能会用到几个 PI 调节器,采用函数调用的方式也比较方便。

```
# include"gflib.h"
Frac16 Kp = FRAC16(0.6);           // 比例系数 Kp
Frac16 Ki = FRAC16(0.1);           // 积分系数 Ki
Frac16 idRef = FRAC16(0.0);        // 直轴参考电流 id*
Frac16 iqRef = FRAC16(0.2);        // 交轴参考电流 iq*
Frac16 errorD,errorQ,errorD1,errorQ1,id,iq,ud,uq,ud1,uq1;
                                   // 中间变量

    // 函数声明
Frac16 FUN_PI(Frac16 ERROR, Frac16 ERROR1, Frac16 KP, Frac16 KI, Frac16 *
yOLD);

# pragma interrupt called
void TI1_OnInterrupt(void)
{
    errorD = idRef - id;           // 参考值与实际值的偏差,d 轴,△id = id* - id
```

```
    errorQ = iqRef - iq;              // 参考值与实际值的偏差,q 轴,△$i_q$= $i_q^*$ - $i_q$
    ud = FUN_PI(errorD,errorD1,Kp,Ki,&ud1);    // 函数调用,计算 $u_d$
    uq = FUN_PI(errorQ,errorQ1,Kp,Ki,&uq1);    // 函数调用,计算 $u_q$
    errorD1 = errorD;                 // 旧值 = 新值,d 轴
    errorQ1 = errorQ;                 // 旧值 = 新值,q 轴
}

    // 函数体
Frac16 FUN_PI(Frac16 ERROR, Frac16 ERROR1, Frac16 KP, Frac16 KI, Frac16 * yOLD)
{
    // 增量式 PI
    // y(k) = $K_p$ * [e(k) - e(k - 1)] + y(k - 1) + $K_i$ * e(k)
    // y = $y_p$+ $y_{old}$+ $y_i$
    Frac16 delERR,yp,yi,y;            //内部变量,每次进入时的值均为零,调用后
                                        内存被释放
    turn_on_sat();                    // 开始饱和保护,作用类似于限幅器
    delERR = ERROR - ERROR1;
    yp = mult(KP,delERR);
    yi = mult(KI,ERROR);
    y = yp + * yOLD + yi;
    * yOLD = y;
    turn_off_sat();                   // 结束饱和保护
    return(y);                        // 返回值
}
```

第 4 章

模 数 转 换

4.1 模数转换 ADC–电位器

4.1.1 原理

模数转换是把模拟量转换成数字量。在实物系统中,需要使用传感器测量电压、电流。传感器的输出是模拟电压,这些模拟量输入到 DSC 芯片的特定引脚,随后芯片将其转换成数字量,以便在程序代码中使用。这个过程就是模数转换,简称 ADC(analog digital conversion),反之则为数模转换 DAC(digital analog conversion)。

DSC 核心板上有电位器 RP,原理见图 4.1,它是一个滑动变阻器,满量程阻值为 10 kΩ。手动旋转即可调节输出电压 V_{out} 的大小,取值范围为 0~3.3 V,是个单端(总是正的)模拟量。V_{out} 输入到 DSC 芯片的第 20 号引脚(GPIOB5),芯片将其转换成 12 位数字量,电位器输出电压 V_{out} 与 ADC 转换之后的对应关系见图 4.2。图 4.2 横轴是电位器输出的模拟电压 V_{out},纵轴是转换之后的 12 位数字量,取值范围为 0~4095。

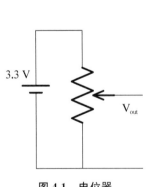

图 4.1 电位器

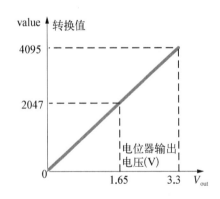

图 4.2 模数对应关系

因为电位器输出的都是正电压,所以试验箱的 ADC 是单端的,也可以说成是单极性。从图 4.2 可见,数字量 $value$ 与模拟电压 V_{out} 的数学表达式为:

$$value = 1241 * V_{out}$$

4.1.2 CW 工程

编写程序,手动旋转电位器,并在 FreeMASTER 中实时观测转换值 $value$ 和 V_{out}。

新建 CW 工程,命名为 adc 并添加两个模块:FreeMaster、ADC。ADC 模块位置见图 4.3。

对 ADC 模块初始化(图 4.4)。选择默认的 12 位精度(A/D converter = ADC12)。打开中断(Interrupt service/event = Enabled)。只测量一路模拟量(A/D channels = 1)。配置引脚为 GPIOB5(A/D channel(pin) = GPIOB5)。激活默认的采样通道 Sample0(Enabled),该通道指向 Channel0。

AD 转换时间设置为 0.425 微秒(Conversion time = 0.425 μs),此为该 DSC 芯片的最快转换速度,是 DSC 完成一次模数转换所需要的时间。

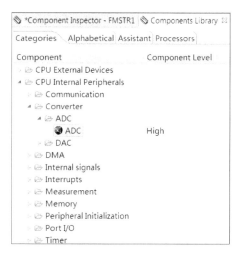

图 4.3 ADC 模块在库中的位置

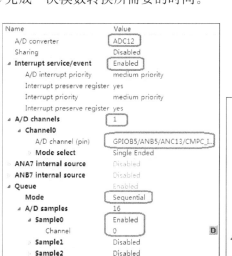

图 4.4 ADC 初始化

进入 ADC 模块属性的 methods 页,按照图 4.5 所示修改。Enable、Measure、GetChanValue16 是程序中用到的三个函数,令它们产生代码(generate code),即将这三个方法使能 Enable,然后才可以在程序中使用。其它不产生代码(don't generate code),不能在程序中使用,即禁止 Disable。

4.1.3 主文件 main.c

ADC 放在主循环中,只要没有执行中断,就

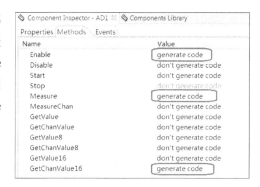

图 4.5 ADC 方法 method 的使能与禁止

会反复连续地采样并转换。转换了那么多次,却只用到其中一次的转换结果,无用功做得太多,是对芯片资源的浪费。而且采样时刻也是随机的,并不一定落在兴趣点上。所以此例程仅用于学习,在实际项目中,不能采用这种方式。源代码如下。

```c
void main(void)
{
  PE_low_level_init();
    AD1_Enable();                       // 使能 ADC 模块
  for(;;)
    {
    FMSTR1_Poll();
    AD1_Measure(TRUE);                  // 开始进行 ADC 转换,完成一次采样和一
                                        //   次数模转换

    }
}
```

4.1.4 中断文件 Events.c

```c
#include"gflib.h"                       // 添加头文件
Frac16 value;                           // 转换后的数字量,小数格式,初始值为 0
unsigned int Vout;                      // 转换后的数字量,整数格式,初始值为 0

#pragma interrupt called
void AD1_OnEnd(void)
{
  AD1_GetChanValue16(0,&Vout);          //读取通道 0 转换后的数字量,赋值给 Vout
  Vout = Vout >> 4;                     //转换结果保存在 4~15 位,需要右移四位
  value = div_s((Frac16)Vout,4095);     //把结果转换到[0, + 1)
}
```

第一条语句中需注意 AD 赋值采用了寻地址方式。首先读取 channel0 转换后的数字量,然后把这个数字量赋值给无符号整型变量 V_{out}。&V_{out}表示变量 V_{out} 的地址。

因为 ADC 为 12 位,但转换的数字量保存在 4~15 位,所以须右移四位,把需要的数字量右移到 0~11 位(图 4.6)。右移四位相当于除了 2^4,比原值缩小了 16 倍。

图 4.6 十六位数据右移四位得到十二位 ADC 结果

最后一条语句是对转换结果 V_{out} 标幺化,基值取 4 095,标幺化并非必须,可视实际需要而定。(Frac16)V_{out} 为数据类型转换,先把 V_{out} 临时转换为 Frac16 类型,然后做除法,4 095 做除法时也是按照 Frac16 来处理。div_s 是单象限除法,被除数与除数必须都是正数。最

后计算出来的 value 取值范围在[0，+1)之间。

如果需要四象限除法，可采用 div_s4q。

4.1.5 FreeMASTER 工程

打开 FreeMASTER 软件，新建工程并保存。用手旋转核心板左下角的电位器 RP，V_{out} 将在 0～4 095 之间变化，value 在 0～1 之间变化(图 4.7)，代表电位器实际输出电压在 0～3.3 V 之间变化。同时，电位器 RP 附近的发光二极管 D2 会随着输出电压的大小改变亮度，越亮说明输出电压越高。

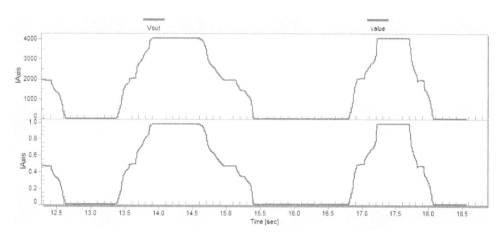

图 4.7 ADC 转换的动态演示

4.2 模数转换 ADC - PWM 同步触发

4.2.1 PWM 同步触发 AD

上一节中，ADC 的触发位于主循环中，在本次 ADC 运算完成之后，立即开始下一次 ADC 运算，这种方式占用了太多的 DSC 时间。因为在电机控制中，往往每个控制周期对电流仅检测一次，检测次数过多显然是在做无用功。

另外，有的笔记本电脑由于后台软件安装过多，响应很慢。运行上一节的例程时，会发生 CodeWarrior 下载正常，但 FreeMASTER 没有反应的状况。因为 USB - TAP 仿真器为串行通信，所以最好关闭无关的后台程序以及杀毒软件等。但根本的解决办法是采用 PWM 同步触发 AD，在一个 PWM 控制周期里，仅对相电流做一次 AD 采样和转换。

"PWM 同步触发 AD"是实际中常用的模数转换方式。下面给出一种简单的实现方法：在 PWM 中断程序内触发 ADC。

4.2.2 CW 工程

添加 FreeMASTER、PWMMC、ADC 模块。所有模块如图 4.8。

图 4.8 所有模块

PWMMC 的初始化采用中心对齐模式(center-aligned mode),频率设定为 10 kHz,死区时间设为 3 μs,开中断(Enabled)。

PWMMC/Method 页中,使能 SetDutyPercent、Load、OutputPadEnable 这三项(generate code),同时令其它项目不产生代码(don't generate code)。

ADC 的设置见前一节,检测电位器输出的一路信号,开中断。

4.2.3 主文件 main.c

```
void main(void)
{
  PE_low_level_init();
  PWMC1_OutputPadEnable();
  for(;;) {
    FMSTR1_Poll();
  }
}
```

4.2.4 中断文件 Events.c

```
# include"gflib.h"
unsigned int vout,num;

# pragma interrupt called
void AD1_OnEnd(void)
{
  AD1_GetChanValue16(0,&vout);      // 读取 channel0 转换后的数字量,赋值
                                    //   给 Vout
  vout = vout > > 4;                //转换结果保存在 4~15 位,需要右移四位
  value = div_s((Frac16)Vout,4095); //把结果转换到[0,+1)
}

# pragma interrupt called
void PWMC1_OnReload(void)
{
  AD1_Measure(0);                   // PWMMC 触发 ADC,每个 PWM 周期触发一次
     ******                         // 其他程序代码,略
  PWMC1_Load();                     // PWM 重载
}
```

采样点位于控制周期的首端,并不能严格代表本周期电流的平均值,误差依然是存在的。每个周期采样一次仅是一种基本的采样方式,可以在此基础上增加每周期的采样次数,例如两次采样再求平均值,则更能逼近实际值。但要避免采样到干扰毛刺信号,否则这个值就远远偏离实际了。

4.3 模数转换 ADC-两相电流

4.3.1 原理

三相电机控制系统中,一般使用两个电流传感器,对电机 A、B 两相的相电流 i_a、i_b 进行测量。因为电机多为星型连接,三相电流之和总是等于零,C 相电流 $i_c = -(i_a + i_b)$,所以只要测量两路电流就可以了。

电流传感器输出模拟电压,数值与电流大小呈线性关系。该模拟电压被送入 DSC 芯片的特定引脚。DSC 读取该电压(采样),然后转换成数字量,完成电流的模数转换。

转换后的数字量 $value$ 与实际电流的关系如图 4.9,$value$ 的取值范围 0~4 095。

图 4.9 中,横轴是实际电流,单位是 A,有正有负;纵轴是转换后的 12 位数字量 $value$,当实际电流为零时,数字量 $value = 2\,047$。图 4.9 中数字量 $value$ 与实际电流 i 的关系为:

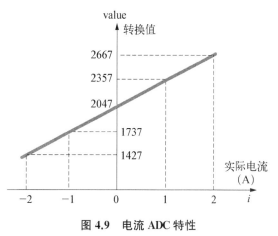

图 4.9 电流 ADC 特性

$$value = 1\,241 * \left(1.65 + 0.625\,\frac{i}{i_N}\right) = 2\,047 + 310 * i$$

表 4.1 与图 4.9 对应,列举了几个特定点的值。

表 4.1 模拟量与数字量对应关系

实际电流 i(A)	−6.6	−2	−1	−0.66	0	0.66	1	2	6.6
数字量 value	0	1 427	1 737	1 842	2 047	2 252	2 357	2 667	4 095
Frac16 小数	−1	−0.30	−0.15	−0.1	0	0.1	0.15	0.30	1

设转换后的数字量分别为 V_a、V_b、V_c:

$$V_a = 2\,047 + 310 * i_a$$
$$V_b = 2\,047 + 310 * i_b$$
$$V_c = 2\,047 + 310 * i_c$$

将上面三个公式相加,三相电流之和为零,则 C 相电流转换值 V_c 为:

$$V_c = 2047 * 3 - V_a - V_b = 6\,141 - V_a - V_b$$

当实际电流为零时,转换值应当为 2 047。但由于硬件原因,转换值总是存在偏移,需要在程序中进行校正,称为零位校正。具体方法如下:使实际电流为零(这是容易做到的),运行程序,在 FreeMASTER 中查看转换后的数字量是否为 2 047,如果不是,则修改程序中的偏移量。每次运行程序之前,都需要进行零位校正。当环境温度或芯片温度发生变化时,原先设定的偏移量也有可能就不适用了。零位校正非常关键,也是容易被忽略的,那样就意味着把天然存在的采样误差带入了系统,得到的结果也就难尽如人意。如果事先忘记校正零位,后续再查找系统性能不佳的原因,非常有可能是在做无用功,这种先例屡见不鲜。

4.3.2　CW 工程

新建 CW 工程,命名为 adcCURRENT。添加 FreeMASTER、PWMMC、ADC 模块。利用 PWMMC 同步触发 AD 采样。PWMMC 采用中心对齐模式(center-aligned mode)。频率设定为 10 kHz,死区时间设为 3 μs,开中断 Enabled。在 PWMMC/Method 页中,使能 SetDutyPercent、Load、OutputPadEnable 这三项(generate code)。同时令其他项目不产生代码(don't generate code)。

对 ADC 模块初始化(图 4.10)。选择默认的 12 位精度(A/D converter=ADC12)。使

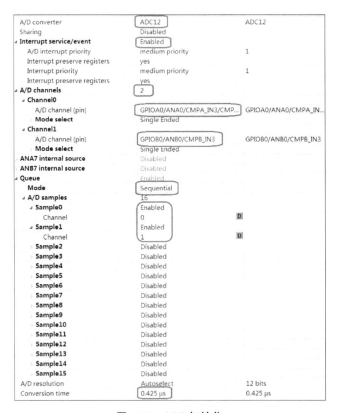

图 4.10　ADC 初始化

能 AD 中断(Interrupt service/event＝Enabled)。测量两路模拟量(A/D channels＝2)。为两路模拟量分别配置引脚为：GPIOA0(channel0/A/D channel(pin)＝GPIOA0)用来测量 A 相电流；GPIOB0(channel1/A/D channel(pin)＝GPIOB0)用来测量 B 相电流。

选择默认的顺序采样模式(Mode ＝ Sequential)。激活默认的采样通道 Sample0(Enabled)，令该通道指向 Channel0(channel＝0)，用来测量第一路模拟量。使能采样通道 Sample1(Enabled)，令该通道指向 Channel1(channel＝1)，用来测量第二路模拟量。

将转换时间设置为 0.425 微秒(conversion time＝0.425 μs)，此为该芯片的最快转换速度，它是 DSC 完成一次模数转换所需要的时间。

进入 ADC 模块属性的 methods 页，按图 4.11 所示修改。Enable、Measure、GetChanValue16 是程序中用到的，令它们产生代码 generate code(使能)，同时令其他不产生代码(禁止)。

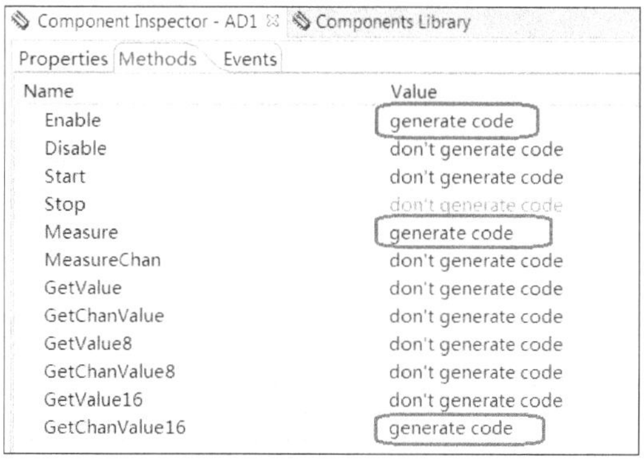

图 4.11 ADC 方法 method 的设置

4.3.3 主文件 main.c

```
void main(void)
{
  PE_low_level_init();
  for(;;) {
    FMSTR1_Poll();
  }
}
```

4.3.4 中断文件 Events.c

```
#include"gflib.h"
unsigned int Va,Vb,Vc;          // 转换后的 16 位数字量,取值范围 0~ 65535
unsigned int IA_off = 10;       // A 相零位偏移校正值,需要在 FreeMASTER 中修改
unsigned int IB_off = 10;       // B 相零位偏移校正值,需要在 FreeMASTER 中修改
Frac16 ia,ib,ic;                // 三相电流,有正有负
#pragma interrupt called
void AD1_OnEnd(void)
{
  AD1_GetChanValue16(0,&Va);   // 读取 A 相的数字量,并赋值给 Va
  AD1_GetChanValue16(1,&Vb);   // 读取 B 相的数字量,并赋值给 Vb
  Va = Va >> 4;                // 右移四位,得到 12 位数字量
  Vb = Vb >> 4;                // 右移四位,得到 12 位数字量
```

```
        Va = Va + IA_off;              // 零电流校正
        Vb = Vb + IB_off;              // 零电流校正
        Vc = 6141 - Va - Vb;           // Vc = 2047 * 3 - Va - Vb
        ia = div_s((Frac16)Va,4095);   // 运算结果的取值范围[0, + 1)
        ia = ia - FRAC16(0.5);         // 运算结果的取值范围[- 0.5, + 0.5)
        ia = ia + ia;                  // 运算结果的取值范围[- 1, + 1)
        ib = div_s((Frac16)Vb,4095);
        ib = ib - FRAC16(0.5);
        ib = ib + ib;
        ic = div_s((Frac16)Vc,4095);
        ic = ic - FRAC16(0.5);
        ic = ic + ic;
}
# pragma interrupt called
void PWMC1_OnReload(void)
{
        AD1_Measure(0);                // PWMMC 同步触发 ADC,每个 PWM 周期触发一次
        ******                         // 其他代码,略
        PWMC1_Load();
}
```

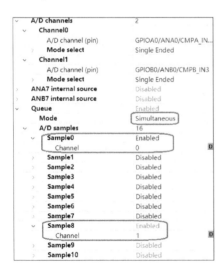

图 4.12 两路模拟量同步采样的初始化

上述例程中对 A、B 两相电流进行顺序采样,先对 A 相进行模数转换,然后再对 B 相进行模数转换,是依次排队的方式。如果需要对 A、B 两相同时进行转换,则可以选择同步采样模式(Mode = Simultaneous),初始化设置见图 4.12,有利于避免采样有先有后所导致的误差。DSC-56F84763 芯片里有两个模数转换器 Converter-A 与 Converter-B,可以同时使用。图 4.12 中,将 Sample0～Sample7 连接到第一个模数转换器 Converter-A,Sample8～Sample15 连接到第二个模数转换器 Converter-B。要实行同步(并行)模数转换,两个转换器就都要使用,采样通道的设置就不能随意了。而在图 4.10 中只使用了第一个模数转换器 Converter-A,它是按排队方式依次对两路模拟量进行转换的,所以采样通道可以选择同属于 Converter-A 的 Sample0 与 Sample1。

4.3.5 FreeMASTER 工程

打开 FreeMASTER,新建工程并保存。通过断路器切断逆变器直流电压 u_{dc},并断开逆变器与三相电机的连接,以确保电机实际电流完全为零。显示类型选择与代码一致

的 signed fraction(图 4.13),观察三相电流采样值 i_a、i_b、i_c,调节 IA_off 与 IB_off 的数值,保证三相电流的采样值均为零(图 4.14),纵轴显示范围可做适当的放大,以便更清晰地显示。

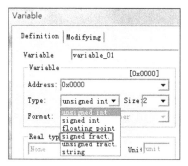

图 4.13　电流数据类型的选择

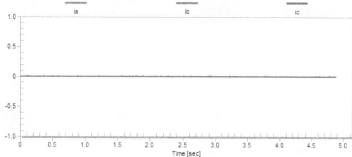

图 4.14　零电流校正后的结果

4.3.6　自动零位校正

前文中使用手动对电流调零,也可以编写一段简单的程序来实现自动校正。以下是对 A 相电流自动校正的代码,精度高于手动,也省去了繁琐的重复性操作。

```
unsigned int Va,Vb,Vc;
signed int IA_off, IB_off;          //有符号整数,有可能取到负数
AD1_GetChanValue16(0,&Va);           //A 相电流 16 位采样值,低四位无效
AD1_GetChanValue16(1,&Vb);           //B 相电流 16 位采样值,低四位无效
Va = Va >> 4;                        //右移四位,变为 12 位,Va 取值 0~ 4095
Vb = Vb >> 4;                        //右移四位,变为 12 位,Vb 取值 0~ 4095

Va = Va + IA_off;                    //零电流自动校准,务必放在 if 语句之前
Vb = Vb + IB_off;                    //零电流自动校准,务必放在 if 语句之前

if(state == 1)                       // 零电流时,Va 与 Vb 理想值 2047
{
  if(Va > 2047)
    IA_off - - ;
  else if(Va < 2047)
    IA_off + + ;
  if(Vb > 2047)
    IB_off - - ;
  else if(Vb < 2047)
    IB_off + + ;
}
```

校准完成后,须修改 state 的值,使其不为 1,则两个偏移量 IA_off 与 IB_off 的值就可以固定下来,if 语句中的代码已完成使命,就没必要再运行了,否则将出错。

也可以采用定时器使能与禁止的方式,省去了修改 state 的手动操作,具体内容略。

自动校正的结果见图 4.15,图中给出了 i_a 与 i_b 的波形,波动在 ±0.001 之间,纵轴为标幺值,校正精度约为 1‰,横轴为时间,单位为秒。

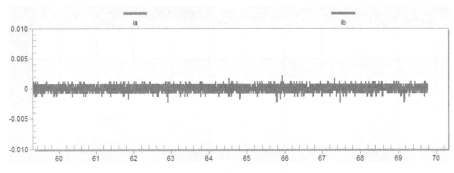

图 4.15 零电流自动校正后的结果

需注意每次重新上电时,都要先进行零电流校正。

4.4 BLDC 闭环调速

4.4.1 原理

BLDC 的相电流越接近方波,转矩越稳定。显然,三相六拍控制是不行的,但 PWM 电流斩波却可以实现这一点,而且还能实现电机调速。在三相六拍方式中,一个状态是 60°,每隔一个状态逆变器才变化一次,在单个状态里电流不可控。而 PWM 方式中,在一个 60°状态里,逆变器功率管发生了多次导通和关断,导通时的占空比还可以调节。这样就能把电流控制住,有可能把电流调理成近似于方波。图 4.16 中规定相电流的正方向为流入电机方向。

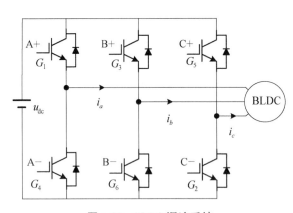

图 4.16 BLDC 调速系统

不考虑续流等暂态问题,任何时候总是有两个功率管工作,PWM 具体如何在这两个功率管上实现电流调节,有不止一种方法,大体可以归纳为四种(图 4.17):上管斩波下管导通 Hpwm_Lon、上管导通下管斩波 Hon_Lpwm、上下管同时斩波 Hpwm_Lpwm、每个功率管一半斩波一半导通 PWM_ON。具体内容见表 4.2。

以表 4.2 中的状态①为例,导通相为 AB。三相六拍方式中,功率管 G1 和 G6 始终导通。而 PWM 方式则不然,例如 Hpwm_Lon 方式中,上管 G1 为 PWM 斩波,下管 G6 始终导通。

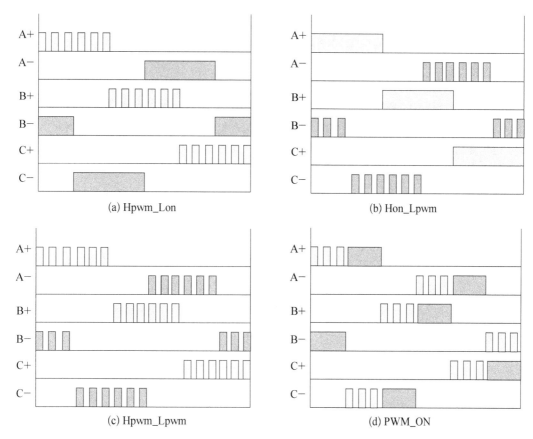

图 4.17 四种斩波方式

表 4.2 六 个 状 态

	导通相	三相六拍	PWM 调制方式			
			Hpwm_Lon	Hon_Lpwm	Hpwm_Lpwm	PWM_ON
状态①	A$\underline{B}$	G1__ON G6__ON	G1__PWM G6__ON	G1__ON G6__PWM	G1__PWM G6__PWM	前 60°PWM 后 60°ON 或 前 60°ON 后 60°PWM
状态②	A$\underline{C}$	G1__ON G2__ON	G1__PWM G2__ON	G1__ON G2__PWM	G1__PWM G2__PWM	
状态③	B$\underline{C}$	G3__ON G2__ON	G3__PWM G2__ON	G3__ON G2__PWM	G3__PWM G2__PWM	
状态④	B$\underline{A}$	G3__ON G4__ON	G3__PWM G4__ON	G3__ON G4__PWM	G3__PWM G4__PWM	
状态⑤	C$\underline{A}$	G5__ON G4__ON	G5__PWM G4__ON	G5__ON G4__PWM	G5__PWM G4__PWM	
状态⑥	C$\underline{B}$	G5__ON G6__ON	G5__PWM G6__ON	G5__ON G6__PWM	G5__PWM G6__PWM	

Hpwm_Lon 与 Hon_Lpwm 只对一个功率管进行 PWM 斩波,另一个功率管始终保持导通。Hpwm_Lpwm 方式是两个功率管同时动作(即同时导通,同时关断)。PWM_ON 方式每个功率管前半周 PWM 斩波,后半周始终导通(调换一下次序可改为 ON_PWM),以使得每个功率管的开关损耗相同。上述调制方式各有优缺点,续流通路也不一样。低速时控制效果的差异比较明显,中高速时则区别不大。BLDC-PWM 斩波闭环调速原理框图如下。

图 4.18 所示是一个实用的双闭环 BLDC 调速系统,可空载或负载运行。内环为电流环,三相电流计算为 ADC 模数转换;外环为转速环,利用霍尔信号进行转速计算,转速环采用 PI 调节器。导通逻辑表可从上述四种调制方式中选择一个,输出六路 PWM,分别同时控制六个功率管的导通与关断。

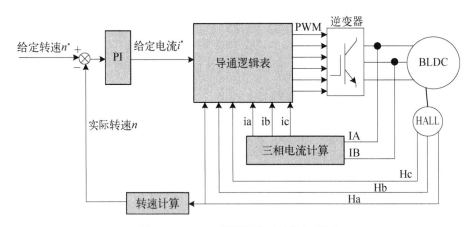

图 4.18 BLDC 闭环调速系统控制框图

稳态时的给定转速 n^* 是个常数,它可以在 FreeMASTER 中直接给定,也可以通过电位器来给定。n^* 减去实际转速 n,得到转速差 $\Delta n = n^* - n$,转速差经过 PI 调节器,可以得到给定电流 i^*。稳态时,i^* 也是一个常数,代表三相理想方波电流的幅值。i^* 越大,转速越高,意味着能带动更重的负载。三相实际电流的幅值应在 i^* 的附近浮动,脉动的幅度越小越好。

以 AB 两相导通为例。A 相电流为正,即 $i_a > 0$,B 相电流为负,即 $i_b < 0$。因为两相电流大小相等,符号相反,那么只需检测 A 相电流 i_a 即可,把 i_a 控制住了,B 相电流自然也就控制住了(有的产品为了降低成本,就只用一个电流传感器,只检测逆变器直流侧电流 i_{dc},其依据就是逆变器直流电流等于电机相电流)。当 A 相实际电流超过给定电流时($i_a > i^*$),把 A 相桥臂上管 G1 关断,切断能量来源,使 i_a 减小。当 A 相实际电流小于给定电流时($i_a < i^*$),则把 A 相桥臂的上管 G1 导通,电机从直流侧获取能量,使 i_a 增大。

空载电流将会是很杂乱的,在零附近波动,但依然可以实现调速。只有在带负载时,电流幅值增大,才有可能出来方波(图 4.19)。

BLDC 闭环调速的最终目的是把三相相电流控制成依次相差 120°的方波(图 4.20)。方波电流与梯形波反电势配合,会产生恒定的转矩,这一点已经在前文中阐明,正是由于方波电流的存在,所以 BLDC 也被称为方波电机。梯形波与方波电流同相位时,转矩电流比最大(单位电流产生的转矩),和矢量控制中 $i_d = 0$ 是类似的。

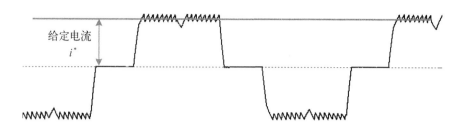

图 4.19　有负载时的给定电流 i^* 与实际相电流 i_a

如果需要弱磁升速,则电流的相位要超前,即在图 4.20 中,方波电流需整体向左移动,这个时候转速很高,反电势已经很大,越来越接近直流侧电压 u_{dc},要想往电机注入电流已经变得不那么容易。将电流左移,意味着在反电势还没有达到峰值时就开始注入电流,虽然这样获得了升速的目的,但功率因素会降低,转矩电流比也会减小。由此可见,任何方法都是有利有弊,须辩证地看待,并根据实际需求进行取舍。

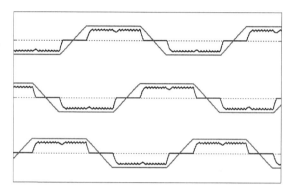

图 4.20　有负载时三相梯形相反电动势与三相方波相电流

4.4.2　CW 工程

新建一个工程,命名为 bldcCloseLoop。添加通用函数库 GFLIB,并添加 FreeMASTER、PWMMC 模块。添加 AD 模块,用来检测 A、B 两相电流、旋转电位器输出电压。添加三个 Bit 模块,用于检测三个霍尔信号的状态,分别命名为 hallA、hallB、hallC。添加三个 PulseAccumalator 模块,对三个霍尔信号进行计数,采用 PE 自动命名为 Pul1、Pul2、Pul3。全部模块如图 4.21。

PWMMC 模块开关频率设置为 10 kHz。死区时间设置为 3 μs,开中断,选择独立模式。

把三个 Bit 模块 hallA、hallB、hallC 分别配置到引脚 GPIOC8、GPIOC9、GPIOC10。

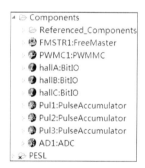

图 4.21　全部模块

PulseAccumalator 是脉冲计数模块,分别配置到引脚 GPIOC8、GPIOC9、GPIOC10,用于对三路霍尔的跳变沿分别计数,包括上升沿与下降沿,即 Pul1 模块对霍尔 A 的两个跳变沿计数,Pul2 模块对霍尔 B 的两个跳变沿计数,Pul3 模块对霍尔 C 的两个跳变沿计数。

以 Pul1 模块为例,说明初始化步骤(图 4.22)。

关中断(Interrupt service/event＝Disabled),则 PulseAccumalator 计数不受其它中断子程序的影响,属于硬件行为,只要有跳变沿到来,计数值就增加 1。模式选择计数模式(Mode＝Count)。引脚配置到霍尔 A 信号(Input pin＝GPIOC8)。跳变沿选择上升沿和下降沿(Edge＝both edges)。

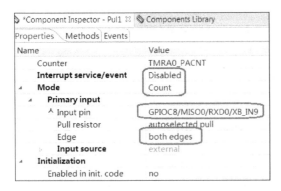

图 4.22　脉冲计数器 PulseAccumalator 初始化

之所以选择两个跳变沿,是因为霍尔信号的频率不高。实验电机为两对极,当电机每转一圈,霍尔 A 输出两个脉冲,共 4 个跳变沿(2 个上升沿、2 个下降沿)。所以,三个霍尔信号每转最多输出 12 个跳变沿。如果只对其中一种跳变沿计数,精度会变差。

因为 GPIOC8 这个引脚被 hallA、Pul1 两个模块同时使用,所以,这两个模块均会报错,因此需要设置成复用方式(图 4.23)。在 Pul1 模块的输入引脚配置这里,右键单击,选择复用(Pin Sharing Enabled),报错信息将消失。

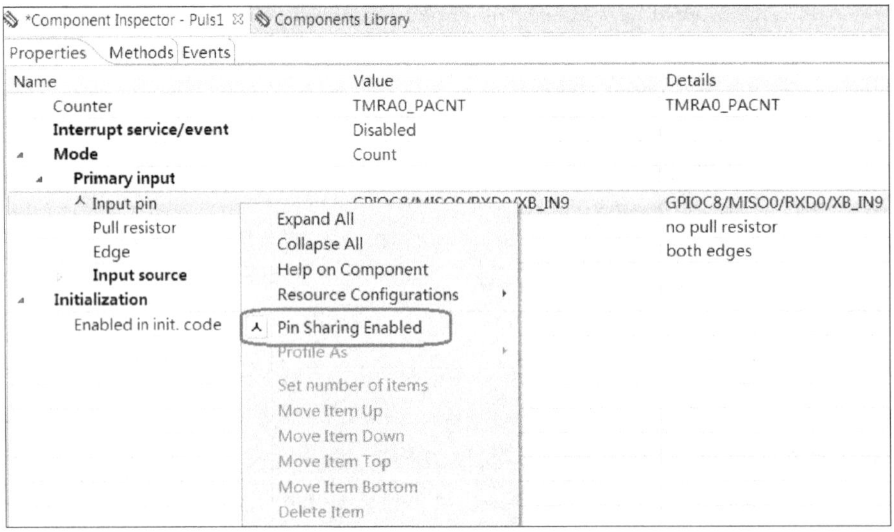

图 4.23　引脚复用

Pul2 与 Pul3 模块按同样方式处理。

AD 模块测量三路模拟信号,分别是：A 相电流、B 相电流和旋转电位器输出电压。用电位器的输出电压作为给定转速。

4.4.3　主文件 main.c

要对三个脉冲计数器使能。

```
void main(void)
{
  PE_low_level_init();
  PWMC1_OutputPadEnable();      // PWM 输出使能
  Pul1_Enable();                // 脉冲计数器使能
  Pul2_Enable();                // 脉冲计数器使能
```

```
    Pul3_Enable();                      // 脉冲计数器使能

    for(;;) {
      FMSTR1_Poll();
    }
  }
```

4.4.4 中断文件 Events.c

```
# include"gflib.h"
unsigned int maxDUTY = 19660;        // 初始占空比,19660/65535 = 30%
unsigned int minDUTY = 0;            // 最小占空比,0.0%
unsigned int fullOPEN = 64224;       // 最大占空比,64224/65535 = 98%
unsigned int dutyNUM = 10;           // 调节 maxDUTY 的周期
Frac16 nMAX = 4100;                  // 最高速 4100 转/分钟
Frac16 Kp = FRAC16(0.01);            // 比例系数
Frac16 Ki = FRAC16(0.001);           // 积分系数
unsigned int IA_off = 7;             // A 相零电流校正,每次上电都要重新调整
unsigned int IB_off = 5;             // B 相零电流校正,每次上电都要重新调整
Frac16 nref;                         // 给定转速
unsigned int duty;                   // PWM 占空比,0~ 65535 对应 0~100%
                                     //  占空比
unsigned int speedREF;               // 给定转速,单位 rpm
unsigned int HA,HB,HC;               // 霍尔信号
unsigned int Va,Vb,Vc,RP;            // ADC 采样值
unsigned int x,number,speed,Avalue,Bvalue,Cvalue,hallVALUE;
Frac16 ia,ib,ic,iref;                // 三相电流,给定电流
Frac16 n,errorK,yk,yp,yi,yi1;        // 转速环变量

    //ADC 模数转换,包括三相电流、电位器输出
# pragma interrupt called
void AD1_OnEnd(void)
{
  AD1_GetChanValue16(0,&Va);         // A 相电流
  AD1_GetChanValue16(1,&Vb);         // B 相电流
  AD1_GetChanValue16(2,&RP);         // 电位器输入电压,作为给定转速
  Va = Va >> 4;                      // 右移四位,得到 12 位 ADC 结果
  Vb = Vb >> 4;
  RP = RP >> 4;
```

```c
    Va = Va + IA_off;                    // 零电流校正
    Vb = Vb + IB_off;                    // 零电流校正

    ia = div_s((Frac16)Va,4095);         //运算结果的取值范围 [0, + 1)
    ia = ia - FRAC16(0.5);               //运算结果的取值范围 [- 0.5, + 0.5)
    ia = ia + ia;                        //运算结果的取值范围 [- 1, + 1)

    ib = div_s((Frac16)Vb,4095);
    ib = ib - FRAC16(0.5);
    ib = ib + ib;

    ic = - ( ia + ib);                   //对 C 相电流的运算作了调整
}
    //PWM 中断
# pragma interrupt called
void PWMC1_OnReload(void)
{
    AD1_Measure(0);                      //启动模数转换,每周期启动一次
    //三路霍尔信号,结果为布尔型,0 或 1
    //模块选择 Advanced,出现 GetRawVal 后再通过右键使能,才可以使用
    HA = hallA_GetRawVal();
    HB = hallB_GetRawVal();
    HC = hallC_GetRawVal();

    //转速计算
    number + + ;
    if(number > = 10000)                 // 10000 个周期计算一次转速,10000 个
                                         //   周期为 1 秒
    {
        Pul1_ConnectPin(1);              // Bit 与 Pul 两个模块复用了该引脚,需
                                         //   要重新连接
        Pul2_ConnectPin(1);              // 同上
        Pul3_ConnectPin(1);              // 同上
        Pul1_GetCounterValue(&Avalue);   // 霍尔 A 计数值
        Pul2_GetCounterValue(&Bvalue);   // 霍尔 B 计数值
        Pul3_GetCounterValue(&Cvalue);   // 霍尔 C 计数值

        //霍尔总计数值,电机每转一圈,hallVALUE = 12
        hallVALUE = Avalue + Bvalue + Cvalue;    // 总计数值
```

```
        speed = 5 * hallVALUE;              // speed/60 * 12 = hallVALUE,M法测速
        Pul1_ResetCounter();                // 复位,重新开始计数
        Pul2_ResetCounter();                // 同上
        Pul3_ResetCounter();                // 同上
        number = 0;

        speedREF = RP;                      // RP 最大值 4095,直接作为给定转速
                                            //   0~4095rpm
        n = div_s((Frac16)speed,nMAX);      // 转换到小数
        nref = div_s((Frac16)speedREF,nMAX);      // 期望的给定转速

           // 转速环,位置式 PI,计算参考电流幅值 iref
           // y(k) = Kp * e(k) + Ki * ∑e ,yk = yp + yi
        errorK = nref - n;
        yp = mult(Kp,errorK);
        yi1 = mult(Ki,errorK);
        yi = yi + yi1;
        yk = yp + yi;
        iref = yk;
}

// 对导通时的占空比 maxDUTY 实时调节,并非必须。调节强度要看负载情况,例程
   针对空载
// 实际电流过小时,令上管导通,同时增大导通占空比
// 实际电流过大时,令上管关断,同时降低导通占空比
x + + ;
if(x > = dutyNUM)                           // dutyNUM 为 maxDUTY 调节频率
{
    if(errorK > = 0)
       maxDUTY + + ;
    else
       maxDUTY - - ;
    if(maxDUTY < = 50)
       maxDUTY = 50;                        // 限制最小值,防止下溢,占空比 50/
                                            //   65535≈0.08%
    else if(maxDUTY > = fullOPEN)
       maxDUTY = fullOPEN;
    x = 0;
}
```

```c
// 产生六路驱动信号,PWM_ON方式,每个功率管在前60°斩波,后60°导通
if((HA==0)&&(HB!=0)&&(HC==0))       // 状态1,010,AB
{
    if(ia >= iref)                    // ia=-ib,检测ia即可,如果实际电流
                                      //   偏大,减小占空比
        duty = minDUTY;
    else
        duty = maxDUTY;
    PWMC1_SetRatio16(0,duty);         // A相上管PWM
    PWMC1_SetRatio16(1,0);
    PWMC1_SetRatio16(2,0);
    PWMC1_SetRatio16(3,fullOPEN);     // B相下管ON
    PWMC1_SetRatio16(4,0);
    PWMC1_SetRatio16(5,0);
}
else if((HA==0)&&(HB!=0)&&(HC!=0))   // 状态2,011,AC
{
    if(ia >= iref)                    // ia=-ic,检测ia即可
        duty = minDUTY;
    else
        duty = maxDUTY;
    PWMC1_SetRatio16(0,fullOPEN);     // A相上管ON
    PWMC1_SetRatio16(1,0);
    PWMC1_SetRatio16(2,0);
    PWMC1_SetRatio16(3,0);
    PWMC1_SetRatio16(4,0);
    PWMC1_SetRatio16(5,duty);         // C相下管PWM
}
else if((HA==0)&&(HB==0)&&(HC!=0))   // 状态3,001,BC
{
    if(ib >= iref)                    // ib=-ic,检测ib即可
        duty = minDUTY;
    else
        duty = maxDUTY;
    PWMC1_SetRatio16(0,0);
    PWMC1_SetRatio16(1,0);
    PWMC1_SetRatio16(2,duty);         // B相上管PWM
```

```
      PWMC1_SetRatio16(3,0);
      PWMC1_SetRatio16(4,0);
      PWMC1_SetRatio16(5,fullOPEN);  // C 相下管 ON
    }
    else if((HA! = 0)&&(HB = = 0)&&(HC! = 0))      // 状态 4,101, BA
    {
      if(ib > = iref)                    //  $i_b$= —$i_a$,检测 $i_b$ 即可
         duty = minDUTY;
      else
         duty = maxDUTY;
      PWMC1_SetRatio16(0,0);
      PWMC1_SetRatio16(1,duty);        // A 相下管 ON
      PWMC1_SetRatio16(2,fullOPEN);    // B 相上管 PWM
      PWMC1_SetRatio16(3,0);
      PWMC1_SetRatio16(4,0);
      PWMC1_SetRatio16(5,0);
    }
    else if((HA! = 0)&&(HB = = 0)&&(HC = = 0))    // 状态 5,100, CA
    {
      if(ic > = iref)                    //  $i_c$= —$i_a$,检测 $i_c$ 即可
         duty = minDUTY;
      else
         duty = maxDUTY;
      PWMC1_SetRatio16(0,0);
      PWMC1_SetRatio16(1,fullOPEN); // A 相下管 ON
      PWMC1_SetRatio16(2,0);
      PWMC1_SetRatio16(3,0);
      PWMC1_SetRatio16(4,duty);        // C 相上管 PWM
      PWMC1_SetRatio16(5,0);
    }
    else if((HA! = 0)&&(HB! = 0)&&(HC = = 0))    // 状态 6,110, CB
    {
      if(ic > = iref)                    // $i_c$= —$i_b$,检测 $i_b$ 即可
         duty = minDUTY;
      else
         duty = maxDUTY;
      PWMC1_SetRatio16(0,0);
      PWMC1_SetRatio16(1,0);
      PWMC1_SetRatio16(2,0);
```

```
    PWMC1_SetRatio16(3,duty);           // B 相下管 PWM
    PWMC1_SetRatio16(4,fullOPEN);       // C 相上管 ONM
    PWMC1_SetRatio16(5,0);
  }
  else                                   // 六个功率管全部关断
  {
    PWMC1_SetDutyPercent(0,0);
    PWMC1_SetDutyPercent(1,0);
    PWMC1_SetDutyPercent(2,0);
    PWMC1_SetDutyPercent(3,0);
    PWMC1_SetDutyPercent(4,0);
    PWMC1_SetDutyPercent(5,0);
  }
  PWMC1_Load();
}
```

图 4.24 方法 method 的使能

程序中占空比的产生方法为 PWMC1_SetRatio16(channel,ratio)，事先要在 PWMMC 模块中激活该函数。方法是右键单击函数 SetRatio16，然后选择选项 Toggle Enable/Disable（图 4.24），这是一种简单便捷的激活方式。channel 是通道号，byte 类型，取值范围为 0~5。ratio 是占空比，unsigned int 类型，取值范围为 0~65535，代表 0~100％占空比。

除了 PI 系数，dutyNUM 也会直接影响动态与静态性能。dutyNUM 越大，最大占空比 maxDUTY 更新得越慢，稳态时转速波动越小，但动态性能会变差，给定转速变化时，调速的时间将延长。动态性能与静态性能往往是一对矛盾，需要在两者之间权衡。

把电机转起来只是万里长征第一步，要想把电机控制好相当不容易。这只是一个非常基础的例程，这个例程中可以改进之处包括：

1) 所使用的测速方法精度很低，根本原因在于霍尔信号的频率很低。
2) 控制参数还不是最优参数，动态性能比较差。
3) 调速范围尚需进一步扩大，尤其是速度下限应该更低。
4) 电流采样信号无数字滤波环节，因而不能消除高频毛刺的影响。
5) 最大占空比 maxDUTY 的动态调整并非是必需的。

4.4.5　FreeMASTER 工程

新建工程并保存，如图 4.25 所示，四个通道分别为：

1) 实际转速 speed、给定转速 speedREF（由电位器产生），均显示为 unsigned int 类型，其中变化相对缓慢的为 speed。

2) 占空比 duty,unsigned int 类型。

3) 导通时的最大占空比 maxDUTY,unsigned int 类型。

4) A 相实际空载电流 i_a,纵轴为标幺值,Frac16 类型。

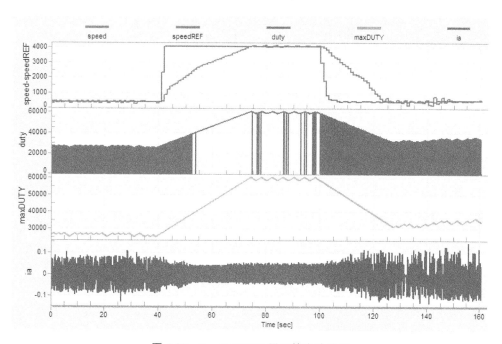

图 4.25 FreeMASTER 显示的实验结果

手动调节电位器 RP,令给定转速 speedREF 在 400~4095 rpm 之间变化,实际转速基本能够跟随。由于电机是空载,相电流 i_a 的波形是很差的,在零附近上下波动。永磁电机电感小,空载电流一般都是这样。对于空载时的相电流,BLDC 出不来方波,PMSM 出不来正弦波,除非带负载运行。

第 5 章

脉冲宽度调制 PWM

5.1 SPWM

5.1.1 原理

正弦脉宽调制 SPWM(sinusoidal pulse width modulation)旨在产生三相对称正弦相电压,以激励三相电机产生三相对称的正弦电流。占空比是通过正弦调制波 u_r 与三角形载波 $u_{carrier}$ 比大小来获得的,调制波是期望电压,载波是一个辅助手段,其频率对应着 PWM 开关频率。

当调制波的瞬时值大于载波时,PWM 驱动信号为高电平,否则为低电平。这个驱动信号可以用来控制逆变器桥臂的上管。SPWM 默认的三个桥臂均为互补模式,在任意时刻,每个桥臂有且只有一个功率管导通(忽略死区)。由于下管和上管互补,只需要给出三个上管的驱动信号就能够同时控制逆变器的六个功率管。

图 5.1 以 A 相为例,第一路通道是三角形载波与正弦调制波 u_a^*,第二路通道是逆变器桥臂上管的 PWM 驱动信号,第三路通道是该桥臂的输出电压 u_{ao}(直流侧电压 $u_{dc}=150\text{ V}$),是桥臂中点与参考地之间的电位差,数值是 u_{dc} 的一半,在 $\pm 75\text{ V}$ 之间变化。

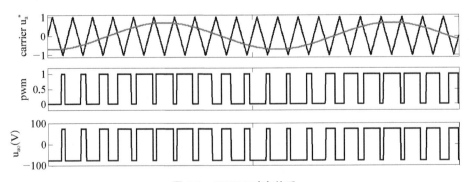

图 5.1 SPWM 对应关系

SPWM 的关键词是"比大小",与调制波在正半周还是负半周无关,它总是比较调制波和载波的大小,只要调制波更大,PWM 就为高。总体上看,占空比是按照两边窄、中间宽的正弦规律变化的。输出电压 u_{ao} 与 PWM 的波形是完全相同的。

调制波意味着期望电压,是经过"反馈→PI 调节"等环节,在程序中计算出来的,并非手动可以直接给定。载波倒是可以在程序中手动事先产生,它的周期和幅值都是固定的。

虽然 SPWM 就是两个波形比大小,不过在实际系统中一般不这么做,因为离散控制不可能产生连续波形,例如平滑的三角波只能代之以阶梯波,每级台阶只是尽可能小而已,连续正弦波也是一样。

通常使用规则采样法来减小离散化带来的误差,这里兼顾到编程的具体实现,推荐采用下面的方法,并以 A 相为例进行说明。图 5.1 给出了跳边沿的产生机理,而下述方法则是直接计算占空比,与图 5.1 相比,在理论本质上相同,但具体实现形式有所不同。

图 5.2 的横轴为时间,令三角形载波的幅值为 1,△abc 与 △ade 是相似三角形,占空比 duty 等于 ratio 与载波周期(也是 PWM 周期) T 之比:

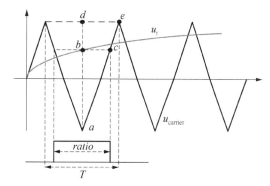

图 5.2 规则采样法

$$duty = \frac{ratio}{T} = \frac{2bc}{2de} = \frac{bc}{de} = \frac{ab}{ad} = \frac{u_r(a)+1}{2}$$

上式中,$u_r(a)$ 是调试波 u_r 在图 5.2 中 a 点时刻的瞬时值,duty 取值范围为 0~1,对应 0~100% 占空比。这个方法就不再需要额外产生三角形载波了,至于中心对齐模式还是边沿对齐模式可在 CW 软件中选取,默认是中心对齐模式。

载波没有量纲,但调制波有量纲,为了能实现两者之间的比较,要对调制波进行转换,标幺化是一种较好的方法。由于 SPMW 输出相电压基波为直流侧电压 u_{dc} 的一半,故电压基值选择 u_{dc} 即可。例程中不考虑过调制,即正弦调制波的幅值不超过三角载波的幅值。

5.1.2 CW 工程

新建 CW 工程,命名为 SPWM,添加两个模块:FreeMaster、TimerInt。定时器 TimerInt 中断周期设为 $100\,\mu s$。

5.1.3 主文件 main.c

```
void main(void)
{
  PE_low_level_init();
  for(;;) {
    FMSTR1_Poll();
  }
}
```

5.1.4 中断文件 Events.c

```c
# include "gflib.h"
Frac16 step = FRAC16(0.0002);        // 不能小于 3.05176×10⁻⁵ = 1/32768
Frac16 UMAX = FRAC16(0.8);           // 正弦调制波幅值,调制比
Frac16 two3pi = FRAC16(0.66667);     // 2/3π
Frac16 wt,wt120,wt240,ua,ub,uc;
Frac16 dutyA,dutyB,dutyC;            // 占空比

# pragma interrupt called
void TI1_OnInterrupt(void)
{
    // 产生三个相差120°的角度,取值范围[-1,+1],代表[-π,+π)
  wt = wt + step;
  wt120 = wt - two3pi;
  wt240 = wt + two3pi;

    // 产生三相对称正弦波电压作为三相调制波
  ua = mult(UMAX,GFLIB_SinTlr(wt));      //  uₐ= Umax sin(ωt)
  ub = mult(UMAX,GFLIB_SinTlr(wt120));   //  u_b= Umax sin(ωt - 120°)
  uc = mult(UMAX,GFLIB_SinTlr(wt240));   //  u_c= Umax sin(ωt + 120°)

  dutyA = mult(ua,FRAC16(0.5));          // 该方式无溢出风险
  dutyA = dutyA + FRAC16(0.5);

  // dutyA = ua + FRAC16(1.0);    错误方式,有溢出风险
  // dutyA = mult(dutyA,FRAC16(0.5));

  dutyB = mult(ub,FRAC16(0.5));
  dutyB = dutyB + FRAC16(0.5);

  dutyC = mult(uc,FRAC16(0.5));
  dutyC = dutyC + FRAC16(0.5);
}
```

例程中占空比的计算方法可以避免溢出。

也可以选用下面函数的调用方法。

5.1.5 中断文件 Events.c(函数调用,一个返回值)

当程序规模变大时,采用函数调用可以提高程序的可移植性。

```c
# include"gflib.h"
Frac16 step = FRAC16(0.0002);        // 不能小于 3.05176×10⁻⁵ = 1/32768
Frac16 UMAX = FRAC16(0.8);           // 正弦调制波幅值
Frac16 two3pi = FRAC16(0.666667);    // 2/3π
Frac16 wt,wt120,wt240,ua,ub,uc;
int dutyA,dutyB,dutyC;
int FUN_spwmDUTY(Frac16 uref);       // 函数声明

# pragma interrupt called
void TI1_OnInterrupt(void)
{
    // 产生三个相差 120°的角度,取值范围[-1,+1],代表[-π,+π]
  wt = wt + step;
  wt120 = wt - two3pi;
  wt240 = wt + two3pi;

    // 产生三相对称正弦波电压作为三相调制波
  ua = mult(UMAX,GFLIB_SinTlr(wt));      //  $u_a = U_{max}\sin(\omega t)$
  ub = mult(UMAX,GFLIB_SinTlr(wt120));   //  $u_b = U_{max}\sin(\omega t - 120°)$
  uc = mult(UMAX,GFLIB_SinTlr(wt240));   //  $u_c = U_{max}\sin(\omega t + 120°)$
  dutyA = FUN_spwmDUTY(ua);              // 函数调用
  dutyB = FUN_spwmDUTY(ub);
  dutyC = FUN_spwmDUTY(uc);
}

int FUN_spwmDUTY(Frac16 uref)            // 函数定义
{
  Frac16 duty;                           // 局部变量
  int ratio;
  duty = mult(uref,FRAC16(0.5));
  duty = duty + FRAC16(0.5);
  ratio = (int)duty;        // [-32768,32767],0~32767 代表 0~100% 占空比
  return(ratio);
}
```

5.1.6 中断文件 Events.c(函数调用,多个返回值)

如果需要函数需要一次性返回三个占空比,可采用下面例程。采用指针的方法完成数据传递。在函数中对全局变量进行了操作,尤其要当心在函数调用过程中全局变量的值是否发生了变化。形参的类型可以不一样。

```c
# include "gflib.h"
Frac16 step = FRAC16(0.0002);          // 不能小于 3.05176×10⁻⁵ = 1/32768
Frac16 UMAX = FRAC16(0.8);             // 正弦调制波幅值
Frac16 two3pi = FRAC16(0.666667);      // 2/3π
Frac16 wt,wt120,wt240,ua,ub,uc;
Frac16 dutyA,dutyB,dutyC;

    // 函数声明
void FUN_spwmDUTY(Frac16 * A,Frac16 * B,Frac16 * C,Frac16 * x,Frac16 * y,
Frac16 * z);

# pragma interrupt called
void TI1_OnInterrupt(void)
{
    // 产生三个相差 120°的角度,取值范围[- 1, + 1),代表[- π, + π)
  wt = wt + step;
  wt120 = wt - two3pi;
  wt240 = wt + two3pi;

    // 产生三相对称正弦波电压作为三相调制波
  ua = mult(UMAX,GFLIB_SinTlr(wt));        //   uₐ = Umax sin(ωt)
  ub = mult(UMAX,GFLIB_SinTlr(wt120));     //   ub = Umax sin(ωt - 120°)
  uc = mult(UMAX,GFLIB_SinTlr(wt240));     //   u_c = Umax sin(ωt + 120°)

  FUN_spwmDUTY(&dutyA,&dutyB,&dutyC,&ua,&ub,&uc);     // 函数调用
}

    // 函数定义
void FUN_spwmDUTY(Frac16 * A,Frac16 * B,Frac16 * C,Frac16 * x,Frac16 * y,
Frac16 * z)
{
  Frac16 ux,uy,uz;
  ux = mult(* x,FRAC16(0.5));
  ux = ux + FRAC16(0.5);
  uy = mult(* y,FRAC16(0.5));
  uy = uy + FRAC16(0.5);
  uz = mult(* z,FRAC16(0.5));
  uz = uz + FRAC16(0.5);
  * A = ux;         // 指针 A 指向全局变量 dutyA,该语句修改了全局变量 dutyA 的值
```

```
    * B = uy;
    * C = uz;
}
```

5.1.7 FreeMASTER 工程

图 5.3 所示的三个通道分别是:
1) 程序中人为产生的角度 ωt;
2) 三相调制波 u_a、u_b、u_c;
3) 三个占空比 dutyA、dutyB、dutyC。

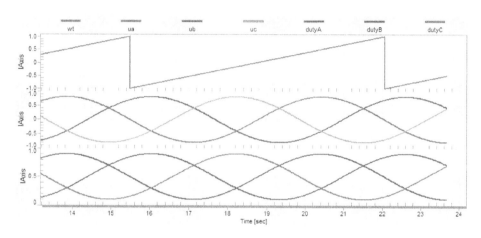

图 5.3 SPWM 实验结果

角度 ωt 是在[-1,+1]之间变化,程序中始终对 ωt 进行累加,当累加结果超过 1 时便会溢出,从 -1 开始重新累加,这种溢出不影响三角函数运算,但如果在其他非三角函数运算的场合就要小心了。

三相调制波 u_a、u_b、u_c 是对称正弦波,幅值为 $U_{MAX}=0.8$。如果调制波幅值超过载波,占空比的波形会出现平顶,说明进入了过调制。

dutyA、dutyB、dutyC 也是正弦波,分别是三个桥臂上管的占空比,这三个变量的取值范围都是 0~1,对应的占空比为 0~100%。当使用 SetDutyPercent 方法时,需转换到 0~100;而当使用 SetRatio15 时,需转换到 0~32767;当使用 SetRatio16 时,需转换到 0~65535。

5.2 SVPWM

5.2.1 原理

(1) 基本公式

电压空间矢量调制 SVPWM(space vector pulse width modulation)的输入是参考电压

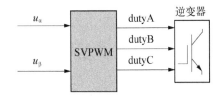

图 5.4 SVPWM 系统简图

矢量 u_{ref} 分解后的两个分量 $u_α$、$u_β$，输出三个占空比 dutyA、dutyB、dutyC（图 5.4），分别控制逆变器的三个上管，其下管与同桥臂的上管互补。

矢量是个空间概念，具有幅值大小和空间位置。而电压是时间相量，只有大小和时间相位，为什么会称其为空间矢量呢？这要从电机的结构角度来理解。由于电机定子绕组的三相轴线是固定的，当在 A 相绕组上施加电压时会产生相电流，相电流会产生磁链，这个磁链是在空间上分布的，其幅值的方向总是与 A 轴重合，随着电流变化沿着 A 轴脉振，脉振的快慢取决于电流频率。所以从产生空间磁链的角度看，就可以把电压看作空间矢量。

常见的两电平电压型逆变器一共有八个电压矢量，$u_1 \sim u_6$ 为运动矢量，u_0 与 u_7 为零矢量，分别对应着逆变器的八个状态（图 5.5）。这八个电压矢量按照式 5.1 来计算，其中式 5.1 右侧的三个电压 u_a、u_b、u_c 是相电压瞬时值，只有大小没有方向。公式左侧 **U** 为合成结果，有大小也有方向，称为综合电压空间矢量（简称电压矢量）。同理，电流矢量、磁链矢量也可以按照这个公式来计算，只需将公式右侧的三个变量替换成相电流、相磁链即可。

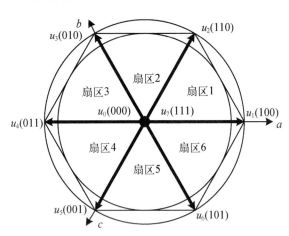

图 5.5 八个电压矢量与六个扇区

$$\mathbf{U} = \frac{2}{3}(u_a + u_b e^{j120°} + u_c e^{j240°}) \tag{5.1}$$

式 5.2 中的两个旋转因子 e^{jx}（$x=120°$、$240°$）表明 B 轴、C 轴按逆时针方向依次滞后 A 轴的空间角度，同时也是各相绕组依次滞后的空间角度。

$$\begin{aligned} e^{j120°} &= \cos 120° + j\sin 120° = -\frac{1}{2} + j\frac{\sqrt{3}}{2} \\ e^{j240°} &= \cos 240° + j\sin 240° = -\frac{1}{2} - j\frac{\sqrt{3}}{2} \end{aligned} \tag{5.2}$$

三相相电压的瞬时值 u_a、u_b、u_c 与电压矢量幅值 $|\mathbf{U}|$ 之间的关系为：

$$\begin{aligned} u_a &= |\mathbf{U}|\cos\theta_1 \\ u_b &= |\mathbf{U}|\cos(\theta_1 - 120°) \\ u_c &= |\mathbf{U}|\cos(\theta_1 + 120°) \end{aligned} \tag{5.3}$$

式 5.3 中 θ_1 是电压矢量的位置，即电压矢量与 A 轴的夹角，取值范围为 $0 \sim 2\pi$。可见，电压矢量向各相轴的投影就等于各相相电压的瞬时值，简称"投影=瞬时值"。虽然简单，但这是一个很重要的结论。只要电压矢量幅值 $|\mathbf{U}|$ 是一个常数，且 $\theta_1 = \omega t + \theta_0$ 均匀变化，即旋转角速度 ω 为常数，那么三相相电压就是理想对称的三相正弦波。这就说明为什么要把电

压矢量 **U** 的矢尖轨迹控制成一个圆,因为这个圆的半径就是电压矢量幅值|**U**|,也是相电压幅值。矢量圆的旋转角速度就是 ω,ω 恰好也是相电流的基波角频率($\omega=2\pi f$)。如果轨迹是椭圆,那么三相相电压的幅值就不再是常数,而是忽大忽小。

六个运动电压矢量($\boldsymbol{u}_1 \sim \boldsymbol{u}_6$)的大小相同,矢量长度为 $2/3 u_{dc}$(u_{dc} 为逆变器直流侧电压),它们把平面分成六个扇区(图 5.5),每个扇区 60°。六个运动矢量的尖端相连会构成一个正六边形,正六边形有一个内切圆和一个外接圆。零矢量(000 与 111)的长度为零,零矢量作用时,三相绕组被短路,三个相电压都是零。

由于逆变器只有八个状态,所以相电压只有五个固定的数值($\pm 1/3 u_{dc}$、$\pm 2/3 u_{dc}$ 和 0),电压资源有限,得到的电流就不好。SVPWM 就是利用这八个矢量,等效出所需要的任意矢量,这就意味着拥有了无限多的电压资源。想要多大的电压就有多大电压,想要哪个方向的电压就有哪个方向的电压。资源无限多,就能把相电压控制成任意值,那么控制成正弦波自然也没有问题,相电压是正弦波,电流自然也是。

在某个特定控制周期,我们总是会有三个期望的理想相电压,利用矢量合成公式把这三个期望相电压合成一个参考电压矢量 $\boldsymbol{u}_{ref}$,稳态时,$\boldsymbol{u}_{ref}$ 是旋转的,旋转角速度是相电流的角频率 ω,矢量 $\boldsymbol{u}_{ref}$ 尖端的轨迹是一个圆形。

"伏秒"是理解 SVPWM 的一个基础性概念,电压的本质是功,功乘以时间即为能量。电流大小既取决于电压大小,也取决于作用时间的长短。在数字化离散控制中,当控制周期足够短时,只要"伏秒"相等,那么提供的能量是相同的,所产生的电流也应该一样。电压矢量 $\boldsymbol{u}_{ref}$ 总是作用一个整周期 T,当 $\boldsymbol{u}_{ref}$ 位于第 1 扇区时(图 5.6),$\boldsymbol{u}_{ref}$ 作用一个整周期 T 秒的效果等价于 $\boldsymbol{u}_1$ 作用 t_1 秒与 $\boldsymbol{u}_2$ 作用 t_2 秒的叠加(式 5.4),即伏秒相等。t_1 和 t_2 都小于周期 T。

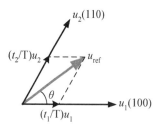

图 5.6 扇区 1 参考矢量 $\boldsymbol{u}_{ref}$ 的合成

$$\boldsymbol{u}_{ref}T = t_1 \boldsymbol{u}_1 + t_2 \boldsymbol{u}_2 + t_0 \boldsymbol{u}_0 = t_1 \boldsymbol{u}_1 + t_2 \boldsymbol{u}_2 \tag{5.4}$$

所以"等效"与"伏秒相等"是 SVPWM 的两个关键词。举个具体的例子:假设控制周期 $T=100\,\mu s$,$t_1=20\,\mu s$、$t_2=50\,\mu s$,那么 $\boldsymbol{u}_{ref}$ 作用 $100\,\mu s$ 的效果等价于 $\boldsymbol{u}_1$ 作用 $20\,\mu s$ 与 $\boldsymbol{u}_2$ 作用 $50\,\mu s$ 两者叠加的总效果,剩下的 $30\,\mu s$ 用零矢量 $\boldsymbol{u}_0$ 或 $\boldsymbol{u}_7$ 来填补,零矢量作用时,相电压为零,零矢量作用多长时间都不影响伏秒的值。

对式 5.4 进行移项,参考电压矢量 $\boldsymbol{u}_{ref}$ 为:

$$u_{ref} = \frac{t_1}{T} u_1 + \frac{t_2}{T} u_2$$

由图 5.6 可知:

$$\begin{cases} \dfrac{\frac{t_1}{T} u_1}{\sin(60°-\theta)} = \dfrac{\frac{t_2}{T} u_2}{\sin \theta} \\ \dfrac{\frac{t_2}{T} u_2}{\sin \theta} = \dfrac{u_{ref}}{\sin 120°} \end{cases} \tag{5.5}$$

式 5.5 中，$u_1=u_2=2/3u_{dc}$，表示运动矢量的幅值，是个常数。

联立求解式 5.4 与式 5.5，可得到三个矢量的作用时间：

$$\begin{aligned} t_1 &= \frac{2u_{ref}}{\sqrt{3}u_1}T\sin(60°-\theta) = \frac{\sqrt{3}u_{ref}}{u_{dc}}T\sin(60°-\theta) \\ t_2 &= \frac{2u_{ref}}{\sqrt{3}u_2}T\sin\theta = \frac{\sqrt{3}u_{ref}}{u_{dc}}T\sin\theta \\ t_0 &= T-t_1-t_2 \end{aligned} \tag{5.6}$$

参考电压矢量 $\boldsymbol{u}_{ref}$ 的位置角度为 0～360°，而式 5.6 中角度 θ 是 $\boldsymbol{u}_{ref}$ 与所处扇区起始电压矢量之间的夹角，所以，θ 取值范围是 0～60°。例如当 $\boldsymbol{u}_{ref}$ 处于第 1 扇区时，θ 是 $\boldsymbol{u}_{ref}$ 与 $\boldsymbol{u}_1$（100）的夹角（图 5.3）。当 $\boldsymbol{u}_{ref}$ 处于第 2 扇区时 θ 是 $\boldsymbol{u}_{ref}$ 与 $\boldsymbol{u}_2$（110）的夹角，如果 $\boldsymbol{u}_{ref}$ 位置是 90°，那么式 5.6 中 $\theta=30°$，而不是 90°。

$\boldsymbol{u}_{ref}$、$\boldsymbol{u}_1$、$\boldsymbol{u}_2$ 都是空间矢量，有方向也有大小，在上面的公式中，相关符号都指的是矢量大小，与矢量的位置无关。$\boldsymbol{u}_{ref}$ 的具体位置要通过 u_α、u_β 来计算。u_α、u_β 是期望电压，它们可通过闭环系统实时计算出来，不是本节所涉及的内容，有关内容可参考其他文献。

我们最终目的是计算出三个占空比，式 5.6 中，t_1、t_2 的计算包含了两个电压之比，所以可以事先做一些简化。

若令逆变器直流电压 u_{dc} 为标幺值 1，则相电压最大值为 2/3，线电压最大值为 1，所以把 u_{dc} 定为 1 是比较合适的，这样电压的中间计算结果不会发生数据溢出。标幺化之后，式 5.6 转换为式 5.7。

$$\begin{cases} t_1 = \sqrt{3}u_{ref}T\sin(60°-\theta) \\ t_2 = \sqrt{3}u_{ref}T\sin\theta \\ t_0 = T-t_1-t_2 \end{cases} \tag{5.7}$$

然而我们关心的不是绝对时间，而是占空比，即三个时间 t_1、t_2、t_0 与采样周期 T 之比：

$$\begin{cases} duty1 = \frac{t_1}{T} = \sqrt{3}u_{ref}\sin(60°-\theta) \\ duty2 = \frac{t_2}{T} = \sqrt{3}u_{ref}\sin\theta \\ duty0 = \frac{t_0}{T} = 1-\frac{t_1}{T}-\frac{t_2}{T} \end{cases} \tag{5.8}$$

图 5.5 中，六边形内切圆半径 r 是运动矢量幅值的 $r=\cos 30°=0.866$ 倍，与直流侧电压 u_{dc} 的关系是 $r=\cos 30°\times 2/3\times u_{dc}=0.577u_{dc}$。

若参考电压 $\boldsymbol{u}_{ref}$ 位于内切圆内，零矢量肯定存在（$t_0>0$）；超过内切圆就进入过调制，图 5.5 中正六边形是零矢量消失的边界（$t_0=0$）。

(2) 六个扇区的 PWM 波形（七段式）

常用的是七段式 SVPWM，参考电压 $\boldsymbol{u}_{ref}$ 位于六个扇区的驱动脉冲波形见图 5.7。三个波形分别是逆变器三个上管的驱动信号,高电平时功率管导通,低电平时功率管关断。扇区1、3、5的时间规律相同(即从左到右依次为t_0、t_1、t_2、t_0、t_2、t_1、t_0),扇区2、4、6的时间规律也相同(即从左到右依次为t_0、t_2、t_1、t_0、t_1、t_2、t_0),但注意两组的时间规律不一样。

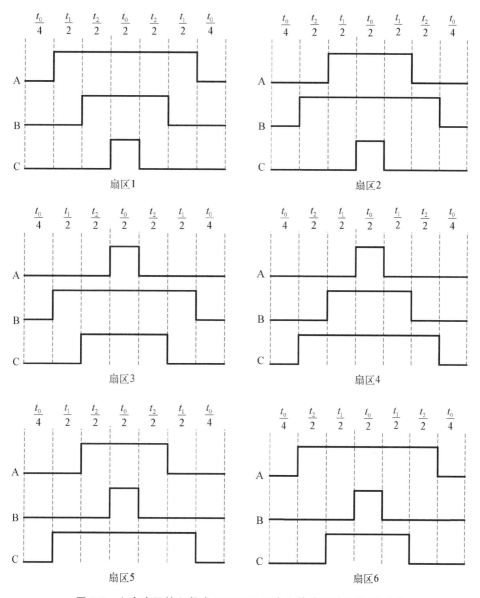

图 5.7　六个扇区的七段式 SVPWM(三个上管的驱动信号,表 1a)

图 5.7 中 PWM 信号是中心对齐模式,PWM 信号是关于周期中点左右对称。按照时间先后顺序,PWM 信号的发送次序见表 5.1a。但表 5.1a 并非唯一方式,亦可将 000 与 111 互换,但运动矢量也需做相关调整,见表 5.1b。表 5.1b 不常用,因为 PWM 信号的导通时段位于周期两侧而非中间,DSP 实现起来也不如表 5.1a 便捷,后续文中依据的将是表 5.1a,而不再考虑表 5.1b。

表 5.1a 七段式 SVPWM 发送次序

扇区 1	扇区 2	扇区 3	扇区 4	扇区 5	扇区 6
000	000	000	000	000	000
100	010	010	001	001	100
110	110	011	011	101	101
111	111	111	111	111	111
110	110	011	011	101	101
100	010	010	001	001	100
000	000	000	000	000	000

表 5.1b 七段式 SVPWM 发送次序

扇区 1	扇区 2	扇区 3	扇区 4	扇区 5	扇区 6
111	111	111	111	111	111
110	110	011	011	101	101
100	010	010	001	001	100
000	000	000	000	000	000
100	010	010	001	001	100
110	110	011	011	101	101
111	111	111	111	111	111

结合图 5.7,占空比的计算可归纳为表 5.2。

表 5.2 七段式 SVPWM 占空比计算

占空比	扇区 1	扇区 2	扇区 3	扇区 4	扇区 5	扇区 6
dutyA	$(t_1+t_2+t_0/2)/T$	$(t_1+t_0/2)/T$	$(t_0/2)/T$	$(t_0/2)/T$	$(t_2+t_0/2)/T$	$(t_1+t_2+t_0/2)/T$
dutyB	$(t_2+t_0/2)/T$	$(t_1+t_2+t_0/2)/T$	$(t_1+t_2+t_0/2)/T$	$(t_1+t_0/2)/T$	$(t_0/2)/T$	$(t_0/2)/T$
dutyC	$(t_0/2)/T$	$(t_0/2)/T$	$(t_2+t_0/2)/T$	$(t_1+t_2+t_0/2)/T$	$(t_1+t_2+t_0/2)/T$	$(t_1+t_0/2)/T$

对表 5.2 进行简化,取四个中间变量,令其分别等于:

duty00=$(t_0/2)/T$、duty10=$(t_1+t_0/2)/T$、duty20=$(t_2+t_0/2)/T$、duty120=$(t_1+t_2+t_0/2)/T$。

则表 5.2 可重写为表 5.3,根据表 5.3 进行编程。

表 5.3 七段式 SVPWM 占空比计算

占空比	扇区 1	扇区 2	扇区 3	扇区 4	扇区 5	扇区 6
dutyA	duty120	duty10	duty00	duty00	duty20	duty120
dutyB	duty20	duty120	duty120	duty10	duty00	duty00
dutyC	duty00	duty00	duty20	duty120	duty120	duty10

新建工程时,将 PWM 模块初始化为中心对齐模式,所以只需计算出占空比即可,无需另设三角波以判断通断时刻。

(3) 扇区判断

通过 u_α 和 u_β 这两个输入量可以判断参考电压矢量 u_{ref} 所处的扇区，利用反正切的方式可以求出精确的角度：$\gamma=\text{atan}(u_\beta/u_\alpha)$，$\gamma$ 的取值范围 $0\sim 2\pi$。但使用这个方法要注意到：1) 反正切计算结果的取值范围在 $\pm\pi/2$ 之间，故还要根据 u_α 与 u_β 的符号来判断具体位于哪个象限；2) 分母 u_α 为零的特殊状况。

仅仅求取所在扇区的话，通常使用下面这个简单的方法。

首先定义一个符号变量 N：

$$N=A+2B+4C \tag{5.9}$$

式 5.9 中，A、B、C 均为二值变量：

$$\left. \begin{aligned} A &= \text{sign}(u_\beta) & \text{sign}(x)>0 \text{ 时 } A=1;\ \text{sign}(x)\leqslant 0 \text{ 时 } A=0 \\ B &= \text{sign}\left(\frac{\sqrt{3}}{2}u_\alpha - \frac{1}{2}u_\beta\right) & \text{sign}(x)>0 \text{ 时 } B=1;\ \text{sign}(x)\leqslant 0 \text{ 时 } B=0 \\ C &= \text{sign}\left(-\frac{\sqrt{3}}{2}u_\alpha - \frac{1}{2}u_\beta\right) & \text{sign}(x)>0 \text{ 时 } C=1;\ \text{sign}(x)\leqslant 0 \text{ 时 } C=0 \end{aligned} \right\} \tag{5.10}$$

式 5.10 中，sign 表示符号函数，A、B、C 取 0 或 1。方程右侧括号内变量计算结果为正时，二值变量取 1，否则取 0。符号变量 N 与扇区之间的对应关系见表 5.4：

表 5.4 符号变量与扇区的对应关系

符号变量 N	3	1	5	4	6	2
扇区 sector	1	2	3	4	5	6

下面说明表 5.4 中两个变量对应关系的原理。在图 5.8 中，增加三个辅助坐标轴 A、B、C，分别位于扇区 2、扇区 4 与扇区 6 的中央。

电压矢量 u_{ref} 向图 5.8 的三个辅助轴上做投影：向 A 轴投影即为式 5.10 中的 u_β，向 B 轴投影即为式 5.10 中的 $(\sqrt{3}/2u_\alpha-1/2u_\beta)$，向 C 轴投影即为式 5.10 中的 $(-\sqrt{3}/2u_\alpha-1/2u_\beta)$。式 5.10 是判断这三个投影值的正负，例如，当电压矢量位于扇区 1（表 5.5 第二列），则其向 A 轴的投影为正(1)，向 B 轴的投影也为正(1)，向 C 轴的投影为负(0)，推广开来，可以得到表 5.5。

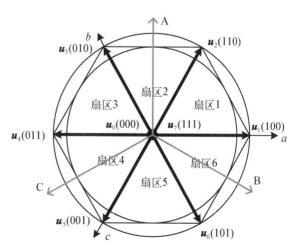

图 5.8 三个辅助坐标轴 A、B、C

符号变量 N 的计算（式 5.9）实际上是将式 5.10 的三个变量按照 [C, B, A] 的顺序构造了一个三位二进制数，C 是最高位，A 是最低位，然后把这个二进制数转换成十进制，符号变量 N 就是转换后的十进制数，具体过程见表 5.5。

表 5.5　符号变量 N 与扇区 sector 对应关系的原理

扇区 sector	1	2	3	4	5	6
式 10 三个变量	CBA	CBA	CBA	CBA	CBA	CBA
式 10 计算结果	011	001	101	100	110	010
变量 N=A+2B+4C	3	1	5	4	6	2

5.2.2　CW 工程

新建工程,命名为 SVPWM。添加通用函数库 GFLIB 和数学函数库 MLIB。添加两个模块 FreeMASTER 和 PWMMC。

PWMMC 采用中心对齐模式(center-aligned mode)。频率设定为 1 kHz,对应周期设为 1 ms,死区时间设为 3 μs,开中断(Enabled),上下管为默认的互补模式(Complementary)。因为采用了中心对齐模式,所以在程序最后发 PWM 脉冲的时候,只要计算出三个占空比即可。

5.2.3　主文件 main.c

```
void main(void)
{
PE_low_level_init();
  PWMC1_OutputPadEnable();
for(;;) {
  FMSTR1_Poll();
  }
}
```

5.2.4　中断文件 Events.c

为了求平方根,添加了头文件 mlib.h。平方根自变量参数是 32 位小数,结果是 16 位小数。32 位小数的加法、乘法要调用 mlib.h 中的函数,不能用"add、mult",更不能用"+、*"。

反正切函数 theta = GFLIB_AtanYX(ubeta, ualpha, &mi16Flag) 中, theta、ualpha、ubeta 三个变量均为 16 位小数。theta 取值范围是 [−1, +1],表示 [−π, +π)。

下面的例程不适用于过调制,所以,两个参考电压 u_α、u_β 的幅值不能超过 0.577,参考电压矢量 u_{ref} 不超出六边形内切圆。

实际应用中,还要考虑如下问题:

(1) 最小脉冲宽度。最小脉宽不能小于开通时间与关断时间之和,即 $duty_{min} \geqslant K(t_{on}+t_{off})$,系数 K 的具体取值取决于实际负载情况。

(2) 过调制。表现为 $t_1+t_2 > T$,解决方式是等比例缩小,即 $t_1^* = t_1/(t_1+t_2)$、$t_2^* =$

$t_2/(t_1+t_2)$、$t_0^*=0$。

上述两个问题在例程中并没有考虑。

```c
#include "gflib.h"
#include "mlib.h"
#define sqrt3_1  FRAC16(0.732051)      // √3 - 1
#define oneThreePi  FRAC16(0.333333)   // π/3
#define sqrt3_2  FRAC16(0.866025)      // √3/2
Frac16 step = FRAC16(0.0002);
Frac16 uMAX = FRAC16(0.5);             // uMAX <= 0.577,否则进入过调制,因
                                       //  为 udc = 1
Frac16 wt,theta,theta60;
Frac32 ualpha32,ubeta32,tempU32;       // 32 位小数
Frac16 tempU1,tempU2,tempDUTY1,tempDUTY2;
Frac16 wt,ualpha,ubeta,uref;
Frac16 t1,t2,t0,duty00,duty10,duty20,duty120;
Frac16 signB,signC;
byte A,B,C,N,sector;
int dutyA,dutyB,dutyC;
static Int16 mi16Flag;                 // 反正切标志

#pragma interrupt called
void PWMC1_OnReload(void)
{       //人为产生角度
    wt = wt + step;                         // ωt = [-1, +1)
        //电压矢量的两个分量
    ualpha = mult(uMAX,GFLIB_CosTlr(wt));   // uα = uMAX * cos(ωt)
    ubeta = mult(uMAX,GFLIB_SinTlr(wt));    // uβ = uMAX * sin(ωt)

        //电压矢量幅值
    ualpha32 = MLIB_Mul32SS(ualpha,ualpha); //32 位小数乘法,uα²
    ubeta32 = MLIB_Mul32SS(ubeta,ubeta);    //32 位小数乘法,uβ²
    tempU32 = MLIB_Add32(ualpha32,ubeta32); //32 位小数加法, uα² + uβ²
    uref = GFLIB_SqrtIter(tempU32);         // √(uα² + uβ²),uref是 16 位
        //参考电压矢量与扇区起始矢量之间的夹角 θ
    theta = GFLIB_AtanYX(ubeta,ualpha,&mi16Flag);  // θ = atan(uβ/uα)
    theta = theta % oneThreePi;             // 对π/3取余数
    if(wt < 0)
    {
```

```
    theta = theta + oneThreePi;              // 当ωt位于-π~0区间,要特别处理
}
theta60 = oneThreePi - theta;                // π/3-θ

    //三个作用时间与采样周期之比 t₁/T, t₂/T, t₀/T
tempDUTY1 = mult(uref,GFLIB_SinTlr(theta60));     // u_ref * sin(π/3 - θ)
tempDUTY2 = mult(tempDUTY1,sqrt3_1);    // 0.732 * u_ref * sin(π/3 - θ)
t1 = tempDUTY1 + tempDUTY2;              // t₁/T = (1 + 0.732) * u_ref *
                                                    sin(π/3 - θ)
tempDUTY1 = mult(uref,GFLIB_SinTlr(theta));
tempDUTY2 = mult(tempDUTY1,sqrt3_1);
t2 = tempDUTY1 + tempDUTY2;              // t₂/T
t0 = FRAC16(1.0) - t1 - t2;              // t₀/T

    // 占空比表格表5.3中的四个数值
duty00 = mult(t0,FRAC16(0.5));           //  (t₀/2)/T
duty10 = t1 + duty00;                    // (t₁+ t₀/2)/T
duty20 = t2 + duty00;                    // (t₂+ t₀/2 )/T
duty120 = t1 + t2 + duty00;              // (t₁+ t₂+ t₀/2)/T

    //扇区判断
tempU1 = mult(sqrt3_2,ualpha);           // √3/2 * u_α
tempU2 = mult(FRAC16(0.5),ubeta);        // 1/2 * u_β
signB = tempU1 - tempU2;                 // √3/2 * u_α－1/2 * u_β
signC = - tempU1 - tempU2;               // － √3/2 * u_α－1/2 * u_β

if(ubeta > 0)
    A = 1;
else
    A = 0;
if(signB > 0)
    B = 1;
else
    B = 0;
if(signC > 0)
    C = 1;
else
    C = 0;
```

```
N = A + 2 * B + 4 * C;                    // 符号变量 N

if(N = = 3)
  sector = 1;                             // 扇区 1
elseif(N = = 1)
  sector = 2;
elseif(N = = 5)
  sector = 3;
elseif(N = = 4)
  sector = 4;
elseif(N = = 6)
  sector = 5;
elseif(N = = 2)
  sector = 6;

    //发送 PWM 脉冲  ,七段式,表 5.1a
if(sector = = 1)
{
  dutyA = (int)duty120;
  dutyB = (int)duty20;
  dutyC = (int)duty00;
}
elseif(sector = = 2)
{
  dutyA = (int)duty10;
  dutyB = (int)duty120;
  dutyC = (int)duty00;
}
elseif(sector = = 3)
{
  dutyA = (int)duty00;
  dutyB = (int)duty120;
  dutyC = (int)duty20;
}
elseif(sector = = 4)
{
  dutyA = (int)duty00;
  dutyB = (int)duty10;
  dutyC = (int)duty120;
```

    }
    elseif(sector = = 5)
    {
       dutyA = (**int**)duty20;
       dutyB = (**int**)duty00;
       dutyC = (**int**)duty120;
    }
    elseif(sector = = 6)
    {
       dutyA = (**int**)duty120;
       dutyB = (**int**)duty00;
       dutyC = (**int**)duty10;
    }

    PWMC1_SetRatio15(0,dutyA);   // dutyA = 0~ 32767,表示 0~100% 占空比
    PWMC1_SetRatio15(2,dutyB);
    PWMC1_SetRatio15(4,dutyC);
    PWMC1_Load();
}

不建议把 SVPWM 做成函数调用的方式,原因如下:
1) 希望观测很多中间变量,FreeMASTER 观测全局变量最方便。
2) 即使做成函数,也节省不了几行代码。

5.2.5　FreeMASTER 工程

新建工程并保存,可观察的变量非常丰富,能全面细致地对程序进行调试。图 5.9 为逆变器 A 相上管 PWM 信号的占空比,为上下对称的马鞍波。同时也是逆变器桥臂中点相对参考地的电压(端电压)基波波形。虽然总体上不是正弦波,但一个"马鞍"波是由两个正弦

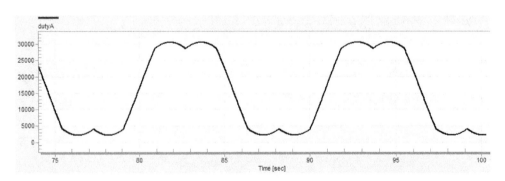

图 5.9　七段式 SVPWM 占空比

波"片段"拼接而成,三个端电压的平均值再扣除星型中点电压,所得到的相电压就是正弦波,则线电压自然也是正弦波。

图 5.10 三个通道的波形依次为: t_0、t_1、t_2,数值分别是 t_0/T、t_1/T、t_2/T。

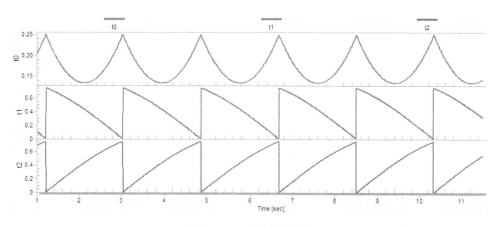

图 5.10 三个时间变量

图 5.11 四个通道的波形依次为:

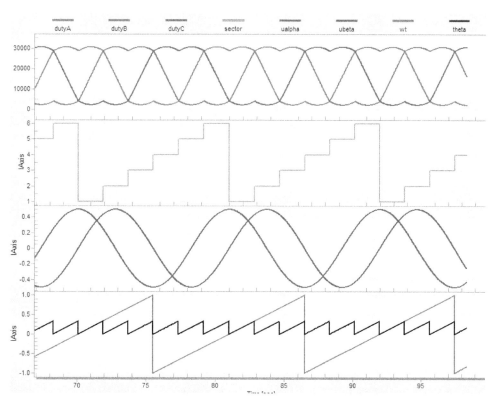

图 5.11 七段式 SVPWM 总体实验波形

1) 三个上管的占空比 dutyA、dutyB、dutyC，是三相对称马鞍波，下管与其互补。
2) 扇区 sector，取值为 1、2、3、4、5、6。
3) 参考电压 u_{ref} 的两个分量 u_α、u_β，是相差 90°（即正交）的正弦波，u_α 超前。
4) 角度 ωt 与 θ，ωt 取值范围为 $-1\sim+1$，对应 $-\pi\sim+\pi$；θ 取值范围为 $0\sim0.333\,3$，对应 $0\sim\pi/3$。

图 5.12 四个通道的波形依次为：duty00、duty10、duty20、duty120，数值分别是 $(t_0/2)/T$、$(t_1+t_0/2)/T$、$(t_2+t_0/2)/T$、$(t_1+t_2+t_0/2)/T$。

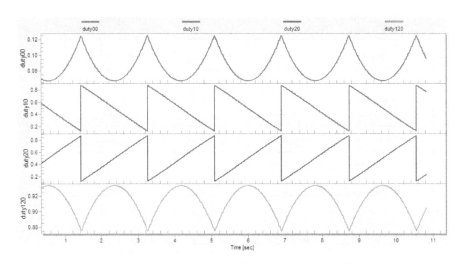

图 5.12　七段式 SVPWM 表 3 中的四个中间变量

5.2.6　五段式 SVPWM

两个零矢量 111 与 000 的效果相同，均导致相电压为零，从而切断了电源到电机的能量通道，电机三相绕组被短路，处于续流状态，因为控制周期足够短，所以可近似认为电流不变。如果把七段式的零矢量 111 替换为 000（仅使用 000），则可以得到五段式的脉冲发送规律。不管七段式还是五段式，原理、方法都是一样，t_0、t_1、t_2 三个时间的数值也完全相同，唯一的区别在于最后一步发送脉冲时的次序有了变化。

五段式的开关次数更少，最小脉宽问题不像七段式那么突出，下管导通得久，对自举电路也有好处。但开关次数少了，付出的代价是控制效果有所降低。由于不用 111，下管会比上管更"累"，因而下管损耗相对更大些。表 5.6 中发送 PWM 时要注意不同扇区的衔接，在共计 30 个矢量中，任何两个相邻矢量都只能有一位发生变动，从而最大限度地降低开关损耗，这是 SVPWM 的一个原则。

表 5.6 把零矢量放在了每个扇区的开端与结尾，但这并非唯一选择，零矢量也可以放到扇区的中间，但"相邻矢量只能有一位发生变动"这个原则不能违背。表 5.6 中一共 30 个矢量，矢量尖端轨迹逆时针正向旋转时，发送次序为 1→2→3…29→30→1→2…。本扇区内部以及扇区之间的过渡，任意两个相邻矢量只能有一位发生变动，这意味着只有一个桥臂的开关状态发生了变化，从而降低了功率管开关损耗。无论五段式还是七段式都要遵循这个原则。

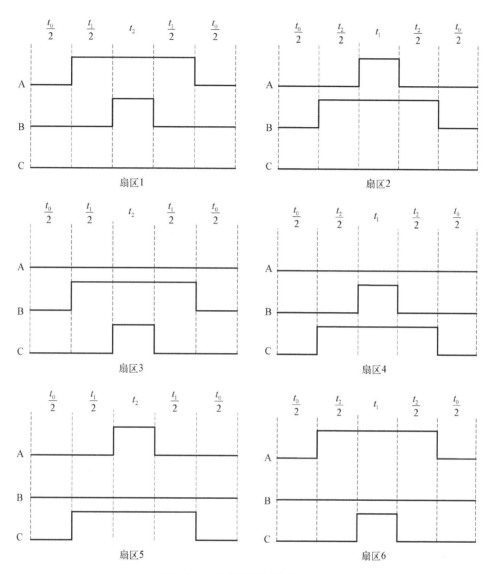

图 5.13 六个扇区的五段式 SVPWM

表 5.6 五段式 SVPWM 发送次序

	扇区 1		扇区 2		扇区 3		扇区 4		扇区 5		扇区 6
1	000	6	000	11	000	16	000	21	000	26	000
2	100	7	010	12	010	17	001	22	001	27	100
3	110	8	110	13	011	18	011	23	101	28	101
4	100	9	010	14	010	19	001	24	001	29	100
5	000	10	000	15	000	20	000	25	000	30	000

占空比可归纳为表 5.7。

表 5.7　五段式 SVPWM 时间计算

占空比	扇区 1	扇区 2	扇区 3	扇区 4	扇区 5	扇区 6
dutyA	$(t_1+t_2)/T$	t_1/T	0	0	t_2/T	$(t_1+t_2)/T$
dutyB	t_2/T	$(t_1+t_2)/T$	$(t_1+t_2)/T$	t_1/T	0	0
dutyC	0	0	t_2/T	$(t_1+t_2)/T$	$(t_1+t_2)/T$	t_1/T

取四个变量,使其分别等于:duty00=0、duty10=t_1/T、duty20=t_2/T、duty120=$(t_1+t_2)/T$。

则表 5.7 可重写如表 5.8,与七段式的完全相同,表 5.8 直接用于编程。

表 5.8　五段式 SVPWM 时间计算

占空比	扇区 1	扇区 2	扇区 3	扇区 4	扇区 5	扇区 6
dutyA	duty120	duty10	duty00	duty00	duty20	duty120
dutyB	duty20	duty120	duty120	duty10	duty00	duty00
dutyC	duty00	duty00	duty20	duty120	duty120	duty10

完整的程序代码省略,只需要在七段式代码中修改为如下部分,其他不变。

```
// 占空比表格中的四个数值
  duty00 = 0;                          //  0
  duty10 = t1;                         //  t₁/T
  duty20 = t2;                         //  t₂/T
  duty120 = t1 + t2;                   // (t₁+ t₂)/T
```

此处占空比波形形状发生了变化,不再是上下对称的马鞍波,底部出现了较长时间的零(图 5.14)。如果表 5.6 中的零矢量 000 全部替换成 111(表 5.9),则图 5.14 波形将上下颠倒,即顶部出现较长时间的直线,马鞍形状则位于底部。

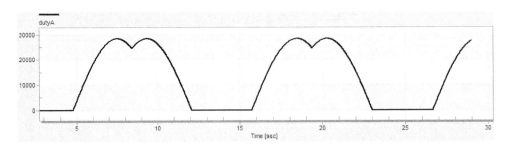

图 5.14　五段式 SVPWM 占空比

总体波形如图 5.15,四个通道的波形依次为:

1) 三个上管的占空比 dutyA、dutyB、dutyC,下管与其互补。

2)扇区 sector。

3)参考电压 u_{ref} 的两个分量 u_α、u_β。

4)角度 ωt 与 θ。

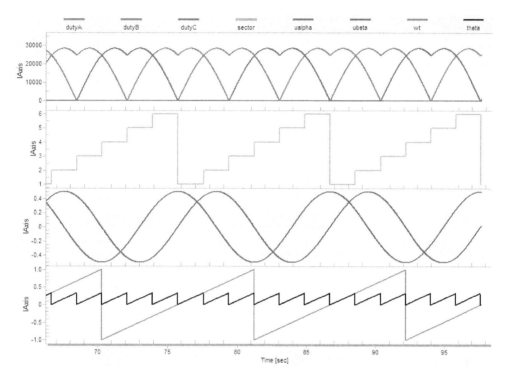

图 5.15 五段式 SVPWM 总体实验波形

图 5.16 三个通道的波形依次为：t_0、t_1、t_2，数值分别是 t_0/T、t_1/T、t_2/T，与七段式相同。

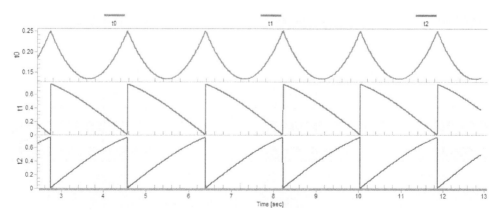

图 5.16 五段式 SVPWM 的时间计算

图 5.17 四个通道的波形依次为：duty00、duty10、duty20、duty120。数值分别是 $(t_0/2)/T$、$(t_1+t_0/2)/T$、$(t_2+t_0/2)/T$、$(t_1+t_2+t_0/2)/T$。

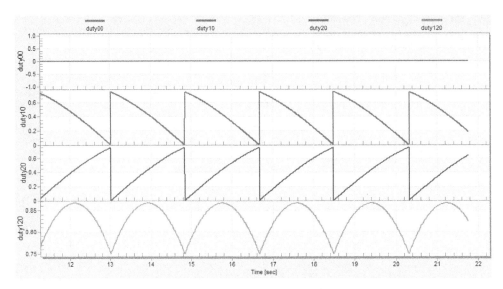

图 5.17 五段式 SVPWM 表 8 中的四个中间变量

NXP 自带的库函数 MCLIB_SvmStd 是七段式；MCLIB_SvmU0n 是五段式且零矢量 000 位于扇区中间；MCLIB_SvmU7n 是五段式且零矢量 111 位于扇区的首和尾，同表 5.9。

图 5.18 给出了表 5.9 前两个扇区的 PWM 驱动信号，它们关于中心对称，与图 5.13 不同之处在于：导通时段（高电平）是位于周期的两侧而非中间。

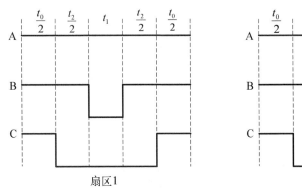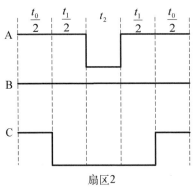

图 5.18 表 9 两个扇区的 PWM 信号

表 5.9 五段式 SVPWM 发送次序（零矢量采用 111）

扇区 1	扇区 2	扇区 3	扇区 4	扇区 5	扇区 6
111	111	111	111	111	111
110	110	011	011	101	101
100	010	010	001	001	100
110	110	011	011	101	101
111	111	111	111	111	111

表 5.10 与表 5.11 给出了五段式的另外两种中心对称的发送次序，供参考。表 5.10 与表 5.11 的本质相同，即零矢量位于中间，且 000 与 111 两个零矢量都用到了，六个功率管的开关损耗平均，似乎应该是五段式的最优选，但要考虑到与图 5.13 的不同，即导通时段位于周期的两侧而非中间，对齐模式不同，谐波的规律也不一样。

表 5.10　五段式 SVPWM 发送次序（零矢量在中间）

扇区 1	扇区 2	扇区 3	扇区 4	扇区 5	扇区 6
110	010	011	001	101	100
100	110	010	011	001	101
000	111	000	111	000	111
100	110	010	011	001	101
110	010	011	001	101	100

表 5.11　五段式 SVPWM 发送次序（零矢量在中间）

扇区 1	扇区 2	扇区 3	扇区 4	扇区 5	扇区 6
100	110	010	011	001	101
110	010	011	001	101	100
111	000	111	000	111	000
110	010	011	001	101	100
100	110	010	011	001	101

SVPWM 比 SPWM 复杂很多，建议初学者先从 SPWM 开始，不要略过 SPWM 直接跨越到 SVPWM，选择哪种 PWM 方式并非当下的关键。尽管 SVPWM 最后的发送方式分为七段式与五段式，此外本节还给出了很多发送次序表格，但原理未变，从中择一即可，七段式优选表 5.1a，五段式则推荐表 5.6。

第 6 章

矢量控制入门

6.1 坐标变换

6.1.1 原理

要想理解电机的矢量控制(vector control),首先需过"坐标变换"这一关。此处所讲的坐标变换,仅适用于异步电机、表贴式与内置式永磁同步电机等正弦波电机,但不能用于梯形波 BLDC。下面以永磁同步电机为例,阐述坐标变换的原理。

永磁同步电机属于交流电机,定子侧装有 A、B、C 三相绕组。绕组嵌放在定子槽内,是依次相差 120°电角度的线圈,相互之间存在耦合,耦合的意思就是彼此相互影响。例如,A 相绕组载流产生磁通,一部分磁通会匝链 B、C 绕组,电磁感应定律告诉我们:变化的磁通将感生出电压,所以这部分磁通对 B、C 绕组的电压有影响,而衡量影响大小的指标是互感。

A 相电流所产生的全部磁通为 φ_a,φ_a 的一部分会匝链到 B 相,记为 φ_{ab}。φ_{ab} 越大,对 B 相的影响越严重,互感 L_{ab} 就越大($L_{ab}=N_b\varphi_{ab}/i_a$)。其中 N_b 是 B 相绕组的匝数(匝数就是线圈缠了几圈),从互感的定义不难看出,A、B 两相之间的互感就是 A 相单位电流产生的、匝链到 B 相绕组的磁链。像这样三相绕组相互影响,任意一相绕组中的电流发生了变化,都会影响另两相。这样分析起来就麻烦了,写每相的电压方程时,都必须把另外两相的作用也考虑进去。而且凸极电机的电感不是常数,和转子位置有关系,这就使问题更复杂了。

先来看一组简单的三相绕组(图 6.1),A、B、C 三相,每相两匝,分别嵌放在定子槽

(a) 三相绕组

(b) 绕组与定子铁心

图 6.1 交流电机三相绕组(2 匝)

中。图 6.1 所示电机为 2 极 6 槽结构,绕组采用了集中整距方式,位于槽内的部分是绕组的有效边,在槽外的为端部,端部产生漏磁通,漏磁通不能同时匝链定转子,也不能形成有效转矩。绕组的下线方式有很多,其中一个优化目标是降低端部的长度,以节省铜材料、降低漏磁。

每相绕组最终出来两个接线端,三相共六个接线端:a、x、b、y、c、z。通常采用星形接法,把 x、y、z 短接在一起作为星形中点,放在电机内。最终接到电机外部、我们所能看见的就只有 a、b、c 三个接线端了。

实际的绕组远比图 6.1 复杂,采用了分布、短距等措施,极对数可能超过 1,定子槽数也多于图 6.1 中所示的六个槽。但 2 极 6 槽的图 6.1 足以帮助我们理解问题的本质,绕组结构再复杂,其本质不会变。

进入坐标变换之前,先对图 6.1 中的三相绕组进行必要的简化。图 6.2a 为电机横截面(不含转子),画出了定子铁心、三相绕组、三相绕组的轴线。A 相绕组 a - x 不论通什么电流,磁势($F_a = N_a i_a$)的中心线都位于 A 相轴线上(水平方向),电流 i_a 为正时,磁势 F_a 为正,F_a 方向为轴 A 正方向,指向右方;当电流 i_a 为负时,磁势 F_a 为负,则 F_a 方向沿着轴 A 负方向,即指向左方。其他两相也是同理。

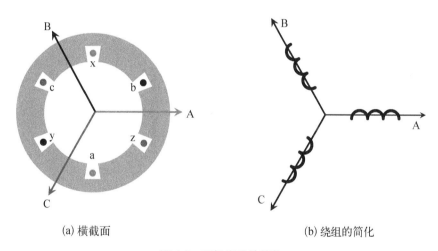

(a) 横截面　　　　　　　　(b) 绕组的简化

图 6.2　三相绕组的简化

既然 A 相磁势 F_a 的幅值方向始终在 A 轴上,那就可以用图 6.2b 中的一个螺线管来等效。这个螺线管放在 A 轴上静止不动,与实际绕组 a - x 有着相同的匝数、电流、电压及自感,所以会产生同样的磁势。其他两相同理等效。

为什么要进行坐标变换呢?其目的就是用两个相互垂直的虚拟绕组来等效三相实际绕组。等效就是替换,首先,绕组数量由三个减少到两个;其次,两个虚拟绕组相互之间没有互感(因为垂直),这样问题就被简化了。

但是,这种等效是有条件的,不能漫无目的地随意等效。常见的等效变换分成两类,第一类是磁势恒定的变换,第二类是功率不变的正交变换,是对前者的改进。下面以磁势恒定的变换为例。把电机原有的三相定子绕组 A、B、C 用两相定子绕组来替换,替换的原则是磁势不变。

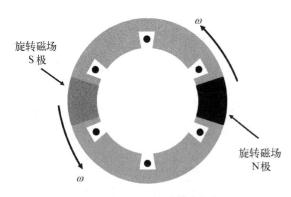

图 6.3 定子旋转磁场

绕组的终极目的是产生一个旋转磁场,以便"吸引"着转子旋转。替换之前,A、B、C 三相绕组会产生一个旋转磁场,而替换之后,两相绕组也要产生一个一模一样的旋转磁场。具有同样的旋转速度、同样的幅值、同样的气隙分布。如果一个人站在转子上,就察觉不出发生了这种替换。图 6.3 中,旋转磁场用两个位于定子铁心的磁极来表示,该磁场在定子铁心中以 ω 角速度逆时针旋转,当然,定子铁心和绕组是静止的。

与三相绕组不同,两相绕组是虚拟的,是想象出来的。虚拟绕组的匝数不可能和实际三相绕组的匝数相同,否则怎么可能产生同样的磁场呢? 这好比同样的工作量,原本是三个人在做,现在由两个人做,那么每个人的负担就重了。

要产生定子旋转磁场,三相绕组中的电流 i_a、i_b、i_c 须是对称正弦波,写成正弦函数 sin 还是余弦函数 cos 并不重要,因为将坐标纵轴横移 90°,正弦函数就会变成余弦函数,重要的是三个电流之间的超前、滞后关系:

$$\begin{aligned} i_a &= I_m \cos(\omega t) \\ i_b &= I_m \cos(\omega t - 120°) \\ i_c &= I_m \cos(\omega t - 240°) \text{ 或 } I_m \cos(\omega t + 120°) \end{aligned} \tag{6.1}$$

永磁同步电机转子上有现成的磁场,它是由成对的永磁体(磁钢)产生的,有几对永磁体,电机的极对数就是几。不管定子绕组是否有电流,不论电机旋转或是静止,转子磁场永远存在。磁钢与转子一体,转子磁场随着转子的旋转而旋转,如果把齿槽效应、温度、饱和、退磁这些因素忽略,转子磁场的幅值、沿气隙的分布规律是恒定不变的。

设计与制造电机时,总是力求使转子磁场成正弦波分布,以使得每相绕组感生的反电势为正弦波,品质越高的永磁同步电机,反电势波形的正弦度越好。

转子的转动方向和速度,取决于定子磁场的旋转方向和速度。PMSM 定、转子两个磁场的旋转速度都是 ω,是"同步"的。

两个磁场之间"吸力 f"的大小决定了转矩 T 的大小(转矩=吸力×转子半径,$T = f \times r$),吸力方向与转子磁场轴线垂直,为切向力。而转矩 T、吸力 f 的大小则取决于:两个磁场的夹角 θ、转子磁场的强弱(磁势幅值 F_{rotor})、定子磁场的强弱(磁势幅值 F_{stator})。可以证明,$T \propto f \propto [\sin(\theta) \times F_{stator} \times F_{rotor}]$。这就是为什么在电机控制中,总是让两个磁场垂直($\theta = 90°$,$\sin(\theta) = 1$)的原因。要想让电机出力大,选择磁性更强(剩磁 B_r 大)的磁钢是一个办法,磁性越强,F_{rotor} 越大,但价格也越高。这里的定子磁场,指的是电流单独产生的磁场,是电枢反应磁场,是有限元软件中拿掉磁钢、绕组通电流所产生的磁场。

图 6.4 中,两个磁场同速、同向旋转,定子磁场在前,转子磁场在后,定子磁场超前转子磁场。定子磁场"吸引"着转子磁场运行,转子受到的力的方向和转动方向一致,是驱动力。此时电机处于电动状态。如果反过来,转子磁场在前,定子磁场滞后于转子磁场,转子受到

的力就是制动力了,力的方向和转动方向相反,电机则为发电机状态。电动机是驱动力,发电机是制动力。所以,电机的原理可形象地理解为两个磁场"同性相斥,异性相吸",这是一个通用型结论,适用于有刷直流电机、异步电机、同步电机等各种电机。

同频率的两个正弦波相互叠加,合成的是同频率的正弦波。转子磁场与定子磁场的磁动势都是正弦波,它们在气隙中合成一个磁场,也同样是正弦分布。所以,电机里面存在三个磁场:定子磁

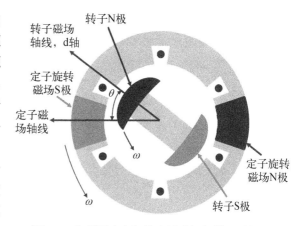

图 6.4 永磁同步电机的定子磁场与转子磁场

场、转子磁场和气隙磁场,这三个概念比较容易混淆。定子磁场是绕组电流单独产生的,在电励磁同步电机中又称为电枢反应磁场;转子磁场是磁钢单独产生的;气隙磁场则是两者的合成。

定子旋转磁场并不是非得由三相绕组才能形成,只要相数为两相及两相以上,都可以形成旋转磁场。如果令绕组相数为 $m(m \geq 2)$,则"空间上对称的 m 相绕组,通以时间上对称的 m 相电流,就可以形成旋转磁场",而且该磁场的幅值、转速恒定。

鉴于两相绕组有其特殊性,我们先考虑 $m \geq 3$ 时的情况。定子 m 相绕组空间对称,其含义是 m 相绕组在空间上依次相差 $(360/m)°$ 电角度。例如,三相绕组在空间上依次相差 $120°$ 电角度,五相绕组则在空间上相差 $72°$ 电角度。

m 相对称电流就是:

$$
\begin{aligned}
i_a &= I_m \cos(\omega t) \\
i_b &= I_m \cos(\omega t - 360°/m) \\
i_c &= I_m \cos(\omega t - 2 * 360°/m) \\
i_d &= I_m \cos(\omega t - 3 * 360°/m) \\
i_e &= I_m \cos(\omega t - 4 * 360°/m) \\
&\vdots
\end{aligned}
\tag{6.2}
$$

给上述空间对称的 m 相绕组通以时间对称的 m 相电流,就产生了幅值、速度恒定的旋转磁场。其中,旋转磁场的旋转角速度为 ω,幅值是单相绕组所产生的磁势的 $m/2$ 倍。仿照电机学中"三相绕组产生的旋转磁场"的公式推导,便可以很容易地得出这个结论。

两相绕组有它的特殊性,当相数 $m=2$ 时,空间对称的两相绕组必须相差 $90°$,而不是 $360°/2=180°$。时间上对称的两相电流是:

$$
\begin{aligned}
i_x &= I_m \cos(\omega t) \\
i_y &= I_m \cos(\omega t - 90°)
\end{aligned}
\tag{6.3}
$$

既然两相垂直(正交)的绕组也能产生旋转磁场,那为什么不用来替代三相实际绕组呢?

本来三相绕组之间有互感,两相绕组则没有互感,况且绕组数量也减少了三分之一。注意,这种替代仅仅是数学等效,并不是把电机原有的三相绕组拆掉,换装成两相绕组。而是用想象中的两个虚拟绕组,经过坐标变换这样的数学处理,将实际的三相绕组替代掉。替代之后,我们就可以假设,三相绕组已经被拆掉了,换成了两个绕组,但这只是假想出来的。

首先要建立三个坐标系:abc 坐标系、$\alpha\beta$ 坐标系、dq 坐标系(图 6.5)。定义逆时针为正方向,在正方向上,居前方的叫超前(因为它跑得快,跑到了前面),否则叫滞后。

abc 坐标系中三个轴分别是三相绕组的轴线,因为三相绕组是静止的,所以它是三相静止坐标系。$\alpha\beta$ 坐标系是两相静止坐标系。α 轴与 a 轴重合,β 轴超前 α 轴 90°电角度。dq 坐标系是两相旋转坐标系,q 轴超前 d 轴 90°电角度,dq 坐标系以原点为中心旋转,旋转角速度为 ω,ω 还是定子磁场的旋转角速度、电压与电流的基波角频率,也是转子的旋转角速度,即 dq 坐标系与转子同步旋转,相对静止,所以把 dq 坐标系叫作两相同步旋转坐标系。如果 dq 坐标系以其他角速度旋转,则为两相任意旋转坐标系。PMSM 的 d 轴固定在转子 N 极磁钢中心线上,与磁钢磁力线同方向。

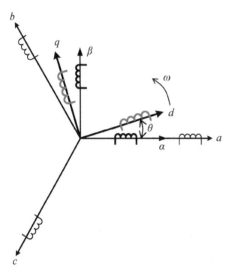

图 6.5 三个坐标系与三套绕组

图 6.5 中每个坐标轴上都有各自的绕组,abc 坐标系的三个绕组的匝数均为 N_{abc},$\alpha\beta$ 坐标系的两个绕组的匝数均为 $N_{\alpha\beta}$,dq 坐标系的两个绕组的匝数均为 N_{dq}。dq 坐标轴上的两个绕组是旋转的,abc 与 $\alpha\beta$ 坐标系的五个绕组都是静止的。

首先,用 $\alpha\beta$ 坐标系的两个绕组来替代 abc 坐标系的三个绕组。abc 三个绕组产生什么样的磁场,$\alpha\beta$ 两个绕组就必须产生什么样的磁场。这种变换称为静止三相到静止两相的变换:$abc \rightarrow \alpha\beta$。

磁势 F 是绕组匝数 N 与电流 i 的乘积(安匝数 $F=Ni$)。磁势既是一个空间变量,也是一个时间变量。所以在图 6.5 中,磁势的方向取决于绕组的空间位置和电流。以 α 轴绕组为例,它所产生的磁势 F_α 一定是水平方向,电流为正时($i_\alpha > 0$),磁势方向为正,指向 α 轴正方向(水平向右);电流为负时($i_\alpha < 0$),磁势方向为负,指向 α 轴负方向(水平向左)。

$\alpha\beta$ 坐标系的两个绕组产生了一个总的磁势,它在 α 轴方向上的投影为 $F_{\alpha\beta \rightarrow \alpha}$。首先计算出 α 轴绕组与 β 轴绕组各自产生的磁势 F_α、F_β,然后把这两个磁势分别向 α 轴做投影 $F_{\alpha \rightarrow \alpha}$、$F_{\beta \rightarrow \alpha}$,最后叠加:

$$F_{\alpha\beta \rightarrow \alpha} = F_{\alpha \rightarrow \alpha} + F_{\beta \rightarrow \alpha} = F_{\alpha \rightarrow \alpha} = F_\alpha = N_{\alpha\beta} i_\alpha \tag{6.4}$$

i_α 是 α 轴绕组的电流。β 轴与 α 轴垂直,不论 β 轴绕组的电流是多少,投影到 α 轴的磁势恒为零。

abc 坐标系的三个绕组在 α 轴(与 a 轴重合)方向上合成的磁势为：

$$F_{abc \to \alpha} = N_{abc} i_a + N_{abc} i_b \cos(120°) + N_{abc} i_c \cos(240°)$$
$$= N_{abc} \left(i_a - \frac{1}{2} i_b - \frac{1}{2} i_c \right) \tag{6.5}$$

根据事先确定的"磁势恒定"原则,则上面的两个磁势必须相等,即：

$$F_{\alpha\beta \to \alpha} = F_{abc \to \alpha} \tag{6.6}$$

可得两个坐标系的电流对应关系：

$$i_\alpha = \frac{N_{abc}}{N_{\alpha\beta}} \left(i_a - \frac{1}{2} i_b - \frac{1}{2} i_c \right) \tag{6.7}$$

同样道理,接下来计算 $\alpha\beta$ 坐标系两个绕组在 β 轴方向上产生的磁势：

$$F_{\alpha\beta \to \beta} = F_{\alpha \to \beta} + F_{\beta \to \beta} = F_{\beta \to \beta} = F_\beta = N_{\alpha\beta} i_\beta \tag{6.8}$$

abc 坐标系的三个绕组在 β 轴方向上合成的磁势为：

$$F_{abc \to \beta} = N_{abc} i_a \cos(90°) + N_{abc} i_b \cos(90° - 120°) + N_{abc} i_c \cos(90° - 240°)$$
$$= N_{abc} \left(0 + \frac{\sqrt{3}}{2} i_b - \frac{\sqrt{3}}{2} i_c \right) \tag{6.9}$$

式 6.8 与式 6.9 的两个磁势必须相等：

$$F_{\alpha\beta \to \beta} = F_{abc \to \beta} \tag{6.10}$$

代入结果,可得电流关系：

$$i_\beta = \frac{N_{abc}}{N_{\alpha\beta}} \left(\frac{\sqrt{3}}{2} i_b - \frac{\sqrt{3}}{2} i_c \right) \tag{6.11}$$

现在的问题是求式 6.7 与式 6.11 中的匝数比 $N_{abc}/N_{\alpha\beta}$,为了解决这个问题,我们做一个约定：电流幅值相等,即 $\max(|i_a|) = \max(|i_b|) = \max(|i_c|) = \max(|i_\alpha|) = \max(|i_\beta|)$。用一个简单的方法,当旋转磁动势的峰值与 a 轴重合时,a 相电流达到正的最大值,表示为：

$$\begin{aligned} i_a &= 1 \\ i_b &= -0.5 \\ i_c &= -0.5 \end{aligned} \tag{6.12}$$

α 轴与 a 轴重合,所以 α 绕组电流 i_α 也达到正的最大值。

$$i_\alpha = 1 \tag{6.13}$$

把式 6.12 与式 6.13 代入式 6.7,可以求出 $N_{abc}/N_{\alpha\beta} = 2/3$,求解过程如下：

$$\begin{aligned} i_\alpha &= \frac{N_{abc}}{N_{\alpha\beta}} \left(i_a - \frac{1}{2} i_b - \frac{1}{2} i_c \right) \\ 1 &= \frac{N_{abc}}{N_{\alpha\beta}} \left(1 - \frac{1}{2} \left(-\frac{1}{2} \right) - \frac{1}{2} \left(-\frac{1}{2} \right) \right) = \frac{N_{abc}}{N_{\alpha\beta}} \cdot \frac{3}{2} \\ \frac{N_{abc}}{N_{\alpha\beta}} &= \frac{2}{3} \end{aligned} \tag{6.14}$$

从式 6.14 可以看出，两相绕组的匝数放大了 1.5 倍。此刻，β 轴与磁势正交，所以 β 绕组电流 i_β 为零。将两个坐标系的电流关系写成矩阵形式：

$$\begin{bmatrix} i_\alpha \\ i_\beta \end{bmatrix} = \frac{2}{3} \begin{bmatrix} 1 & -1/2 & -1/3 \\ 0 & \sqrt{3}/2 & -\sqrt{3}/2 \end{bmatrix} \begin{bmatrix} i_a \\ i_b \\ i_c \end{bmatrix} \tag{6.15}$$

增加一个零序分量 $i_0 = (i_a + i_b + i_c)/3$ 可以把式 6.15 中的矩阵变为方阵。除了某些如开路、短路的故障状态之外，零序分量通常为零，即使不为零，它也不影响转矩，也不影响动态过程，绝大多数情况下不必考虑。添加零序分量的目的之一是为了矩阵求逆方便。式 6.15 中矩阵是一个两行三列的奇异矩阵，直接对其求逆也是可行的，可以用广义逆的方法，这里就不展开了。增加零序分量，把电流符号去掉，最后得到的变换公式如下：

$$\begin{bmatrix} \alpha \\ \beta \\ 0 \end{bmatrix} = \frac{2}{3} \begin{bmatrix} 1 & -1/2 & -1/2 \\ 0 & \sqrt{3}/2 & -\sqrt{3}/2 \\ 1/2 & 1/2 & 1/2 \end{bmatrix} \begin{bmatrix} a \\ b \\ c \end{bmatrix} = C_{3s/2s} \begin{bmatrix} a \\ b \\ c \end{bmatrix} \tag{6.16}$$

在三相交流电机控制中，一般不考虑零序分量：

$$\begin{bmatrix} \alpha \\ \beta \end{bmatrix} = \frac{2}{3} \begin{bmatrix} 1 & -1/2 & -1/2 \\ 0 & \sqrt{3}/2 & -\sqrt{3}/2 \end{bmatrix} \begin{bmatrix} a \\ b \\ c \end{bmatrix} = C_{3s/2s} \begin{bmatrix} a \\ b \\ c \end{bmatrix} \tag{6.17}$$

abc 三个绕组也可等效 $\alpha\beta$ 两个绕组，是上述变换的逆变换，称为静止两相到静止三相的变换：$\alpha\beta \rightarrow abc$。对式 6.16 中 3×3 的矩阵用线性代数方法直接求逆即得：

$$\begin{bmatrix} a \\ b \\ c \end{bmatrix} = \begin{bmatrix} 1 & 0 & 1 \\ -1/2 & \sqrt{3}/2 & 1 \\ -1/2 & -\sqrt{3}/2 & 1 \end{bmatrix} \begin{bmatrix} \alpha \\ \beta \\ 0 \end{bmatrix} = C_{2s/3s} \begin{bmatrix} \alpha \\ \beta \end{bmatrix} \tag{6.18}$$

或者简单些，不考虑零序分量：

$$\begin{bmatrix} a \\ b \\ c \end{bmatrix} = \begin{bmatrix} 1 & 0 \\ -1/2 & \sqrt{3}/2 \\ -1/2 & -\sqrt{3}/2 \end{bmatrix} \begin{bmatrix} \alpha \\ \beta \end{bmatrix} = C_{2s/3s} \begin{bmatrix} \alpha \\ \beta \end{bmatrix} \tag{6.19}$$

上述两个变换叫作 Clarke 变换（$abc \rightarrow \alpha\beta$）与反变换（$\alpha\beta \rightarrow abc$）。提出这个变换的是美国人 Edith Clarke(1883—1959)，她是美国第一位女性电气工程师，得克萨斯大学电气工程系首位女教授，曾就职于通用电气公司，主要研究输配电与同步电机。Clarke 变换是她针对交流电力系统提出的。

Clarke 变换亦可称为静止 3/2 变换，适用于电流、电压和磁链，变换矩阵完全相同。

现在回过头来看一看，三相绕组和两相绕组的相电流幅值相同，但是匝数不一样，两相绕组的匝数是三相绕组匝数的 1.5 倍（$N_{\alpha\beta}/N_{abc} = 1.5$）。在我们的想象中，三相绕组已经不存在了，换成了匝数比原先多 50% 的两相对称绕组，等效前后所产生的定子磁场完全一样。

分析这样的两个绕组肯定比分析三相绕组容易。

稳态时,三相绕组电流是对称的三相电流,那么,$\alpha\beta$ 坐标系的电流 i_α 与 i_β 又是什么样的呢?它们都是正弦交流量,i_α 超前 i_β 90°电角度,推导过程如下:

$$\begin{bmatrix} i_\alpha \\ i_\beta \end{bmatrix} = \frac{2}{3} \begin{bmatrix} 1 & -1/2 & -1/2 \\ 0 & \sqrt{3}/2 & -\sqrt{3}/2 \end{bmatrix} \begin{bmatrix} i_a \\ i_b \\ i_c \end{bmatrix} = \frac{2}{3} \begin{bmatrix} 1 & -1/2 & -1/2 \\ 0 & \sqrt{3}/2 & -\sqrt{3}/2 \end{bmatrix} \begin{bmatrix} \cos(\omega t - \varphi) \\ \cos(\omega t - 120° - \varphi) \\ \cos(\omega t + 120° - \varphi) \end{bmatrix} I_m$$

$$= I_m \begin{bmatrix} \cos(\omega t - \varphi) \\ \sin(\omega t - \varphi) \end{bmatrix}$$

(6.20)

上式中,φ 是相电流初始相位,是电流滞后于电压的角度,是个常数。稳态时,三相相电压也是对称的,根据前面的坐标变换,$\alpha\beta$ 坐标系下的电压为:

$$\begin{bmatrix} u_\alpha \\ u_\beta \end{bmatrix} = \frac{2}{3} \begin{bmatrix} 1 & -1/2 & -1/2 \\ 0 & \sqrt{3}/2 & -\sqrt{3}/2 \end{bmatrix} \begin{bmatrix} u_a \\ u_b \\ u_c \end{bmatrix} = \frac{2}{3} \begin{bmatrix} 1 & -1/2 & -1/2 \\ 0 & \sqrt{3}/2 & -\sqrt{3}/2 \end{bmatrix} \begin{bmatrix} \cos \omega t \\ \cos(\omega t - 120°) \\ \cos(\omega t + 120°) \end{bmatrix} U_m$$

$$= U_m \begin{bmatrix} \cos \omega t \\ \sin \omega t \end{bmatrix}$$

(6.21)

u_α 与 u_β 也是正弦交流量,u_α 超前 u_β 90°电角度,是电角频率 ω 的函数,幅值等于相电压幅值。这说明什么呢?第一,空间对称的两相绕组,通以时间对称的两相电流,产生了旋转磁场;第二,静止绕组要想产生旋转磁场,电压、电流不可能是直流。

还可以发现一个现象,u_α 和 u_β 的幅值和三相电压的幅值虽然相同,但两相绕组的匝数不是增大了 50%吗?我们知道电压与匝数成正比,为什么匝数增大了,电压幅值却没有增大 50%?这是因为电压变换采用了与电流变换同样的矩阵,相当于把电压缩小了 2/3,磁链也是这个道理。

虽然相数从三相减少到两相,可稳态电流却依然是交流,要是能变成直流就更好了。我们对 $\alpha\beta$ 坐标系这两个绕组还是不太满意,还想让问题再简化些。所以,还要继续想办法,$\alpha\beta$ 坐标系还不是等效替换的终点。

从 $\alpha\beta$ 坐标系变换到 dq 坐标系称为旋转变换,是用两个放置在 dq 轴上的旋转绕组,来替代两个放置在 $\alpha\beta$ 轴上的静止绕组,等效前后产生的旋转磁场一样。

参照图 6.5,利用同样的投影方法,可得到下列变换公式:

$$\begin{bmatrix} d \\ q \end{bmatrix} = \begin{bmatrix} \cos\theta & \sin\theta \\ -\sin\theta & \cos\theta \end{bmatrix} \begin{bmatrix} \alpha \\ \beta \end{bmatrix} = C_{2s/2r} \begin{bmatrix} \alpha \\ \beta \end{bmatrix} \quad (6.22)$$

逆变换为:

$$\begin{bmatrix} \alpha \\ \beta \end{bmatrix} = \begin{bmatrix} \cos\theta & -\sin\theta \\ \sin\theta & \cos\theta \end{bmatrix} \begin{bmatrix} d \\ q \end{bmatrix} = C_{2r/2s} \begin{bmatrix} d \\ q \end{bmatrix} \quad (6.23)$$

有个别国外教材,把 q 轴定义为滞后于 d 轴 90°,那么,上面两个变换矩阵将有所不同,要注意这个问题。

现在看一下 dq 轴的稳态电流：

$$\begin{bmatrix} i_d \\ i_q \end{bmatrix} = C_{2s/2r} \begin{bmatrix} i_\alpha \\ i_\beta \end{bmatrix} = C_{2s/2r} \begin{bmatrix} \cos(\omega t - \varphi) \\ \cos(\omega t - 90° - \varphi) \end{bmatrix} I_m \quad (6.24)$$

$$= \begin{bmatrix} \cos\theta\cos(\omega t - \varphi) + \sin\theta\sin(\omega t - \varphi) \\ -\sin\theta\cos(\omega t - \varphi) + \cos\theta\sin(\omega t - \varphi) \end{bmatrix} I_m = I_m \begin{bmatrix} \cos\varphi \\ -\sin\varphi \end{bmatrix}$$

因为初始相位角 φ 是个常数，所以稳态电流 i_d 与 i_q 是两个常数，是直流量，而 dq 轴在旋转，dq 绕组也随之旋转，所产生的磁场自然也是旋转的。该旋转磁场的幅值恒定，转速等于 dq 轴的转速。

为了产生定子旋转磁场，我们已经有了三个方案：1) abc 三相绕组空间上是静止的，电流是正弦交流；2) $\alpha\beta$ 绕组也是静止的，电流也是正弦交流；3) dq 坐标系绕组是旋转的，但电流是直流。那么，要想得到旋转磁场，或者绕组要旋转，或者电流为交流，两者必居其一。当然，也可以让旋转绕组通以交流电流，但没有讨论的价值。

变换到 dq 坐标系是最终目的，dq 坐标系的这两个绕组是让我们满意的，虽然付出的代价是绕组在旋转，但两个绕组电流 i_d 与 i_q 是常数，比交流量容易控制得多，只要控制 i_d 与 i_q 大小不变，就可以得到稳定的输出转矩。电机控制的本质是控制转矩，因此要想办法写出转矩对 i_d 与 i_q 的数学关系，若想让转矩恒定，则 i_d 与 i_q 必定保持不变，若想让转矩变化，那么 i_d 与 i_q 必定要变化。

上述过程是著名的 Park 变换，是从三相静止坐标系变换到两相旋转坐标系（$abc \rightarrow \alpha\beta \rightarrow dq$），反之则为逆变换（$dq \rightarrow \alpha\beta \rightarrow abc$）。此变换是美国工程师 Robert H Park（1902—1994）于 1929 年提出的，同年他还提出了同步电机双反应理论。

应当把 Clarke 变换（$abc \rightarrow \alpha\beta$）、Park 变换（$abc \rightarrow \alpha\beta \rightarrow dq$）、旋转变换（$\alpha\beta \rightarrow dq$）以及这三者的逆变换的概念区分清楚，不宜混为一谈。

三个坐标系提供了三套绕组，其中两套绕组是静止的，一套绕组是旋转的，三套绕组产生的磁场相同。选择 abc 三个绕组，好处是绕组静止，坏处是电流为交变正弦；选择 $\alpha\beta$ 两个绕组，好处是绕组静止，坏处是电流为交变正弦；选择 dq 两个绕组，好处是电流为直流，坏处是绕组旋转。实践证明选择 dq 两个绕组是最优方案，它相当于把电机上的 abc 三个绕组拆掉，替换上了两个相对静止、正交、同步旋转的 dq 绕组，注意这种替换是假想出来的。对转子来说，替换前后它所感觉到的定子磁场并没有任何不同。

这里把 Park 变换的全部公式列出：

$$\begin{bmatrix} \alpha \\ \beta \end{bmatrix} = \frac{2}{3} \begin{bmatrix} 1 & -1/2 & -1/2 \\ 0 & \sqrt{3}/2 & -\sqrt{3}/2 \end{bmatrix} \begin{bmatrix} a \\ b \\ c \end{bmatrix} = C_{3s/2s} \begin{bmatrix} a \\ b \\ c \end{bmatrix}$$

$$\begin{bmatrix} a \\ b \\ c \end{bmatrix} = \begin{bmatrix} 1 & 0 \\ -1/2 & \sqrt{3}/2 \\ -1/2 & -\sqrt{3}/2 \end{bmatrix} \begin{bmatrix} \alpha \\ \beta \end{bmatrix} = C_{2s/3s} \begin{bmatrix} \alpha \\ \beta \end{bmatrix} \quad (6.25)$$

$$\begin{bmatrix} d \\ q \end{bmatrix} = \begin{bmatrix} \cos\theta & \sin\theta \\ -\sin\theta & \cos\theta \end{bmatrix} \begin{bmatrix} \alpha \\ \beta \end{bmatrix} = C_{2s/2r} \begin{bmatrix} \alpha \\ \beta \end{bmatrix}$$

$$\begin{bmatrix} \alpha \\ \beta \end{bmatrix} = \begin{bmatrix} \cos\theta & -\sin\theta \\ \sin\theta & \cos\theta \end{bmatrix} \begin{bmatrix} d \\ q \end{bmatrix} = C_{2r/2s} \begin{bmatrix} d \\ q \end{bmatrix}$$

$$\begin{bmatrix} d \\ q \end{bmatrix} = \frac{2}{3} \begin{bmatrix} \cos\theta & \cos(\theta-120°) & \cos(\theta+120°) \\ -\sin\theta & -\sin(\theta-120°) & -\sin(\theta+120°) \end{bmatrix} \begin{bmatrix} a \\ b \\ c \end{bmatrix} = C_{3s/2r} \begin{bmatrix} a \\ b \\ c \end{bmatrix}$$

$$\begin{bmatrix} a \\ b \\ c \end{bmatrix} = \begin{bmatrix} \cos\theta & -\sin\theta \\ \cos(\theta-120°) & -\sin(\theta-120°) \\ \cos(\theta+120°) & -\sin(\theta+120°) \end{bmatrix} \begin{bmatrix} d \\ q \end{bmatrix} = C_{2r/3s} \begin{bmatrix} d \\ q \end{bmatrix}$$

前文提到，Park 变换将电压、磁链人为地缩小，所以变换前后，功率发生了变化。这是什么意思呢？

依次求解三个坐标系的瞬时功率。

abc 坐标系中瞬时功率为：

$$\begin{aligned} P_{abc} &= u_a i_a + u_b i_b + u_c i_c \\ &= U_m I_m [\cos\omega t \cos(\omega t - \varphi) + \cos(\omega t - 120°)\cos(\omega t - 120° - \varphi) \\ &\quad + \cos(\omega t + 120°)\cos(\omega t + 120° - \varphi)] \\ &= \frac{3}{2} U_m I_m \cos\varphi \end{aligned} \tag{6.26}$$

$\alpha\beta$ 坐标系中瞬时功率为：

$$\begin{aligned} P_{\alpha\beta} &= u_\alpha i_\alpha + u_\beta i_\beta \\ &= U_m I_m [\cos\omega t \cos(\omega t - \varphi) + \sin\omega t \sin(\omega t - \varphi)] \\ &= U_m I_m \cos\varphi \end{aligned} \tag{6.27}$$

dq 坐标系中瞬时功率为：

$$\begin{aligned} P_{dq} &= u_d i_d + u_q i_q \\ &= U_m I_m [\cos\theta_0 \cos(\theta_0 - \varphi) + \sin\theta_0 \sin(\theta_0 - \varphi)] \\ &= U_m I_m \cos\varphi \end{aligned} \tag{6.28}$$

上述三个功率不完全一样，称为功率不守恒。但我们不要担心，在转矩公式中，会出现 1.5 这个系数，以保证转矩的数值与实际吻合。1.5 这个系数是采用 Park 变换后计算出来的，不是人为额外添加的，推导过程如下：

$$\begin{aligned} T &= \frac{\partial W}{\partial \theta_m} = p\frac{\partial W}{\partial \theta} = \frac{3}{4}p\frac{\partial(i_d\psi_d + i_q\psi_q)}{\partial \theta} + \frac{1}{2}pi_f\frac{\partial \psi_m}{\partial \theta} \\ &= \frac{3}{4}p(2i_q\psi_d - 2i_d\psi_q - i_q\psi_f) + \frac{3}{4}pi_q\psi_f \\ &= \frac{3}{2}p(i_q\psi_d - i_d\psi_q) \end{aligned} \tag{6.29}$$

ψ_m 为折算前的转子励磁磁链，ψ_f 为折算到定子侧的转子励磁磁链，p 为电机极对数，W

为磁场储能，θ_m 为机械角度，θ 为电角度。

Park 变换的好处是：

相电流幅值相等：

$$\max(|i_a|) = \max(|i_b|) = \max(|i_c|) = \max(|i_\alpha|)$$
$$= \max(|i_\beta|) = \max(|i_d|) = \max(|i_q|)$$

相电压幅值相等：

$$\max(|u_a|) = \max(|u_b|) = \max(|u_c|) = \max(|u_\alpha|)$$
$$= \max(|u_\beta|) = \max(|u_d|) = \max(|u_q|)$$

磁链幅值相等：

$$\max(|\psi_a|) = \max(|\psi_b|) = \max(|\psi_c|) = \max(|\psi_\alpha|)$$
$$= \max(|\psi_\beta|) = \max(|\psi_d|) = \max(|\psi_q|)$$

综合矢量向各轴的投影等于各轴分量瞬时值。电流综合矢量 I 向 a、b、c、α、β、d、q 轴投影分别等于 i_a、i_b、i_c、i_α、i_β、i_d、i_q。电压综合矢量、磁链综合矢量也满足这个结论。

除了 Park 变换之外，另一种常用的是正交变换，这两种变换最后计算出来的转矩的数值大小是相同的。正交变换的好处是三个坐标系的瞬时功率相等（$P_{abc} = P_{\alpha\beta} = P_{dq}$），转矩方程右侧的系数为 1，而不是 3/2。虽然正交变换前后的磁场相同，但"电流、电压、磁链幅值相等"不成立，"综合矢量的投影等于瞬时值"也不成立。因为变换矩阵的系数是 $\sqrt{2/3}$，所以两相绕组的匝数是三相绕组匝数的 $\sqrt{3/2}$ 倍，电流、电压、磁链也是三相绕组的 $\sqrt{3/2}$ 倍。

Park 变换也叫作等幅值变换或磁势恒定的变换，正交变换又被称作恒功率变换。两种变换使用的人都很多。

采用什么变换并不重要，但自始至终只能使用一种变换。甚至有人把变换矩阵的系数全部设为 1。等效到两相系统后，电流、电压与原先的三相是什么关系并不是重点，只要变换回三相系统后，能恢复正确原值就可以了。

坐标变换的本质是"等效"，即用简单的两个绕组来"替代"复杂的三个绕组。两相绕组不但可以等效三相绕组，也可以等效多相绕组，只要能产生同样的旋转磁场，这种等效就是合理可行的。例如五相交流电机，变换矩阵的系数是 $\dfrac{2}{5}$，说明两相绕组的匝数是三相绕组的 2.5 倍，而且"电流、电压、磁链幅值相等"、"综合矢量的投影等于瞬时值"依然成立。

变换到 dq 坐标系已抵达了终点，dq 这两个绕组是让我们比较满意的，在 PMSM 控制中，d 轴固定在转子上，与 N 极中心线重合，dq 坐标系和转子同步旋转。虽然付出的代价是绕组旋转，但两个绕组电流 i_d 与 i_q 是常数，比交流量容易控制得多。只要控制 i_d 与 i_q 大小不变，就可以得到稳定的输出转矩。

坐标变换有助于让我们理解一点：所有旋转电机都可以统一到一个一般性的通用模型。

6.1.2 CW 工程

新建 CW 工程，命名为 transform，添加 NXP 通用函数库 GFLIB。添加两个模块：

FreeMaster、TimerInt,定时器周期设置为 1 ms。

6.1.3 主文件 main.c

```
void main(void)
{
  PE_low_level_init();
for(;;)
  {
    FMSTR1_Poll();
  }
}
```

6.1.4 中断文件 Events.c

增加头文件"gflib.h"。所有数据都是 Q15 定标的有符号小数 Frac16,取值范围 $[-1, +1)$。

```
#include "gflib.h"
Frac16 theta;
Frac16 theta0;
Frac16 ia,ib,ic,ialpha,ibeta,id,iq;
Frac16 wt,wt120,wt240;
Frac16 step = FRAC16(0.0005);
Frac16 IMAX = FRAC16(0.999);
#pragma interrupt called
void TI1_OnInterrupt(void)
{
    // 人为产生三个相差120°的角度,取值范围[-1,+1),代表[-π,+π)
wt = wt + step;
wt120 = wt - FRAC16(0.666667);
wt240 = wt + FRAC16(0.666667);

    // 人为产生三相对称正弦波电流
ia = mult(IMAX,GFLIB_SinTlr(wt));        //  i_a = I_MAX * sin(ωt)
ib = mult(IMAX,GFLIB_SinTlr(wt120));     //  i_b = I_MAX * sin(ωt - 120°)
ic = mult(IMAX,GFLIB_SinTlr(wt240));     //  i_c = I_MAX * sin(ωt + 120°)

theta = wt + theta0;
    // abc 坐标系到 αβ 坐标系的变换,Clarke 变换,静止变换,3/2 变换
    // α = 2/3(a - 0.5 * b - 0.5 * c) = 2/3 * a - 1/3 * b - 1/3 * c
```

```
    // β = 2/3(√3/2 * b - √3/2 * c) = 1/√3 * b - 1/√3 * c
ialpha = mult(FRAC16(0.666667),ia) - mult(FRAC16(0.333333),ib) -
mult(FRAC16(0.333333),ic);
ibeta = mult(FRAC16(0.577350),ib) - mult(FRAC16(0.577350),ic);
    // αβ 坐标系到 dq 坐标系的变换,旋转变换
    // d =   α * cos(x) + β * sin(x)
    // q = - α * sin(x) + β * cos(x)
id = mult(ialpha,GFLIB_CosTlr(theta)) + mult(ibeta,GFLIB_SinTlr
(theta));
iq = mult(ibeta,GFLIB_CosTlr(theta)) - mult(ialpha,GFLIB_SinTlr
(theta));
}
```

也可以采用函数调用的方式,源代码如下文。

6.1.5 中断文件 Events.c(函数调用)

```
# include"gflib.h"
Frac16 theta;
Frac16 ia,ib,ic,ialpha,ibeta,id,iq;
Frac16 wt,wt120,wt240;
Frac16 step = FRAC16(0.0005);           // 步长
Frac16 theta0 = FRAC16(0.2);            // d 轴初始位置角
Frac16 IMAX = FRAC16(0.999);            // 正弦波幅值
    // 函数声明
voidFUN_ABC_AlphaBeta(Frac16 * A,Frac16 * B,Frac16 * C,Frac16 *
alpha,Frac16 * beta);
voidFUN_AlphaBeta_dq(Frac16 * alpha,Frac16 * beta,Frac16 * d,Frac16
* q,Frac16 * theta);

# pragma interrupt called
voidTI1_OnInterrupt(void)
{
  wt = wt + step;
  wt120 = wt - FRAC16(0.666667);        // θ - 120°
  wt240 = wt + FRAC16(0.666667);        // θ + 120°
  ia = mult(IMAX,GFLIB_SinTlr(wt));          // i_a = I_MAX * sin(θ)
  ib = mult(IMAX,GFLIB_SinTlr(wt120));       // i_b = I_MAX * sin(θ - 120°)
  ic = mult(IMAX,GFLIB_SinTlr(wt240));       // i_c = I_MAX * sin(θ + 120°)
```

```
    theta = wt + theta0;

    FUN_ABC_AlphaBeta(&ia,&ib,&ic,&ialpha,&ibeta);    // 函数调用
    FUN_AlphaBeta_dq(&ialpha,&ibeta,&id,&iq,&theta);
}
    // 函数体,abc 坐标系变换到 αβ 坐标系,Clarke 变换,abc→αβ
voidFUN_ABC_AlphaBeta(Frac16 * A,Frac16 * B,Frac16 * C,Frac16 * alpha,
Frac16 *beta)
{
    * alpha = mult(FRAC16(0.666667), * A) - mult(FRAC16(0.333333), * B) -
mult(FRAC16(0.333333), * C);
    * beta = mult(FRAC16(0.577350), * B) - mult(FRAC16(0.577350), * C);
}
    // 函数体,αβ 坐标系变换到 dq 坐标系,旋转变换,αβ→dq
voidFUN_AlphaBeta_dq(Frac16 * alpha,Frac16 * beta,Frac16 * d,Frac16 * q,
Frac16 * theta);
{
    * d = mult( * alpha, GFLIB_CosTlr( * theta)) + mult( * beta, GFLIB_
SinTlr( * theta));
    * q = mult( * beta, GFLIB_CosTlr( * theta)) - mult( * alpha, GFLIB_
SinTlr( * theta));
}
```
本例程结束。另外两个坐标逆变换的函数也列在下面,这里只给出函数定义,在具体使用中,需要自行添加函数声明和函数调用语句。
```
    // dq 坐标系变换到 αβ 坐标系,旋转反变换,dq→αβ
voidFUN_dq_AlphaBeta(Frac16 * d,Frac16 * q,Frac16 * alpha,Frac16 *
beta,Frac16 * theta)
{
    * alpha = mult( * d,GFLIB_CosTlr( * theta)) - mult( * q,GFLIB_SinTlr
( * theta));
    * beta = mult( * d,GFLIB_SinTlr( * theta)) + mult( * q,GFLIB_CosTlr
( * theta));
}

    // αβ 坐标系变换到 abc 坐标系,Clarke 反变换,αβ→abc
voidFUN_AlphaBeta_ABC(Frac16 * alpha,Frac16 * beta,Frac16 * A,
Frac16 * B,Frac16 * C)
{
    * A = * alpha;
```

```
    * B = mult(FRAC16(- 0.5), * alpha) + mult(FRAC16(0.866025), * beta);
    * C = mult(FRAC16(- 0.5), * alpha) - mult(FRAC16(0.866025), * beta);
}
```

6.1.6 FreeMASTER 工程

图 6.6 的横轴为时间,纵轴均为标幺值,四个通道分别是:
1) 程序中人为产生的角度 ωt,在 ±1 之间周期性变化。
2) 三相电流 i_a、i_b、i_c。
3) $\alpha\beta$ 坐标系电流 ialpha(i_α)、ibeta(i_β),i_α 超前,它位于左侧,比 i_β 更早达到峰值。
4) dq 坐标系电流 i_d、i_q。

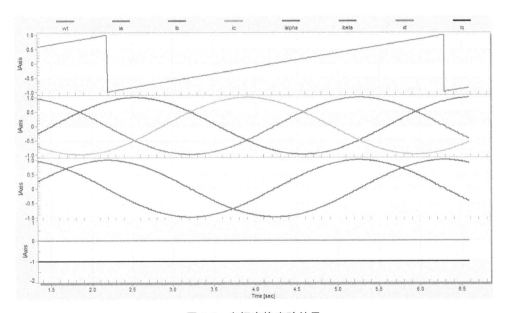

图 6.6 坐标变换实验结果

角度 ωt 在 [−1, +1) 之间变化,程序中始终对 ωt 累加,当累加结果超过 +1 时会溢出,从 −1 开始重新累加,这种溢出不影响三角函数运算,但如果是其它运算要小心。

三相电流 i_a、i_b、i_c 是对称正弦波,幅值为 1。

i_α 与 i_β 是正弦波,频率、幅值和上述三相电流均相同,彼此正交,i_α 在时间上超前 90°。因为 α 轴与 a 轴重合,所以 i_α 与 i_a 同相位。

i_d 与 i_q 是常数(直流量),其中 $i_d=0$,$i_q=-1$。

有一点容易引起混淆,应该引起注意。ωt 是电流的时间相位,而 θ 是 d 轴与 a 轴在空间上的夹角,虽然两者的变化率相同,但不是一回事。所以程序中有一个变量 theta0,代表了零时刻两者的初始相位差($\theta = \omega t + \theta_0$)。当 $\theta_0 = 0$ 时,则在零时刻($\omega t = 0$)时 $i_a = 0$,并且 d 轴与 a 轴重合,然后 dq 坐标系随着转子一起以角速度 ω 逆时针旋转。

电机控制的目标是把三相电流 i_a、i_b、i_c 控制成对称正弦波,只要把 i_α、i_β、i_d、i_q 控制

成如图 6.6 所示的波形,也就达到这个目的了。图 6.6 的三组电流不是独立的,而是通过坐标变换互相联系。只要把 i_d、i_q 控制成恒定的直流量,三相电流就一定是幅值恒定的对称正弦波,三相电流的频率取决于 i_d、i_q 所合成的电流矢量的旋转速度。所以可以将图 6.6 看作标准答案。

6.1.7 其他

由于三相电机多采用星型连接,三相电流之和为零($i_a+i_b+i_c=0$),可以据此简化程序,减小计算量,计算过程如下:

$$i_\alpha = \frac{2}{3}\left(i_a - \frac{1}{2}i_b - \frac{1}{2}i_c\right) = \frac{2}{3}\left(i_a - \frac{1}{2}i_b - \frac{1}{2}(-i_a-i_b)\right) = i_a$$

$$i_\beta = \frac{2}{3}\left(\frac{\sqrt{3}}{2}i_b - \frac{\sqrt{3}}{2}i_c\right) = \frac{1}{\sqrt{3}}(i_b - i_c) = \frac{1}{\sqrt{3}}(i_b - (-i_a-i_b)) = \frac{1}{\sqrt{3}}(i_a + 2i_b)$$

(6.30)

这里要注意溢出问题,电流变量均为 Frac16 格式,取值范围在 ±1 之间,如果直接运算 $2i_b$ 有可能会溢出。处理方式如式 6.31,先做三个乘法,最后再做加法:

$$\frac{1}{\sqrt{3}}(i_a + 2i_b) = \frac{1}{\sqrt{3}}i_a + \frac{1}{\sqrt{3}}i_b + \frac{1}{\sqrt{3}}i_b \tag{6.31}$$

6.2 阻感负载电流滞环控制

之所以设计阻感负载,有两个原因:1) 控制阻感负载比控制电机容易;2) 阻感负载能产生相对较大的、足够观测的电流,而 PMSM 空载时的电流非常小,难以出现正弦波波形。

安全警告:
- 通过断路器,切断电机与逆变器的连接,接通三相阻感负载。
- 当电流流过阻感性负载时,电阻的温度会很高,可达 120℃,务必注意安全!实验结束时,须等到电阻温度下降后,才可以合上箱盖,以避免着火。
- 电流流过时,电感线圈会发出电磁噪声。

6.2.1 原理

图 6.7 只有电流内环,给定电流 i_d^* 始终为零。给定电流 i_q^* 是一个正数,不超过 1 A,以不超过电阻最大允许功率。给定角度 θ 由人为产生。经过 Park 反变换($dq \to \alpha\beta \to abc$),得到三相给定电流 i_a^*、i_b^*、i_c^*,给定电流与实际电流比较,差值输入滞环比较器。

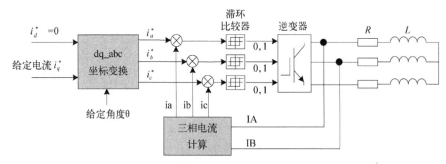

图 6.7 三相星型连接阻感负载系统框图

三个滞环比较器的输入为电流差值(期望值－实际值)，输出为 0 或者 1(图 6.8)。当输出为 1 时，桥臂上管导通，要求该相电流增大；当输出为 0 时，桥臂下管导通，要求该相电流减小(电流正方向是从逆变器流入负载)。三个滞环比较器的输出分别传送给逆变器的三个桥臂，用来控制该桥臂上管的通断状态。同一桥臂的上下两个功率管互补导通。

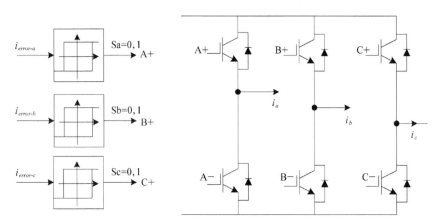

图 6.8 滞环比较器与逆变器

以 A 相为例，滞环宽度为(ia_up)－(ia_low)。其中，ia_up 为滞环上限，ia_low 为滞环下限。图 6.9 还给出了参考电流 i_a^*、实际电流 i_a。电流过零时开关次数最多，而电流峰值附近则开关次数明显减少。

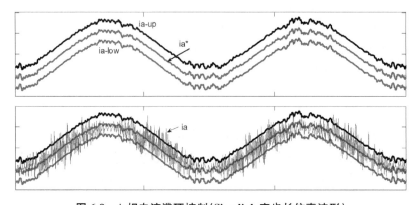

图 6.9 A 相电流滞环控制(Simulink 定步长仿真波形)

电流滞环要把实际电流局限在滞环之内,以实现对参考电流的跟踪。实现的方式也很简单,是 bang-bang 调节;缺点是性能不佳,比不上 SPWM,更不如 SVPWM,但非常推荐作为入门级方法。滞环比较器的编程逻辑如下(以 A 相为例):

```
i_a_error = i_a_ref - i_a;           // 参考电流减去实际电流
if(i_a <= i_a_low)                   // 超过下限,说明实际电流太小
Sa = 1;                              // 导通上管,关闭下管,令电流增大
else if(i_a >= i_a_up)               // 超过上限,说明实际电流太大
Sa = 0;                              // 关闭上管,导通下管,令电流减小
```

实际电流既不能超出上限,也不能低于下限。当实际电流在滞环内时,则比较器的输出不变,维持上一个状态。

6.2.2 CW 工程

新建工程,命名为 RL_hysteresis。添加模块 FreeMASTER、PWMMC、ADC。模块 PWMMC 频率设为 10 kHz,死区时间为 3 μs,开中断(Enabled);模块 ADC 采样 A、B 两相电流。

6.2.3 主文件 main.c

```c
void main(void)
{
  PE_low_level_init();
  PWMC1_OutputPadEnable();
  for(;;) {
    FMSTR1_Poll();
  }
}
```

6.2.4 中断文件 Events.c

增加通用库函数 GFLIB,采用函数调用的方式。

```c
#include"gflib.h"
unsigned int Va,Vb,Vc;
unsigned int IA_off = 10;            // A 相零电流校正的初始值,需要在
                                     //   FreeMASTER 中在线修改
unsigned int IB_off = 7;             // B 相零电流校正的初始值,需要在
                                     //   FreeMASTER 中在线修改
int dutyINI = 32767;                 // 初始占空比,100% 导通
Frac16 idRef = FRAC16(0.0);          // d 轴参考电流 i_d*
Frac16 iqRef = FRAC16(0.3);          // q 轴参考电流 i_q*
Frac16 step = FRAC16(0.0002);        // 角度的步长
```

```c
Frac16 bandWidth = FRAC16(0.01);        // 滞环宽度的一半,标幺值
Frac16 ia,ib,ic;                        // 三相实际电流
Frac16 iaRef,ibRef,icRef,ialpha,ibeta,theta;
int dutyA,dutyB,dutyC;                  // 三个上管的占空比

// 函数声明
void FUN_dq_AlphaBeta(Frac16 * d,Frac16 * q,Frac16 * alpha,Frac16 * beta,Frac16 * theta);
void FUN_AlphaBeta_ABC (Frac16 * alpha,Frac16 * beta,Frac16 * A, Frac16 * B,Frac16 * C);
int FUN_Hysteresis(Frac16 * xREF,Frac16 * xACT,Frac16 * band,int * yOLD);

# pragma interrupt called
void AD1_OnEnd(void)
{
  AD1_GetChanValue16(0,&Va);
  AD1_GetChanValue16(1,&Vb);
  Va = Va >> 4;
  Vb = Vb >> 4;

  Va = Va + IA_off;                     // 零电流校正
  Vb = Vb + IB_off;                     // 零电流校正

  ia = div_s((Frac16)Va,4095);          // 运算结果的取值范围[0, + 1)
  ia = ia - FRAC16(0.5);                // 运算结果的取值范围[- 0.5, + 0.5)
  ia = ia + ia;                         // 运算结果的取值范围[- 1, + 1)
  ib = div_s((Frac16)Vb,4095);
  ib = ib - FRAC16(0.5);
  ib = ib + ib;
  ic = - (ia + ib);
}

# pragma interrupt called
void PWMC1_OnReload(void)
{
  AD1_Measure(0);
  theta = theta + step;

  FUN_dq_AlphaBeta(&idRef,&iqRef,&ialpha,&ibeta,&theta);   // dq→αβ
```

```
    FUN_AlphaBeta_ABC(&ialpha,&ibeta,&iaRef,&ibRef,&icRef);    // αβ→abc

    dutyA = FUN_Hysteresis(&iaRef,&ia,&bandWidth,&dutyA);
    dutyB = FUN_Hysteresis(&ibRef,&ib,&bandWidth,&dutyB);
    dutyC = FUN_Hysteresis(&icRef,&ic,&bandWidth,&dutyC);

    PWMC1_SetRatio15(0,dutyA);
    PWMC1_SetRatio15(2,dutyB);
    PWMC1_SetRatio15(4,dutyC);
    PWMC1_Load();
}
    // 函数定义,dq→αβ
void FUN_dq_AlphaBeta(Frac16 * d,Frac16 * q,Frac16 * alpha,Frac16 *
beta,Frac16 * theta)
{
    * alpha = mult( * d,GFLIB_CosTlr( * theta)) - mult( * q,GFLIB_SinTlr
( * theta));
    * beta = mult( * d,GFLIB_SinTlr( * theta)) + mult( * q,GFLIB_CosTlr
( * theta));
}
    // 函数定义,αβ→abc
void FUN_AlphaBeta_ABC (Frac16 * alpha,Frac16 * beta,Frac16 * A,
Frac16 * B,Frac16 * C)
{
    * A = * alpha;
    * B = mult(FRAC16(- 0.5), * alpha) + mult(FRAC16(0.866025), * beta);
    * C = mult(FRAC16(- 0.5), * alpha) - mult(FRAC16(0.866025), * beta);
}
    // 函数定义,滞环比较器
int FUN_Hysteresis(Frac16 * xREF,Frac16 * xACT,Frac16 * band,int * yOLD)
{
    int S;
    Frac16 error;
    error = * xREF - * xACT;            // 电流差 = 参考电流－实际电流
    if(error > = * band)                // error > 0,实际电流偏小,超出滞环下限
        S = dutyINI;                    // 上管导通,增大电流
    else if(error < = mult(FRAC16(- 1.0), * band))   //error < 0,实际电流偏大
        S = 0;                          // 下管导通,减小电流
    else
```

```
        S = * yOLD;                        // 维持不变,实际电流在滞环内部
        return(S);
}
```

6.2.5 FreeMASTER 工程

图 6.10 第一个通道为三相参考电流 $i_{aRef}(i_a^*)$、$i_{bRef}(i_b^*)$、$i_{cRef}(i_c^*)$,第二、三、四通道分别为三相实际电流 i_a、i_b、i_c。控制效果一般,当控制对象是 PMSM 时,则电流波形会更差,因为 PMSM 的电气时间常数更小。

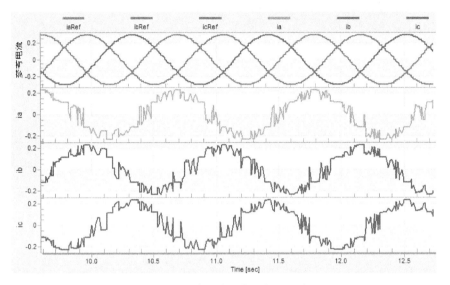

图 6.10 三相参考电流与三相实际电流

图 6.11 第一个通道为角度 theta(θ),第二通道为 A 相的参考电流 i_{aRef},第三通道为 A

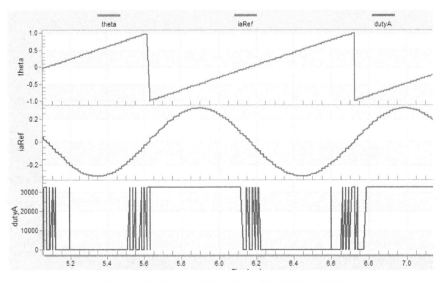

图 6.11 角度、A 相参考电流、A 相上管的占空比

相桥臂上管的占空比 dutyA。dutyA 只有两个值 0 或 32 767,占空比为零或者 100%。FreeMASTER 串行通讯的速度有其上限,在 dutyA 波形中其实已经丢失了很多动态信息。

电流滞环可以用于控制 PMSM,但控制效果差强人意,作为学习入门是可以的。

6.3 阻感负载 SPWM 闭环控制

6.3.1 原理

图 6.12 中,给定电流 i_d^* 始终为零,这里 i_q^* 是一个正数,不超过 1 A。所以,i_q^* 就是实际电流的幅值。给定角度 θ 是在程序中人为产生的。简便起见,交轴与直轴使用了同一个 PI 调节器。SPWM 采用前文所述的规则采样法产生占空比,同一桥臂上下管为互补模式,须注意电阻发热问题。再利用断路器断开电机,转而接通三相星型连接的阻感性负载。

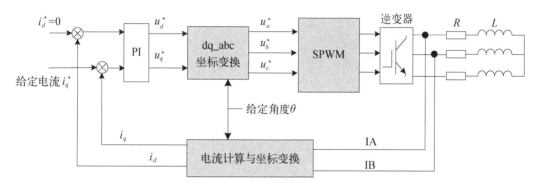

图 6.12 阻感负载 SPWM 闭环控制

6.3.2 CW 工程

新建工程,命名为 RL_spwm。添加模块 FreeMASTER、PWMMC、ADC。模块 PWMMC 频率设定为 10 kHz,死区时间为 3 μs,开中断(Enabled),互补模式。模块 ADC 采样 A、B 两相电流。

6.3.3 主文件 main.c

```
void main(void)
{
  PE_low_level_init();
  PWMC1_OutputPadEnable();
  for(;;) {
    FMSTR1_Poll();
  }
}
```

6.3.4 中断文件 Events.c

例程没有考虑数据溢出,也没有限幅。

```c
#include"gflib.h"
Frac16 Kp = FRAC16(0.015);
Frac16 Ki = FRAC16(0.01);
Frac16 idRef = FRAC16(0.0);
Frac16 iqRef = FRAC16(0.15);
Frac16 step = FRAC16(0.0002);
unsigned int IA_off = 5;
unsigned int IB_off = 0;
unsigned int Va,Vb,Vc;
Frac16 ia,ib,ic,id,iq;                    // 实际电流
Frac16 theta,errorD,errorQ,errorD1,errorQ1;
int dutyA,dutyB,dutyC;
Frac16 ialpha,ibeta,ud,uq,ud1,uq1,ua,ub,uc,ualpha,ubeta;   // 期望值

//六个函数的声明
int FUN_spwmDUTY(Frac16 uref);
Frac16 FUN_PI(Frac16 ERROR, Frac16 ERROR1, Frac16 KP, Frac16 KI, Frac16 * yOLD);
void FUN_ABC_AlphaBeta(Frac16 * A,Frac16 * B,Frac16 * C,Frac16 * alpha,Frac16 * beta);
void FUN_AlphaBeta_dq(Frac16 * alpha,Frac16 * beta,Frac16 * d,Frac16 * q,Frac16 * theta);
void FUN_dq_AlphaBeta(Frac16 * d,Frac16 * q,Frac16 * alpha,Frac16 * beta,Frac16 * theta);
void FUN_AlphaBeta_ABC(Frac16 * alpha,Frac16 * beta,Frac16 * A,Frac16 * B,Frac16 * C);

#pragma interrupt called
void AD1_OnEnd(void)
{
  AD1_GetChanValue16(0,&Va);
  AD1_GetChanValue16(1,&Vb);
  Va = Va >> 4;
  Vb = Vb >> 4;
  
  Va = Va + IA_off;                       // 零电流校正
```

```c
    Vb = Vb + IB_off;                    // 零电流校正

    ia = div_s((Frac16)Va,4095);         // 运算结果的取值范围[0, + 1)
    ia = ia - FRAC16(0.5);               // 运算结果的取值范围[- 0.5, + 0.5)
    ia = ia + ia;                        // 运算结果的取值范围[- 1, + 1)
    ib = div_s((Frac16)Vb,4095);
    ib = ib - FRAC16(0.5);
    ib = ib + ib;
    ic = - (ia + ib);
}

#pragma interrupt called
void PWMC1_OnReload(void)
{
    AD1_Measure(0);                      // PWM 同步触发 AD 转换
    theta = theta + step;                // 人为产生周期性变化的角度

    FUN_ABC_AlphaBeta(&ia,&ib,&ic,&ialpha,&ibeta);       //abc→αβ 变换
    FUN_AlphaBeta_dq(&ialpha,&ibeta,&id,&iq,&theta);     //αβ→dq 变换
    errorD = idRef - id;                 // 电流给定值与实际值的偏差,d 轴
    errorQ = iqRef - iq;                 // 电流给定值与实际值的偏差,q 轴
    ud = FUN_PI(errorD,errorD1,Kp,Ki,&ud1);              // PI 调节器,d 轴
    uq = FUN_PI(errorQ,errorQ1,Kp,Ki,&uq1);              // PI 调节器,q 轴
    errorD1 = errorD;                    // 旧值 = 新值
    errorQ1 = errorQ;                    // 旧值 = 新值
    FUN_dq_AlphaBeta(&ud,&uq,&ualpha,&ubeta,&theta);     //dq→αβ 变换
    FUN_AlphaBeta_ABC(&ualpha,&ubeta,&ua,&ub,&uc);       //αβ→abc 变换
    dutyA = FUN_spwmDUTY(ua);            // 规则采样法计算占空比
    dutyB = FUN_spwmDUTY(ub);            // 规则采样法计算占空比
    dutyC = FUN_spwmDUTY(uc);            // 规则采样法计算占空比

    PWMC1_SetRatio15(0,dutyA);           // 输出 A 相上管的占空比
    PWMC1_SetRatio15(2,dutyB);           // 输出 B 相上管的占空比
    PWMC1_SetRatio15(4,dutyC);           // 输出 C 相上管的占空比
    PWMC1_Load();
}
    // PI 比例积分调节器,增量式
Frac16 FUN_PI(Frac16 ERROR, Frac16 ERROR1, Frac16 KP, Frac16 KI, Frac16 * yOLD)
```

```
{
  Frac16 delERR,yp,yi,yout;
  turn_on_sat();                    // 开始饱和保护
  delERR = ERROR - ERROR1;
  yp = mult(KP,delERR);
  yi = mult(KI,ERROR);
  yout = yp + *yOLD + yi;
  *yOLD = yout;
  turn_off_sat();                   // 结束饱和保护
  return(yout);
}
    // 坐标变换,Clarke 变换,abc→αβ
void FUN_ABC_AlphaBeta(Frac16 *A,Frac16 *B,Frac16 *C,Frac16 *alpha,Frac16 *beta)
{
  *alpha = mult(FRAC16(0.666667), *A) - mult(FRAC16(0.333333), *B) - mult(FRAC16(0.333333), *C);
  *beta = mult(FRAC16(0.577350), *B) - mult(FRAC16(0.577350), *C);
}
    // 坐标变换,旋转变换,αβ→dq
void FUN_AlphaBeta_dq(Frac16 *alpha,Frac16 *beta,Frac16 *d,Frac16 *q,Frac16 *theta)
{
  *d = mult(*alpha,GFLIB_CosTlr(*theta)) + mult(*beta,GFLIB_SinTlr(*theta));
  *q = mult(*beta,GFLIB_CosTlr(*theta)) - mult(*alpha,GFLIB_SinTlr(*theta));
}
    // 坐标变换,旋转反变换,dq→αβ
void FUN_dq_AlphaBeta(Frac16 *d,Frac16 *q,Frac16 *alpha,Frac16 *beta,Frac16 *theta)
{
  *alpha = mult(*d,GFLIB_CosTlr(*theta)) - mult(*q,GFLIB_SinTlr(*theta));
  *beta = mult(*d,GFLIB_SinTlr(*theta)) + mult(*q,GFLIB_CosTlr(*theta));
}
    // 坐标变换,Clarke 反变换,αβ→abc
void FUN_AlphaBeta_ABC(Frac16 *alpha,Frac16 *beta,Frac16 *A,
```

```
    Frac16 *B,Frac16 *C)
{
    *A = *alpha;
    *B = mult(FRAC16(- 0.5), *alpha) + mult(FRAC16(0.866025), *beta);
    *C = mult(FRAC16(- 0.5), *alpha) - mult(FRAC16(0.866025), *beta);
}
    // SPWM
int FUN_spwmDUTY(Frac16 uref)
{
    Frac16 duty;
    int ratio;
    duty = mult(uref,FRAC16(0.5));
    duty = duty + FRAC16(0.5);
    ratio = (int)duty;
    return(ratio);
}
```

6.3.5 FreeMASTER 工程

图 6.13 横轴为时间,纵轴均为标幺值。第一个通道为三相实际电流 i_a、i_b、i_c;第二个通道 $\alpha\beta$ 坐标系的两个电流 i_α、i_β,i_α 超前;第三个通道是实际直轴电流 i_d 与实际交轴电流 i_q。$i_d \approx 0$,$i_q \approx 0.15$,基本跟踪了给定值 $i_{dRef}=0$、$i_{qRef}=0.15$。

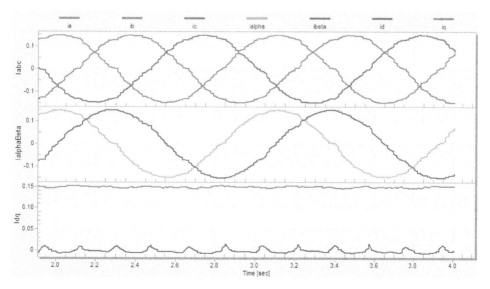

图 6.13 电流波形

图 6.14 第一个通道为三相给定电压 u_a、u_b、u_c,它们是 SPWM 的三个调制波,是期望值。第二个通道是 $\alpha\beta$ 坐标系的两个电压分量 u_α、u_β。第三个通道是 dq 坐标系的

两个电压分量 u_d、u_q，是 PI 调节器的输出，其中 $u_d \approx 0$。注意 u_q 的值已经接近 1 了，再大的话将会溢出。

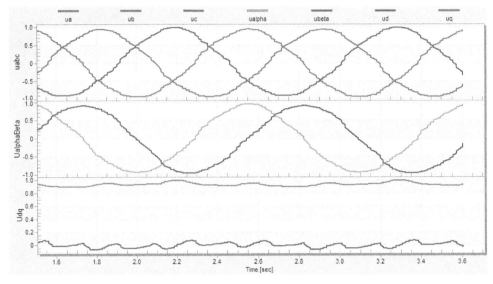

图 6.14　电压波形

图 6.15 第一个通道为程序中人为产生的角度 θ (theta)。第二个通道是三个占空比 dutyA、dutyB、dutyC，因为使用了函数 PWMC1_SetRatio15()，所以取值范围是 0～32767，表示 0～100% 占空比。第三个通道是直轴误差 errorD 与交轴误差 errorQ，是 PI 调节器的输入，使 errorD 变动得更剧烈。

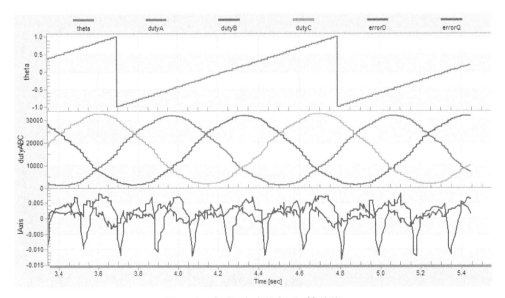

图 6.15　角度、占空比与 dq 轴差值

在 FreeMASTER 中，还可以使用 X-Y graph 功能，它和 MATLAB/simulink 中的 X-

Y plot 类似,用来显示矢量轨迹。使用方法见图 6.16。首先选择 Graph type\X-Y graph,然后选择横轴变量(图 6.16a),通常是 α 轴分量(Graph setup\X-variable\ualpha);最后选择纵轴分量(图 6.16b),通常是 β 轴分量(Graph vars\ubeta)。

(a) 显示类型　　　　　　　　　　　　(b) 添加波形

图 6.16　XY graph 设置方法

图 6.17a 是电流矢量轨迹(i_α、i_β),图 6.17b 与电压矢量轨迹(u_α、u_β)。横轴为 α 轴分量,纵轴为 β 轴分量。圆半径是合成矢量的幅值,合成矢量向 A、B、C 相轴的投影等于各相瞬时值(磁势恒定的变换)。矢量尖端的轨迹越趋向圆形,控制效果越佳。如图 6.17 的圆形轨迹越细越好,轨迹粗则说明矢量幅值有振荡。要注意横轴与纵轴的比例应为 1∶1。

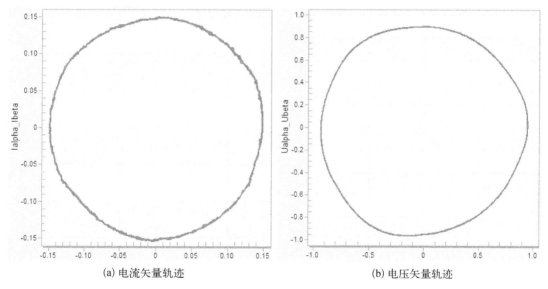

(a) 电流矢量轨迹　　　　　　　　　　(b) 电压矢量轨迹

图 6.17　在 XY plot 中显示的矢量轨迹

6.4　阻感负载 SVPWM 闭环控制

6.4.1　原理

图 6.18 是单闭环系统,与上一节的 SPWM 相比,区别在于 PWM 调试方式发生了变化。SPWM 的输入是三个相电压的期望值,而 SVPWM 的输入则是两个电压的期望值。输出三个占空比,分别控制逆变器桥臂的三个上管,下管则与上管互补。正向通道包含了直轴与交轴两路信号,反馈通道检测两相实际电流并反馈,坐标变换的角度 θ 在程序中人为给定,对

应着阻感负载电流的基波频率。

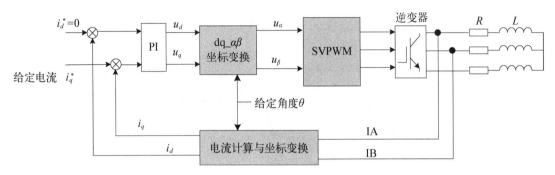

图 6.18 三相星型阻感负载 SVPWM 控制框图

6.4.2 CW 工程

新建工程，命名为 RL_svpwm。添加模块 FreeMASTER、PWMMC、ADC。将模块 PWMMC 频率设定为 10 kHz，死区时间为 3 μs，开中断(Enabled)，互补模式。模块 ADC 采样 A、B 两相电流。

6.4.3 主文件 main.c

```
void main(void)
{
  PE_low_level_init();
  PWMC1_OutputPadEnable();
  for(;;) {
    FMSTR1_Poll();
  }
}
```

6.4.4 中断文件 Events.c

添加通用函数库 GFLIB 和数学函数库 MLIB。

```
# include"gflib.h"
# include"mlib.h"
# define sqrt3_1 FRAC16(0.732051)       // √3 - 1
# define oneThreePi FRAC16(0.333333)    // π/3
# define sqrt3_2 FRAC16(0.866025)       // √3/2
Frac16 Kp = FRAC16(0.006);              // 比例系数
Frac16 Ki = FRAC16(0.002);              // 积分系数
Frac16 idRef = FRAC16(0.0);             // 直轴给定电流 i*_d
Frac16 iqRef = FRAC16(0.15);            // 交轴给定电流 i*_q
```

```
Frac16 step = FRAC16(0.0002);           // 角度的步长
unsigned int IA_off = 6;                // A 相零电流校正初值，需要在
                                        //   FreeMASTER 中修改
unsigned int IB_off = 2;                // B 相零电流校正初值，需要在
                                        //   FreeMASTER 中修改
unsigned int Va, Vb, Vc;
Frac16 ialpha, ibeta, ud, uq, ud1, uq1, ualpha, ubeta; // 期望值
Frac16 ia, ib, ic, id, iq;              // 实际电流
Frac16 errorD, errorQ, errorD1, errorQ1; // 差值
int dutyA, dutyB, dutyC;                // 占空比
    // SVPWM 相关变量
Frac32 ualpha32, ubeta32, tempU32;
Frac16 tempU1, tempU2, tempDUTY1, tempDUTY2;
Frac16 wt, theta, theta60, thetaINI, ualpha, ubeta, uref;
Frac16 duty1, duty2, duty0, duty00, duty10, duty20, duty120;
Frac16 signB, signC;
byte A, B, C, N, sector;
static Int16 mi16Flag;
    //六个函数的声明
Frac16 FUN_PI(Frac16 ERROR, Frac16 ERROR1, Frac16 KP, Frac16 KI, Frac16 *
yOLD);
void FUN_ABC_AlphaBeta(Frac16 * A, Frac16 * B, Frac16 * C, Frac16 *
alpha, Frac16 * beta);
void FUN_AlphaBeta_dq(Frac16 * alpha, Frac16 * beta, Frac16 * d, Frac16 * q,
Frac16 * theta);
void FUN_dq_AlphaBeta(Frac16 * d, Frac16 * q, Frac16 * alpha, Frac16 *
beta, Frac16 * theta);
void FUN_AlphaBeta_ABC(Frac16 * alpha, Frac16 * beta, Frac16 * A,
Frac16 * B, Frac16 * C);

# pragma interrupt called
void AD1_OnEnd(void)
{
  AD1_GetChanValue16(0, &Va);
  AD1_GetChanValue16(1, &Vb);
  Va = Va >> 4;
  Vb = Vb >> 4;
  Va = Va + IA_off;                     // 零电流校正
  Vb = Vb + IB_off;                     // 零电流校正
```

```
    Vc = 6141 - Va - Vb;                    // C相电流仅用于波形显示,不计算也可以

    ia = div_s((Frac16)Va,4095);            // 运算结果的取值范围[0,+1]
    ia = ia - FRAC16(0.5);                  // 运算结果的取值范围[-0.5,+0.5]
    ia = ia + ia;                           // 运算结果的取值范围[-1,+1]
    ib = div_s((Frac16)Vb,4095);
    ib = ib - FRAC16(0.5);
    ib = ib + ib;
    ic = div_s((Frac16)Vc,4095);            // 下列三行可简化为 ic = -(ia+ib)
    ic = ic - FRAC16(0.5);
    ic = ic + ic;
}

#pragma interrupt called
void PWMC1_OnReload(void)
{
    AD1_Measure(0);                         // 触发AD转换
    wt = wt + step;                         // 人为产生角度
    FUN_ABC_AlphaBeta(&ia,&ib,&ic,&ialpha,&ibeta);   // abc→αβ变换
    FUN_AlphaBeta_dq(&ialpha,&ibeta,&id,&iq,&wt);    // αβ→dq变换
    errorD = idRef - id;                    // 电流给定值与实际值的偏差,Δi_d
    errorQ = iqRef - iq;                    // 电流给定值与实际值的偏差,Δi_q

    ud = FUN_PI(errorD,errorD1,Kp,Ki,&ud1);          // PI调节器,d轴
    uq = FUN_PI(errorQ,errorQ1,Kp,Ki,&uq1);          // PI调节器,q轴

    errorD1 = errorD;                       // 旧值 = 新值
    errorQ1 = errorQ;                       // 旧值 = 新值

    FUN_dq_AlphaBeta(&ud,&uq,&ualpha,&ubeta,&wt);    // 调用函数 dq→αβ变换

    // SVPWM电压矢量幅值
    ualpha32 = MLIB_Mul32SS(ualpha,ualpha);  // 32位小数乘法,u_α^2
    ubeta32 = MLIB_Mul32SS(ubeta,ubeta);     // 32位小数乘法,u_β^2
    tempU32 = MLIB_Add32(ualpha32,ubeta32);  // 32位小数加法,u_α^2+u_β^2
    uref = GFLIB_SqrtIter(tempU32);          // √(u_α^2+u_β^2),tempU32是32位小数

    //参考电压矢量与扇区起始矢量之间的夹角 θ
```

```
thetaINI = GFLIB_AtanYX(ubeta,ualpha,&mi16Flag);   // θ = atan(u_β/u_α)
theta = thetaINI % oneThreePi;     // 对 π/3 取余数

if(thetaINI < 0)
{
  theta = theta + oneThreePi;      // 当 ωt 位于 -π~0 区间,要特别处理
}
theta60 = oneThreePi - theta;      // π/3 - θ

//三个作用时间与采样周期之比 t₁/T, t₂/T, t₀/T
tempDUTY1 = mult(uref,GFLIB_SinTlr(theta60));  // u_ref * sin(π/3 - θ)
tempDUTY2 = mult(tempDUTY1,sqrt3_1);           // 0.732 * u_ref * sin(π/3 - θ)
duty1 = tempDUTY1 + tempDUTY2;                 // t₁/T = (1+0.732) * u_ref * sin(π/3-θ)

tempDUTY1 = mult(uref,GFLIB_SinTlr(theta));
tempDUTY2 = mult(tempDUTY1,sqrt3_1);
duty2 = tempDUTY1 + tempDUTY2;                 // t₂/T
duty0 = FRAC16(1.0) - duty1 - duty2;           // t₀/T

// 占空比表格中的四个数值
duty00 = mult(duty0,FRAC16(0.5));              //(t₀/2)/T
duty10 = duty1 + duty00;                       // (t₁+ t₀/2)/T
duty20 = duty2 + duty00;                       // (t₂+ t₀/2)/T
duty120 = duty1 + duty2 + duty00;              // (t₁+ t₂+ t₀/2)/T

//扇区判断
tempU1 = mult(sqrt3_2,ualpha);                 // √3/2 * u_α
tempU2 = mult(FRAC16(0.5),ubeta);              // 1/2 * u_β
signB = tempU1 - tempU2;                       // √3/2 * u_α - 1/2 * u_β
signC = - tempU1 - tempU2;                     // -√3/2 * u_α - 1/2 * u_β

if(ubeta > 0)
  A = 1;
else
  A = 0;
if(signB > 0)
  B = 1;
else
```

```
      B = 0;
if(signC > 0)
   C = 1;
else
   C = 0;
N = A + 2 * B + 4 * C;
if(N = = 3)
   sector = 1;                    // 扇区 1
else if(N = = 1)
   sector = 2;                    // 扇区 2
else if(N = = 5)
   sector = 3;                    // 扇区 3
else if(N = = 4)
   sector = 4;                    // 扇区 4
else if(N = = 6)
   sector = 5;                    // 扇区 5
else if(N = = 2)
   sector = 6;                    // 扇区 6

   // 发送 PWM 脉冲,中心对齐,七段式
if(sector = = 1)
{
   dutyA = (int)duty120;
   dutyB = (int)duty20;
   dutyC = (int)duty00;
}
else if(sector = = 2)
{
   dutyA = (int)duty10;
   dutyB = (int)duty120;
   dutyC = (int)duty00;
}
else if(sector = = 3)
{
   dutyA = (int)duty00;
   dutyB = (int)duty120;
   dutyC = (int)duty20;
}
else if(sector = = 4)
```

```
    {
      dutyA = (int)duty00;
      dutyB = (int)duty10;
      dutyC = (int)duty120;
    }
  else if(sector = = 5)
    {
      dutyA = (int)duty20;
      dutyB = (int)duty00;
      dutyC = (int)duty120;
    }
  else if(sector = = 6)
    {
      dutyA = (int)duty120;
      dutyB = (int)duty00;
      dutyC = (int)duty10;
    }
  PWMC1_SetRatio15(0,dutyA);
  PWMC1_SetRatio15(2,dutyB);
  PWMC1_SetRatio15(4,dutyC);
  PWMC1_Load();
}
    //函数体,PI,增量式
Frac16 FUN_PI(Frac16 ERROR,Frac16 ERROR1,Frac16 KP,Frac16 KI,Frac16 * yOLD)
{
  Frac16 delERR,yp,yi,yout;
  turn_on_sat();                    // 开始饱和保护
  delERR = ERROR - ERROR1;
  yp = mult(KP,delERR);
  yi = mult(KI,ERROR);
  yout = yp +  * yOLD + yi;
   * yOLD = yout;
  turn_off_sat();                   // 结束饱和保护
  return(yout);
}
    // Clarke 变换,abc→αβ
void FUN_ABC_AlphaBeta(Frac16 * A,Frac16 * B,Frac16 * C,Frac16 * alpha,Frac16 * beta)
{
```

```
  * alpha = mult(FRAC16(0.666667), * A) - mult(FRAC16(0.333333), * B) -
mult(FRAC16(0.333333), * C);
  * beta = mult(FRAC16(0.577350), * B) - mult(FRAC16(0.577350), * C);
}
    // 旋转变换,αβ→dq
void FUN_AlphaBeta_dq(Frac16 * alpha,Frac16 * beta,Frac16 * d,Frac16 * q,
Frac16 * theta)
{
  * d = mult( * alpha,GFLIB_CosTlr( * theta)) + mult( * beta,GFLIB_
SinTlr( * theta));
  * q = mult( * beta,GFLIB_CosTlr( * theta)) - mult( * alpha,GFLIB_
SinTlr( * theta));
}
    // 旋转反变换,dqc→αβ
void FUN_dq_AlphaBeta(Frac16 * d,Frac16 * q,Frac16 * alpha,Frac16 *
beta,Frac16 * theta)
{
  * alpha = mult( * d,GFLIB_CosTlr( * theta)) - mult( * q,GFLIB_SinTlr
( * theta));
  * beta = mult( * d,GFLIB_SinTlr( * theta)) + mult( * q,GFLIB_CosTlr
( * theta));
}
    // Clarke 反变换,αβ→abc
void FUN_AlphaBeta_ABC(Frac16 * alpha,Frac16 * beta,Frac16 * A,
Frac16 * B,Frac16 * C)
{
  * A = * alpha;
  * B = mult(FRAC16(- 0.5), * alpha) + mult(FRAC16(0.866025), * beta);
  * C = mult(FRAC16(- 0.5), * alpha) - mult(FRAC16(0.866025), * beta);
}
```

6.4.5　FreeMASTER 工程

SVPWM 所得到的实验结果可以和前节中的 SPWM 做比较,除了 PI 系数不同之外,其他的控制条件完全一样。

图 6.19 所示纵轴均为标幺值。第一个通道为三相实际电流 i_a、i_b、i_c。第二个通道是 $\alpha\beta$ 坐标系的两个实际电流 i_α、i_β。第三个通道是实际直轴电流 i_d 与实际交轴电流 i_q,从图中可见,$i_d \approx 0$,$i_q \approx 0.15$,基本跟踪了给定值 $i_{dRef}=0$、$i_{qRef}=0.15$,稳态时,直轴与交轴电流是常数。改变交轴给定电流 i_{qRef},实际电流也会跟随改变,波形形状不变。虽然 SVPWM 占

空比波形是马鞍波,但相电流是对称正弦波。

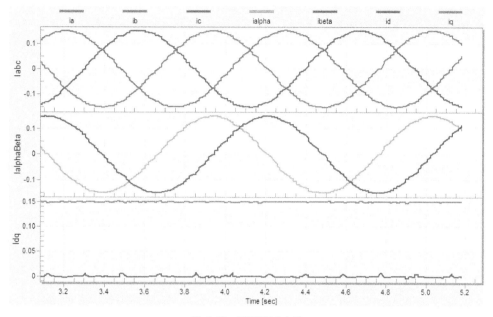

图 6.19 SVPWM 电流

图 6.20 第一个通道为 $\alpha\beta$ 坐标系的两个电压分量 u_α、u_β。第二个通道是 dq 坐标系的两个电压分量 u_d、u_q,是图 6.18 中 PI 调节器的输出,其中 $u_d \approx 0$。在 SPWM 中,u_q 的值已经接近 1,而在此处的 SVPWM 中,u_q 的值还比较小($u_q \approx 0.47$),距离溢出还很远,表明电压

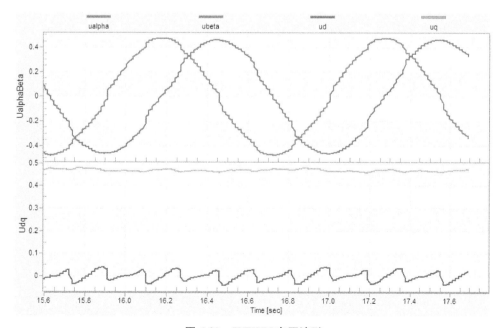

图 6.20 SVPWM 电压波形

利用率更高。当控制对象是电机时，SVPWM 的速度上限将更高。与 SPWM 相比，用 SVPWM 能获得更高的转速。

图 6.21 第一个通道为程序中角度 thetaINI，它是根据两个电压分量 u_α、u_β 计算出来、不是人为产生的，所以这个方法可以在实际中使用。第二个通道是三个上管的占空比 dutyA、dutyB、dutyC，因为调用了函数 PWMC1_SetRatio15()，所以取值范围在 0~32767，表示 0~100% 占空比，该通道的波形表明例程为七段式的 SVPWM。第三个通道是直轴误差 errorD 与交轴误差 errorQ，它们是 PI 调节器的输入，数值均比上一节 SPWM 要小。

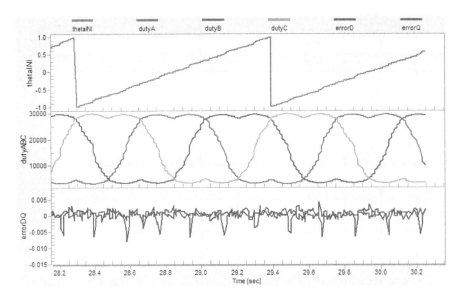

图 6.21　SVPWM 角度、占空比、直轴与交轴差值

电流矢量轨迹（i_α、i_β）与电压矢量轨迹（u_α、u_β）均比上一节 SPWM 更趋近于理想圆（图 6.22）。电压轨迹的半径明显比 SPWM 小得多，SVPWM 用更小的电压就能达到和

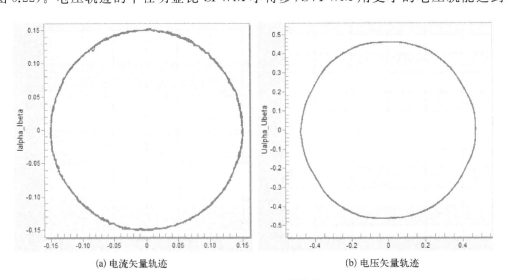

(a) 电流矢量轨迹　　　　　　　　　　　(b) 电压矢量轨迹

图 6.22　SVPWM 矢量轨迹

SPWM同样的效果,对逆变器直流电压的利用率更高。

图6.23分别是程序中的四个占空比 duty00、duty10、duty20、duty120,数值为:$duty00=(t_0/2)/T$、$duty10=(t_1+t_0/2)/T$、$duty20=(t_2+t_0/2)/T$、$duty120=(t_1+t_2+t_0/2)/T$。这四个占空比的具体含义见前文相关章节。

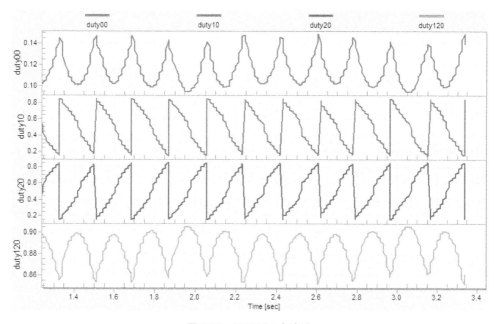

图6.23　SVPWM占空比

不考虑过调制的话,SVPWM与SPWM的稳态相电流、磁链、相电压和线电压都是正弦波,但前者的计算量、代码行数远超后者,所获得的好处就是提高了直流电压利用率,提高幅度为15%。

第 7 章

速度与位置的测量

7.1 光编测速

增量式光电编码器(光编)可以测量电机转速,常用的测速方法有 M 法、T 法、M/T 法,这里只说明 M 法与 T 法,它们都是在一个周期内对脉冲计数,前者对光编脉冲计数,后者对高频时钟脉冲计数。

7.1.1 M 法测速

(1) 原理

光编装在电机上,光编内部的光电码盘与电机转子同步旋转,输出占空比为 50% 的方波(图 7.1)。电机每转一圈,光编输出的脉冲数是固定的,称为光编线数 P。M 法就是在一定时间(测速周期 T)内数一数光编输出了多少个脉冲。因为可以测量出光编信号的频率,所以也称之为测频法,M 法测速的公式为:

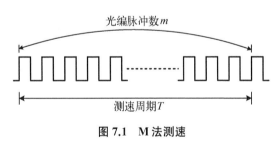

图 7.1 M 法测速

$$n = \frac{60m}{TP}(\text{rpm}) \tag{7.1}$$

转速 n 的单位是转/分钟(rpm),测速周期 T 的单位是秒,m 为测速周期内光编脉冲的计数值,式 7.1 中的光编线数 P 有三种取值方式,以 1000 线的光编为例(图 7.2)。

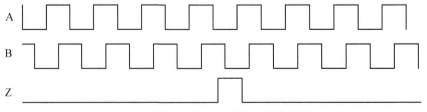

图 7.2 增量式光电编码器的三个输出信号

1) 如果仅对一路光编信号的单个跳变沿计数,即只对上升沿或只对下降沿计数,那么 P 就等于电机旋转一圈光编输出的脉冲数,$P=1000$。

2) 如果对一路光编的上升沿和下降沿同时计数,那么 P 的值增加一倍,$P=2000$。

3) 如果对两路光编信号 A、B 的两个跳变沿都计数,$P=4000$。

P 取得越大,测速精度越高。

图 7.2 中,信号 Z 是校准用的,不对信号 Z 计数。每个电周期有一个 Z 信号,对应着一个固定的转子位置。

商用增量式光电编码器产品中,一般输出六个信号,除了图 7.2 的三个信号 A、B、Z 之外,还有与其互补的另外三路信号 $\overline{A}$、$\overline{B}$、$\overline{Z}$,其中 A 与 $\overline{A}$ 互补(反相)、B 与 $\overline{B}$ 互补、Z 与 $\overline{Z}$ 互补。以差分方式进行信号连接,能提高工业现场的抗干扰能力,保证信号的可靠性与稳定性。鉴于测速基本原理不变,并考虑到简单化,所以全书只讨论了图 7.2 的三路信号,与之互补的另三路信号并未使用。

电机低速时一般不用 M 法,因为此刻光编信号频率变低,脉冲计数值变小,精度变差。

测速周期 T 的终点不可能恰好与光编信号的跳变沿重合,而是在最后两个光编信号的跳变沿之间,最后一个光编信号会被丢掉(图 7.3,对上升沿计数)。高速时这个误差可以忽略,但低速时不能忍受。

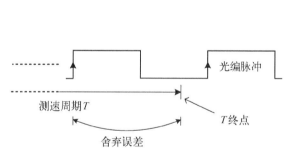

图 7.3 周期与上升沿不重合导致的舍弃误差

图 7.4 脉冲计数器 PulseAccumalator 初始化

(2) CW 工程(只对光编信号 A 的上升沿计数)

新建工程,命名为 speedM1。添加 FreeMASTER 模块。电机要先旋转才可以测量转速,例程中使用了 BLDC - PWM 斩波方法,占空比可调,上管 PWM,下管始终导通,即 $H_{PWM}\_L_{ON}$ 方式。添加一个 PWMMC 模块,三个 Bit 模块用于接受霍尔信号。PWM 开关频率为 10 kHz,死区时间 3 μs,开中断,上下管独立模式。PWMMC 中断周期是固定的($T=1/f=1/10^4=100$ μs),可当作定时器使用。

添加脉冲计数器模块 PulseAccumalator,用来对光编信号 A 的上升沿计数。

对脉冲计数器模块 PulseAccumalator 初始化(图 7.4)。关闭中断(Interrupt service/event=Disabled),计数模式(Mode=Count),光编信号 A 连接到了 DSC 芯片的 GPIOF6 引脚(Input pin=GPIOF6),只对光编信号 A 的上升沿计数(Edge=rising edge)。

由于机械时间常数大于电气时间常数,转速变化相对电流较慢。在一个 PWM 周期内,电流可能变化很大,但转速在多个周期内也不见得有多大的变化。所以不必在每个周期内都计算速度。例程采用每 1 ms 计算一次转速的方式,恰好对应着 10 个 PWM 周期,转速值的更新频率为 1 kHz,这个更新频率对于永磁同步电机来说并不高。

保留第 1 个和第 10 个周期的光编计数值,求取两者之差(差值＝新值－旧值)。采用无符号整形数保存计数值,需要注意有可能出现一种极端状况(图 7.5):旧值位于前一个 PWM 周期,而新值位于下一个周期,新值小而旧值大,直接做减法会出现负值,无符号整数无法表示负数。所以,采取的方案为:只有在新值大于旧值的情况下,才做减法。

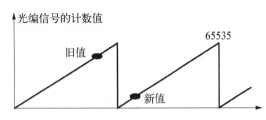

图 7.5 新值更小,导致"新值－旧值"出现负数

例程所展示的这种方法虽然简单,但误差较大,不建议在实际中使用。例程中取 10 个 PWM 周期更新一次转速的方式,周期数取的越小,计算出来的转速震荡得越厉害。而且计算转速始终是取整数值,不能表示小数。

(3) 主文件 main.c

```
void main(void)
{
  PE_low_level_init();
  PWMC1_OutputPadEnable();
  Puls1_Enable();              //脉冲计数器使能
  for(;;) {
  FMSTR1_Poll();
  }
}
```

(4) 中断文件 Events.c

PWM 中断周期为 100 μs,令速度更新周期是 PWM 中断周期的 k 倍。则速度公式为:

$$speed = \frac{\Delta \text{NUM} * 60}{TP} = \frac{\Delta \text{NUM} * 60}{(10^{-4} * k) * 1\,000} = \frac{\Delta \text{NUM} * 600}{k} (\text{rpm}) \tag{7.2}$$

源代码如下:

```
byte k = 10;                              // 速度更新周期为 1ms,更新频率为 1kHz
unsigned int x,encodA,NUM[2],delNUM,speed;
byte DUTY = 24;                           // 初始占空比
byte HA,HB,HC,state,sa,sb,sc;
byte dutyA1,dutyA2,dutyB1,dutyB2,dutyC1,dutyC2;
#pragma interrupt called
void PWMC1_OnReload(void)
{
  Puls1_GetCounterValue(&encodA); //获取光编计数值,赋值给 encodA

  //每 10 个 PWM 周期(100μs * 10 = 1ms)计算一次转速
```

```
      x++;
      if(x >= k)                        //x = 0,1,2,...,(k-1),k
      {
        NUM[1] = encodA;
        if(NUM[1] > NUM[0])             //保证被减数不小于减数
          delNUM = NUM[1] - NUM[0];
        else
          delNUM = 0;
        speed = delNUM * 60;            // 60 = 600/k,要能除尽,因为使用了整数
        NUM[0] = NUM[1];
        x = 0;
      }
      //控制电机旋转,BLDC 两相导通,斩波控制,速度可调
      HA = hallA_GetVal();              //当 HA 非零时,可能为 1 之外的数
      HB = hallB_GetVal();
      HC = hallC_GetVal();
      sa = (HA > 0);                    // s_a = 0 或 1
      sb = (HB > 0);
      sc = (HC > 0);
      state = 4 * sa + 2 * sb + sc;
switch(state)
{
case
2:dutyA1 = DUTY, dutyA2 = 0, dutyB1 = 0, dutyB2 = 100, dutyC1 = 0, dutyC2 = 0;break;                         //导通相 AB
case
3:dutyA1 = DUTY,dutyA2 = 0,dutyB1 = 0,dutyB2 = 0,dutyC1 = 0,dutyC2 = 100;break;                         //导通相 AC
case
1:dutyA1 = 0,dutyA2 = 0,dutyB1 = DUTY,dutyB2 = 0,dutyC1 = 0,dutyC2 = 100;break;                         //导通相 BC
case
5:dutyA1 = 0, dutyA2 = 100, dutyB1 = DUTY, dutyB2 = 0, dutyC1 = 0, dutyC2 = 0;break;                         //导通相 BA
case
4:dutyA1 = 0, dutyA2 = 100, dutyB1 = 0, dutyB2 = 0, dutyC1 = DUTY, dutyC2 = 0;break;                         //导通相 CA
case
6:dutyA1 = 0, dutyA2 = 0, dutyB1 = 0, dutyB2 = 100, dutyC1 = DUTY, dutyC2 = 0;break;                         //导通相 CB
default:dutyA1 = 0, dutyA2 = 0, dutyB1 = 0, dutyB2 = 0, dutyC1 = 0,
```

```
    dutyC2 = 0;break;                        //全部关断
}
  PWMC1_SetDutyPercent(0,dutyA1);
  PWMC1_SetDutyPercent(1,dutyA2);
  PWMC1_SetDutyPercent(2,dutyB1);
  PWMC1_SetDutyPercent(3,dutyB2);
  PWMC1_SetDutyPercent(4,dutyC1);
  PWMC1_SetDutyPercent(5,dutyC2);
  PWMC1_Load();
}
```

(5) FreeMASTER 工程

从程序中的速度计算公式"speed=delNUM*60"以及实际测速结果来看(图 7.6),所测量速度的分辨率为 60 rpm,数值在 960~1020 rpm 之间波动,精度不高。实际转速虽有脉动,但不可能如图 7.6 所示的那般高频率剧烈变化,原因在于所采用的转速计算方法还比较粗糙。

图 7.6 测速结果(纵轴单位 rpm,仅对光编信号 A 上升沿计数)

(6) 对光编信号 A、B 的两个跳变沿计数

对两个光编信号的上升沿和跳变沿都计数能提高测速精度,对上面的程序稍加修改就能达到目的。首先是对脉冲计数模块重新初始化(图 7.7)。选择初始化页面右上角的 Advanced,会弹出更多的初始化选项。选择正交解码模式(Mode=Quadrature)。第一个输入引脚为光编信号 A(Input pin=GPIOF6)。第二个输入引脚为光编信号 B(Input pin=GPIOF7)。第一个引脚的编号保持默认值 0 即可(Counter input=0),要注意第二个引脚的编号改为 1(Counter input=1),其默认值为 0。

速度公式中的光编分辨率 P 提高到了 4 000:

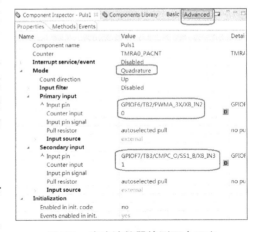

图 7.7 脉冲计数器检测两个正交跳边沿的初始化

$$speed = \frac{\Delta \text{NUM} * 60}{TP} = \frac{\Delta \text{NUM} * 60}{(10^{-4} * k) * 4\,000} = \frac{\Delta \text{NUM} * 150}{k} (\text{rpm}) \tag{7.3}$$

在中断文件 Events.c 中,只需要修改速度计算公式中的系数即可。

```
speed = delNUM * 15;        // 15 = 150/k
```

比较图 7.8 与图 7.6,图 7.6 的测速结果的波动范围是 60 rpm,图 7.8 的转速波动范围是 15 rpm,(960~976 rpm 之间),精度提高了四倍。图 7.6 中,电机每旋转一圈,会检测到 1 000 个跳边沿;而图 7.8 中,电机每旋转一圈,会检测到 4000 个跳边沿。光电编码器线数越大,测速精度越高。当前的伺服系统中,2 500 线编码器是比较常见的,电机每旋转一圈,最多可检测到 10000(2500×4)个跳边沿。

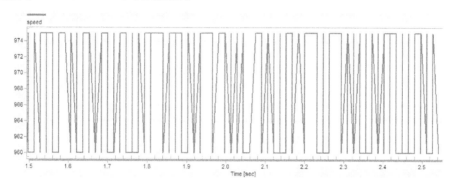

图 7.8　测速结果(纵轴单位 rpm,对光编信号 A、B 的上升沿与下降沿都计数)

7.1.2　T 法测速

(1) 原理

由于光编信号的频率与电机转速成正比,所以低速时光编信号的频率也变低,不宜使用 M 法,低速时可采用 T 法测速。T 法是对高频脉冲计数,而不是对光编信号计数。高频脉冲通常使用 DSC 芯片的时钟,它是芯片内部的信号,频率是常数,与电机转速无关。DSC-56F84763 的时钟频率为 100 MHz,远高于光编信号的频率。例如,电机转速为 3000 rpm 时,光编信号的频率为 3000 * 1000/60 = 50 kHz,时钟频率是其 2000 倍。

T 法也要用到光编信号,测速周期是光编信号的周期,位于光编信号的两个相邻上升沿之间(图 7.9)。在一个周期里对 DSC 芯片的时钟计数,除了测速之外,因为还可以测量出光编信号的周期,所以也称作测周法。T 法测速的公式为:

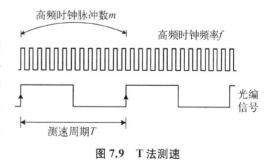

图 7.9　T 法测速

$$n = \frac{60f}{Pm} (\text{rpm}) \tag{7.4}$$

(2) CW 工程

新建工程,命名为 speedT。添加 FreeMASTER 模块、一个 PWMMC 模块、三个 Bit 模块。

添加脉冲计数器模块 PulseAccumalator，用来对高频时钟脉冲计数。添加一个外部中断模块 ExtInt，中断触发源是光编信号 A 上升沿，ExtInt 位置见图 7.10。当光编信号 A 上升沿被检测到，则读取高频时钟脉冲计数值，在信号 A 的下一个上升沿复位并重新开始对高频脉冲计数。

图 7.10　外部中断模块 ExtInt

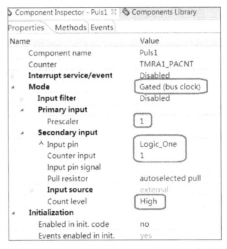

图 7.11　脉冲计数器 PulseAccumalator 初始化

脉冲计数器模块 PulseAccumalator 按图 7.11 初始化。模式选择总线时钟（Mode＝Gated(bus clock)）。预分频系数选择默认值 1（Prescaler），其他可选系数为 2、4、8、16、32、64、128，被计数时钟的实际频率为 100 MHz/prescaler。第二个输入端为控制端，选择逻辑高（Secondary input \ Input pin＝Logic_One）。输入引脚编号改为 1（Counter input＝1），否则会报错。控制信号电平为高（Count level＝High），说明当控制端 Secondary input 为高电平时，Primary input 对高频时钟脉冲计数，而我们已经把 Secondary input 设置成了高逻辑 Logic_One，所以 Primary input 始终对高频时钟脉冲计数。

外部中断模块 ExtInt 配置到光编信号 A 的输入引脚（图 7.12，Pin＝GPIOF6）。跳变沿选择上升沿（Generate interrupt on＝rising edge）。中断优先级最好选择高优先（Interrupt priority＝high priority），以保证高频时钟信号的计数值正确，而不受其他中断影响。

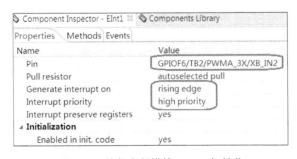

图 7.12　外部中断模块 ExtInt 初始化

(3) 主文件 main.c

```
void main(void)
{
  PE_low_level_init();
  PWMC1_OutputPadEnable();
  Puls1_Enable();
  EInt1_Enable();
```

```
  for(;;) {
    FMSTR1_Poll();
  }
}
```
(4) 中断文件 Events.c
```
unsigned long int xishu = 6000000;    // 60f/P = 60 * 10^8/1000
unsigned int x, z, m, speed;
byte DUTY = 10;                       // 初始占空比
byte HA, HB, HC, state;
byte dutyA1, dutyA2, dutyB1, dutyB2, dutyC1, dutyC2;
# pragma interrupt called
void EInt1_OnInterrupt(void)
{
  Puls1_GetCounterValue(&m);          // 获取 DSC 时钟脉冲计数值,赋值给 m
  Puls1_ResetCounter();               // 计数器清零,但 m 仍为原值
}


# pragma interrupt called
void PWMC1_OnReload(void)
{
  speed = xishu / m;                  // 整除
    // 控制电机旋转,BLDC - PWM 斩波,占空比可调,速度可调,H_PWM_L_ON 方式
  HA = hallA_GetVal();
  HB = hallB_GetVal();
  HC = hallC_GetVal();
  state = 4 * (HA > 0) + 2 * (HB > 0) + (HC > 0);
switch(state)
{
case
2:dutyA1 = DUTY, dutyA2 = 0, dutyB1 = 0, dutyB2 = 100, dutyC1 = 0,
dutyC2 = 0;break;                     //导通相 AB
case
3:dutyA1 = DUTY, dutyA2 = 0, dutyB1 = 0, dutyB2 = 0, dutyC1 = 0, dutyC2 =
100;break;                            //导通相 AC
case
1:dutyA1 = 0, dutyA2 = 0, dutyB1 = DUTY, dutyB2 = 0, dutyC1 = 0, dutyC2 =
100;break;                            //导通相 BC
case
5:dutyA1 = 0, dutyA2 = 100, dutyB1 = DUTY, dutyB2 = 0, dutyC1 = 0,
```

```
        dutyC2 = 0;break;                          //导通相BA
        case
        4:dutyA1 = 0, dutyA2 = 100, dutyB1 = 0, dutyB2 = 0, dutyC1 = DUTY,
        dutyC2 = 0;break;                          //导通相CA
        case
        6:dutyA1 = 0, dutyA2 = 0, dutyB1 = 0, dutyB2 = 100, dutyC1 = DUTY,
        dutyC2 = 0;break;                          //导通相CB
        default:dutyA1 = 0, dutyA2 = 0, dutyB1 = 0, dutyB2 = 0, dutyC1 = 0,
        dutyC2 = 0;break;                          //全部关断
    }
    PWMC1_SetDutyPercent(0,dutyA1);
    PWMC1_SetDutyPercent(1,dutyA2);
    PWMC1_SetDutyPercent(2,dutyB1);
    PWMC1_SetDutyPercent(3,dutyB2);
    PWMC1_SetDutyPercent(4,dutyC1);
    PWMC1_SetDutyPercent(5,dutyC2);
    PWMC1_Load();
}
```

(5) FreeMASTER 工程

占空比设定为10%,电机速度 speed 大约为 200 rpm,高频时钟脉冲计数值 m 在 30000~32500 之间(图 7.13)。计数值 m 不能超过 65 535,否则发生溢出后将导致转速计算结果错误。如果想把转速进一步降低,可以把计数值变量 m 的类型修改为 **unsigned long int**。

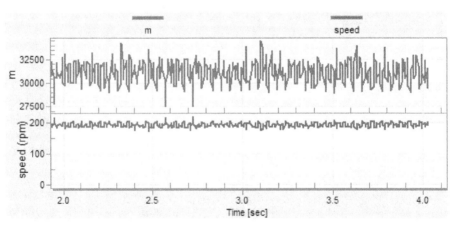

图 7.13 时钟脉冲计数值 m 与速度 speed

7.1.3 滑动平均法

(1) 原理

上面两个例子中,对转速值都是直接计算,没有做任何滤波处理。由于惯性,实际转速不可能突变,但显示的波形里存在突变,这不符合实际情况,说明程序采样值偏离了实际值,势必影响整体控制效果。为了减小误差,可以采用滑动平均法(moving average)对数据进行处理。

滑动平均法是一种求平均值的滤波方法。它通过逐步增加新数据,然后求出移动平均值,以消除偶然因素(如信号毛刺)的干扰,非常适用于常值(i_d、i_q)或低频量。当稳态转速变化不大时,可以采用此法,但对于高频交流量(i_a、i_b、i_c)需慎重。

滑动平均法不是测速方法,不能与 M、T、M/T 测速方法相提并论。它是对已有数据的后处理,并非仅仅只能用于测速,本质上滑动平均是一种简单的低通滤波。

表 7.1 以八个数为一组,说明了滑动平均的具体过程,每次更新最后一位,舍弃第一位。

表 7.1 滑动平均法具体过程

	八个原始数据								滑动平均法
第一次	1	2	3	4	5	6	7	8	(1+2+3+4+5+6+7+8)/8=4.5
第二次	2	3	4	5	6	7	8	9	(2+3+4+5+6+7+8+9)/8=5.5
第三次	3	4	5	6	7	8	9	10	(3+4+5+6+7+8+9+10)/8=6.5
第四次	4	5	6	7	8	9	10	11	(4+5+6+7+8+9+10+11)/8=7.5
第五次	5	6	7	8	9	10	11	12	(5+6+7+8+9+10+11+12)/8=8.5

读取光编计数值,然后做减法,得到相邻两次计数值的增量。数据取得越多,计算结果就越平滑,不过就越难以体现动态变化。

数据个数建议取 2 的整数倍,如 4、8、16、32、64 等,这样可以在程序中使用右移来替代除法。在下面例程中,每组数据为 64 个。

(2) CW 工程

新建工程,命名为 speedM2。对光编信号 A、B 的两个跳变沿计数,光编线数 $P=4000$,PWMMC 频率为 10 kHz。

每 5 个 PWM 周期(100 $\mu s * 5 = 0.5$ ms)计算一次转速,转速更新频率为 2 kHz。

(3) 主文件 main.c(略)

(4) 中断文件 Events.c

将本节常规 M 法与滑动平均法做对比。采用一个一维数组 delNUM_ave[64],含 65 个元素,保存最新的 64 个计数值之差。

```
    // 常规 M 法
byte k = 5;
unsigned int x,encodA,NUM[2],delNUM,speed;
    // 滑动平均法
byte z = 5;
unsigned int i,y,speed_ave,NUM_ave[2],delNUM_ave[64];
unsigned long int speed_total,DEL_total;       // 32 位整型数,防止数据溢出
```

```c
# pragma interrupt called
void PWMC1_OnReload(void)
{
  Puls1_GetCounterValue(&encodA);
    //常规 M 法测速
   x + + ;                              //x = 0,1,2,...(k - 1)
   if(x >  k - 1)
   {
     NUM[1] = encodA;
     if(NUM[1] > NUM[0])                //保证被减数不小于减数
        delNUM = NUM[1] - NUM[0];
     else
        delNUM = 0;
     speed = delNUM * 30;               // 30 = 150/k,要能除尽,因为使用了整数
     NUM[0] = NUM[1];
     x = 0;
   }
    // 滑动平均法测速
   y + + ;                              //y = 0,1,2,...(z - 1)
   if(y >  z - 1)
   {
     byte j;
     NUM_ave[1] = encodA;
     if(NUM_ave[1] > NUM_ave[0])
        delNUM_ave[i] = NUM_ave[1] - NUM_ave[0];    //最新的增量
     i + + ;
     NUM_ave[0] = NUM_ave[1];
     if(i > 63)
        i = 0;
     for(j = 0;j < 64;j + + )
        DEL_total = DEL_total + delNUM_ave[j];      // 64 个增量之和
     // 速度 = (DEL_total/64) * (150/z) = DEL_total * (30/64) = DEL_total * (15/32)
     speed_total = DEL_total * 15;
     speed_ave = speed_total > > 5;     // 右移 5 位等价于除以 32($2^5$)
     y = 0;
     DEL_total = 0;
   }
    //省略控制电机旋转的代码,本例程采用 BLDC 斩波方式调速
}
```

(5) FreeMASTER 工程

图 7.14 给出了五个不同转速的测速结果,对比了常规 M 法与滑动平均法。M 法的测速结果为 speed,滑动平均法的测速结果为 speed_ave。图 7.14 中,波动更小的为滑动平均法波形 speed_ave,更符合实际。转速越低,M 法的效果越差,偏离实际越远。图 7.14 的纵坐标为转速(rpm),横坐标为时间(s)。

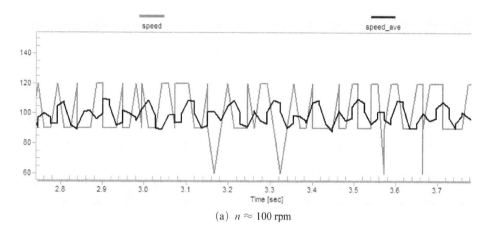

(a) $n \approx 100$ rpm

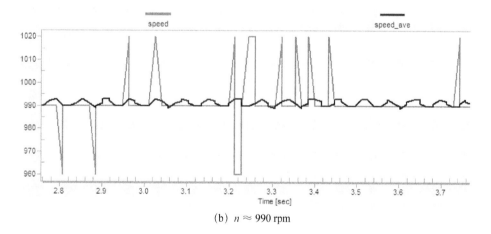

(b) $n \approx 990$ rpm

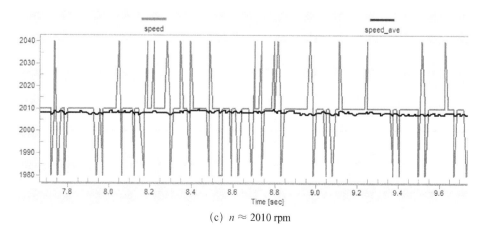

(c) $n \approx 2010$ rpm

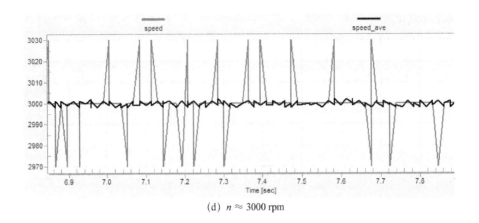

(d) $n \approx 3000$ rpm

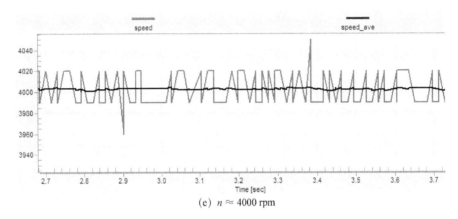

(e) $n \approx 4000$ rpm

图 7.14　M 法与滑动平均法测速结果的对比

M 法波形中的"尖峰"是算法导致的问题,实际转速不可能如此突变,那意味着无穷大的加速度。

"测量结果反映实际"是一条原则,应时刻牢记。如果两者不吻合,须耐心查找是算法原因还是硬件问题。

滑动平均法的适用范围首推直流量,其次是低频量。对于中高频交流量,此法在原理上是可行的,但应注意数据容量不宜取得过大,以免丢失有效信息、削弱动态性能。而且滑动平均法属于低通滤波,会带来相位滞后的问题。

7.2　光编测位置

7.2.1　原理

除了测量转速,增量式光电编码器还可以测量电机转子位置。

转子位置指的是 d 轴与 A 轴之间的夹角 θ,取值范围为 $0 \sim 2\pi$。其中,A 相轴线位于水平位置,方向指向右侧,即 3 点钟位置。对光编信号 A、B 的两个跳变沿(上升沿、下降沿)进行计数,计数值与转子位置的对应关系见表 7.2,转子位置 θ 指电角度。

表 7.2　转子位置 θ 与光编计数值的对应关系

脉冲计数值	0	167	1167	1167	2000	2167	3167	3167	4000
转子位置 θ	150°	180°	360°	0°	150°	180°	360°	0°	150°
弧度	$5\pi/6$	π	$-\pi$	0	$5\pi/6$	π	$-\pi$	0	$5\pi/6$
Frac16 小数	5/6	1	-1	0	5/6	1	-1	0	5/6

光编 Z 信号在测量位置时很重要，每个电周期只有一个 Z 信号，当 Z 信号到来时，对应着一个固定的转子位置，这种对应关系不受转速与转向的影响。据此可对光编计数值进行清零，能够消除可能的累积误差。样机的 Z 信号对应的转子位置是 150°。

与表 7.2 对应的图形如下：

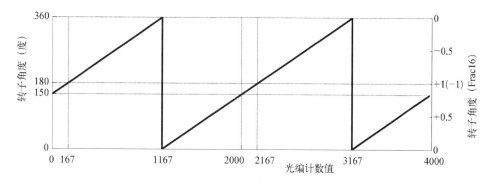

图 7.15　试验箱电机转子位置 θ 与光编计数值的对应关系

把角度 θ 计算出来是为了在坐标变换中进行三角函数运算，所以变量 θ 的数据类型采用 Q15 定标格式的有符号小数 Frac16。

4 000 个光编计数值对应着 720° 电角度（两对极），相邻两个光编脉冲所对应的角度为 $720°/4\,000=0.18°=\pi/1000$，也就是光编的分辨率，写成 Frac16 小数则为 1/1000。

角度 θ 与光编计数值 x 之间的关系能够写成分段函数，注意交界点处（例如计数值 167）的计算不要发生溢出。把 θ 分为 $[0, +1)$ 与 $[-1, 0]$ 两个区间，当 θ 位于 $[0, +1)$ 时：

$$\theta = \begin{cases} \dfrac{1}{1000}x + \dfrac{5}{6} & 0 \leqslant x \leqslant 166 \\ \dfrac{x-1167}{1000} & 1167 \leqslant x \leqslant 2166 \\ \dfrac{x-3167}{1000} & 3167 \leqslant x \leqslant 4000 \end{cases} \tag{7.5}$$

当 θ 位于 $[-1, 0]$ 时：

$$\theta = \begin{cases} \dfrac{x-1167}{1000} & 167 \leqslant x \leqslant 1166 \\ \dfrac{x-3167}{1000} & 2167 \leqslant x \leqslant 3166 \end{cases} \tag{7.6}$$

综合式 7.5 与式 7.6，可得总体表达式：

$$\theta = \begin{cases} \dfrac{1}{1000}x + \dfrac{5}{6} & 0 \leqslant x \leqslant 166 \\ \dfrac{x - 1167}{1000} & 167 \leqslant x \leqslant 2166 \\ \dfrac{x - 3167}{1000} & 2167 \leqslant x \leqslant 4000 \end{cases} \tag{7.7}$$

根据式 7.7 编程，下述例程是对两路光编信号 A、B 的上升沿与跳边沿同时计数的，即电机每转一圈，有 4000 个计数值。如果仅对一路光编信号计数、或仅对一个跳边沿计数，则需对式 7.7 的数值做等比例修改，相关内容略。

7.2.2　CW 工程

新建工程，命名为 encod_Position。添加如下模块：FreeMASTER、PWMMC、捕获模块 Capture、PulseAccumulator。例程省略了电机调速的代码，用 PWMMC 控制电机旋转，根据算法做适当配置。捕获模块 Capture 用于捕获光编 Z 信号的上升沿，对光编计数值清零复位，捕获模块的具体位置见图 7.16。

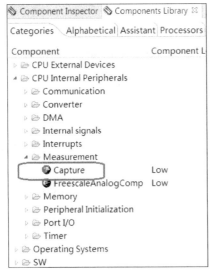

图 7.16　捕获模块 Capture 所处位置

图 7.17　Z 捕获模块 Capture 初始化

对捕获 Capture 初始化（图 7.17）。光编 Z 信号连接到了 DSC 芯片的 GPIOC13 引脚（Input pin=GPIOC13），捕获 Z 信号的上升沿（Edge=rising edge），开中断（Interrupt service/event=Enabled），响应时间选择系统允许的最大值（Maximum time of event=83.886 08 ms）。

当 Z 信号到来时，捕获中断被触发，在该中断里把光编信号的计数值清零，消除信号丢失或误计数所引起的累积误差。

脉冲计数器 PulseAccumulator 对光编 A、B 的两个上升沿都计数。

7.2.3 主文件 main.c

```c
void main(void)
{
  PE_low_level_init();
  PWMC1_OutputPadEnable();
  Puls1_Enable();
  for(;;) {
    FMSTR1_Poll();
  }
}
```

7.2.4 中断文件 Events.c

```c
#include "gflib.h"
Frac16 thetaINI = FRAC16(0.833333);   // 5/6,150°电角度
unsigned int thetaDEGREE;              // 用 0~360 表示的角度
unsigned int encodA;                   // 光编计数值,取值范围 0 ~ 4000
Frac16 theta;                          // 准备用于三角函数计算的角度
Frac16 x;

#pragma interrupt called
void Cap1_OnCapture(void)
{
  Puls1_ResetCounter();                // 光编计数值清零,此刻 θ = 150°
}

#pragma interrupt called
void PWMC1_OnReload(void)
{
    // 对两路光编信号 A、B 的两个跳边沿计数
  Puls1_GetCounterValue(&encodA);  // 读取光编计数值,赋值给变量 encodA
  x = (Frac16)encodA;                  // 类型转换

    // 计算角度 theta(θ),encodA 是对两路光编信号的两个跳边沿的计数值
    // 角度 theta 取值[-1,+1),Frac16 类型,以便于后续三角函数运算
  if(encodA > = 0 && encodA < = 166)
    theta = div_s(x,1000) + thetaINI;
  else if(encodA > = 167 && encodA < = 2166)
    theta = div_s4q(x - 167,1000);
```

```
    else if(encodA > = 2167 && encodA < = 4000)
      theta = div_s4q(x - 2167,1000);

      // 转换到 0～360,便于在 FreeMASTER 中观察波形
      // 不用于后续的三角函数计算,正式程序中,可删除
    if(theta > = 0)
      thetaDEGREE = theta/182;
    else
      thetaDEGREE = (theta + FRAC16(1.0))/182 + 180;

      //略去控制电机旋转的代码,自行添加
}
```

7.2.5　FreeMASTER 工程

调节相关变量,让电机转速慢些,或者用手拨动电机转子,以便于观察波形,如果转速过快,波形会失真。

图 7.18 横轴为时间,第一个通道是光编计数值 encodA,变化一个周期(0～4000)代表电机转过了一圈,即两个电周期 720°。

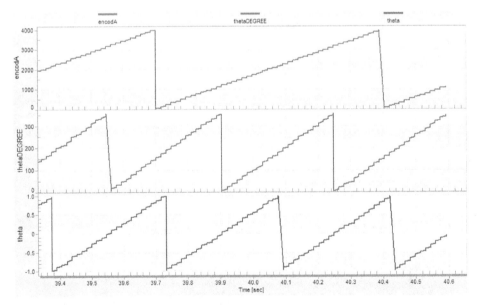

图 7.18　光编计数值 encodA、整数类型角度 thetaDEGREE、Frac16 类型角度 theta

第二个通道是转子角度 thetaDEGREE,unsigned int 类型,在 0～360 范围内变化。

第三个通道是角度 theta,Frac16 类型,在±1 范围内变化。

当光编 Z 信号到来时,计数值被置零 encodA=0,转子角度 thetaDEGREE=150(150°),转换成小数 theta=5/6=0.833 333(5π/6),可用于三角函数的计算。

7.3 LED 显示

7.3.1 原理

图 7.19a 是一位数码管的示意图,只有一个"8",包含八个发光二极管,每个二极管称为"段"。图 7.19b 是一个四位八段数码管,有四个"8"。

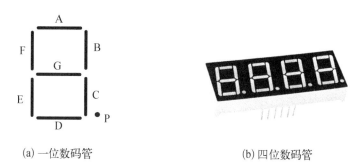

(a) 一位数码管　　　　　　　(b) 四位数码管

图 7.19　数码管

表 7.3 中,高电平 1 表示该段点亮,低电平 0 表示熄灭。要想显示数字 0,就需要点亮图 7.19a 中数码管的 A、B、C、D、E、F 六个段,并且熄灭 G、P 两个段,综合起来的段码就是 0x3F。其它九个段码同理。

LED 数码管有共阴极、共阳极两种接法,图 7.20 所示是共阴极接法的四位数码管,含 32 个发光二极管。DIG1、DIG2、DIG3、DIG4 分别对应千位、百位、十位、个位。

在表 7.4 中的第一行,是欲使最左侧的千位显示数据,而其他三位不显示,那么,DIG1 = 0,DIG2 = DIG3 = DIG4 = 1。百位、十位、个位的显示也是同理。位码表中高四位用不到,均为 1。

表 7.3　段　码　表

显示数	段码	八段							
		P	G	F	E	D	C	B	A
0	0x3F	0	0	1	1	1	1	1	1
1	0x06	0	0	0	0	0	1	1	0
2	0x5B	0	1	0	1	1	0	1	1
3	0x4F	0	1	0	0	1	1	1	1
4	0x66	0	1	1	0	0	1	1	0
5	0x6D	0	1	1	0	1	1	0	1
6	0x7D	0	1	1	1	1	1	0	1
7	0x07	0	0	0	0	0	1	1	1
8	0x7F	0	1	1	1	1	1	1	1
9	0x6F	0	1	1	0	1	1	1	1

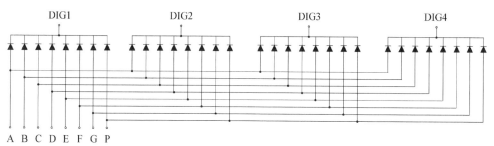

图 7.20　共阴极四位数码管电路图

表 7.4 位 码 表

位码		二进制位码				
		无用		DIG1	DIG2	DIG3	DIG4
千位	0xF7	1	1	1	1	0	1	1	1
百位	0xFB	1	1	1	1	1	0	1	1
十位	0xFD	1	1	1	1	1	1	0	1
个位	0xFE	1	1	1	1	1	1	1	0

DIG1~DIG4 是位码开关，表 7.3 的 A~P 是段码开关。这两个开关可以控制 32 个二极管中的任何一个。一个二极管要想点亮，它的位开关和段开关就要同时选通，缺一不可，且位码开关需置 0，段码开关需置 1。

四位数码管用两个位移缓存器 74HC595 芯片来控制，它采用串行输入、并行输出方式，将八位串行输入的数据以并行方式一次性输出。芯片里有两个寄存器：移位寄存器 shift register、锁存寄存器 latch register。

第一个芯片(图 7.21 - U6)用来控制位码，第二个芯片(图 7.21 - U7)用来控制段码，两个芯片的原理是一样的。图 7.21 中最右侧是四位八段数码管 LED，第一个 74HC595 负责把位码传输给数码管，第二个 74HC595 负责把段码传输给数码管，所以是将位码与段码同时传输给数码管。控制这两个 74HC595 芯片需要占用 DSC - 56F84763 的三个引脚，信号名分别为：DIO、SCLK、RCLK。DIO 是数据，SCLK 是移位时钟，RCLK 是输出锁止时钟。

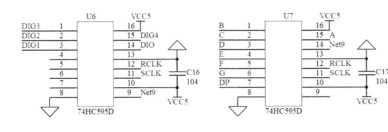
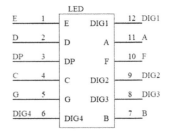

图 7.21 四位数码管驱动电路

表 7.5 八次移位过程

移位次数	移位寄存器中的数据							
0	*	*	*	*	*	*	*	*
1	*	*	*	*	*	*	*	0
2	*	*	*	*	*	*	0	1
3	*	*	*	*	*	0	1	0
4	*	*	*	*	0	1	0	1
5	*	*	*	0	1	0	1	1
6	*	*	0	1	0	1	1	0
7	*	0	1	0	1	1	0	1
8	0	1	0	1	1	0	1	1

数据从 DSC 芯片输入到 74HC595 的 DIO 端口(第 14 号引脚，图 7.21 - U6)，采用串行输入方式，从最高位开始，每次输入一位。8 位数据需要输入 8 次，数据存放在 74HC595 的移位寄存器中。例如要输入 0x5B，首先需把 0x5B 最高位的 0 输入到移位寄存器的零位，然后再把 0x5B 次高位的 1 输入到移位寄存器的零位，为保证上次输入的数据不丢失，移位寄存器的全部数据要左移一位，上一次输入的数据 0 也将同步移动。移位 8 次后，移位寄存器中更新为 0x5B，完成了显示的第一步，移位过程见表 7.5。

在上述"输入并移位"的过程的同时，图 7.21 - U6 把移位寄存器中的数据从第 9 号引脚输出，同步传输到 U7(图 7.21-Net9)。U6 的第 9 号引脚是串行输出口,U7 的第 14 号引脚是串行输入口。这样 U6 把它从 DSC 接收的、完成了八次移位的最终数据就共享给了 U7。

移位完成之后,移位寄存器的八位数据要传输到锁存寄存器中。后者能并行输出八位,一次性将八位数据输出,且具有输出锁止功能,即数值始终保持不变,直至新的数据到来。那么数码管显示的就是锁存寄存器中的数据,而不是移位寄存器里的数据。所以要把数据从移位寄存器复制到锁存寄存器中,这属于并行复制,即把 8 位数据一次性一起复制。锁存寄存器中是什么数据,LED 数码管就立即显示什么数据。

所以,这个过程可分为"输入并且移位""复制并且显示"两个步骤。八位数据 Q0~Q7 依次从 74HC595 的第 15、第 1~第 7 引脚输出。

"输入并且移位"步骤受时钟 SCLK 控制(图 7.21 中 U6、U7 的第 11 号引脚),在 SCLK 上升沿的时候启动一次移位。编程时,先令 SCLK 为低电平,然后跳变为高电平,从而产生一个上升沿。

"复制并且显示"步骤受时钟 RCLK 控制(图 7.21 中 U6、U7 的第 12 号引脚),在 RCLK 上升沿的时候启动,上升沿的产生方法同 SCLK。

因为有两个串/并转换芯片,所以可以实现位码与段码同时传输给数码管。

7.3.2 CW 工程

新建 CW 工程,命名为 LED1234,显示"1234"这四个数字。

增加三个 Bit 模块,分别重命名为 DIO、SCLK、RCLK。三个模块及其初始化见图 7.22。

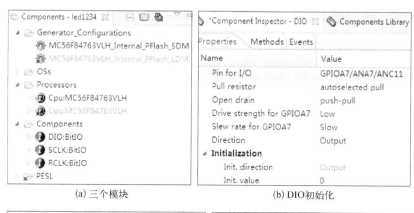

图 7.22 三个模块及其初始化

把 DIO 配置到 GPIOA7(Pin for I/O=GPIOA7)，方向为输出(Direction=Output)，其他保持默认。把 SCLK 配置到 GPIOC4，RCLK 配置到 GPIOC3，方向均为输出(即从 DSC 芯片输出)。

7.3.3 主文件 main.c

```
unsigned int duan[] = {0x3F, 0x06, 0x5B, 0x4F, 0x66, 0x6D, 0x7D, 0x07, 0x7F, 0x6F};
unsigned int wei[] = {0xF7, 0xFB, 0xFD, 0xFE};
void in(unsigned char);              //函数声明，输入并且移位
void display();                      //函数声明，复制并且显示

void main(void)
{
  PE_low_level_init();
  for(;;)
  {
    in(duan[1]);                     // 显示数字 1，调用函数，输入段码
    in(wei[0]);                      // 千位，调用函数，输入位码
    display();                       // 调用函数，数据从移位寄存器复制到锁
                                     //   存寄存器，从而显示数据
```

//段码 duan[1]传输给了图 7.21 中的 U6，在调用下一句 in(wei[0])时，SCLK 第一个上升沿到来后，段码 duan[1]经过 U6 的第 9 引脚，以串行方式将八位数据传送给 U7。

//在位码 in(wei[0])执行完成后，段码 duan[1]被替代，保存在 U6 移位寄存器中的是位码 wei[0]。由于接下来的语句 display()中没有 SCLK 信号，所以 U6 移位寄存器中的位码 wei[0]不会从 U6 的第 9 引脚输出。

//经过以上两步，U6 移位寄存器中保存的是位码 wei[0]，U7 保存的是段码 duan[1]。在 display()作用下，位码与段码同时传送给了数码管 LED。

```
    in(duan[2]);                     // 显示数字 2
    in(wei[1]);                      // 百位
    display();

    in(duan[3]);                     // 显示数字 3
    in(wei[2]);                      // 十位
    display();

    in(duan[4]);                     // 显示数字 4
    in(wei[3]);                      // 个位
    display();
  }
```

}

```c
void in(unsigned char data)            //函数体
{
  unsigned char i;
  unsigned char a;
  for(i = 0;i < 8;i + + )               // 循环 8 次,完成 8 次移位
  {
    SCLK_ClrVal();                      // 置 0,低电平
    a = data & 0x80;                    // 保留最高位,0x80 = 1000 0000₂
    DIO_PutVal(a);                      // 数据从 DSC 芯片输出
    data < < = 1;                       // 数据左移一位,准备下一次输出数据
    SCLK_SetVal();                      // 置 1,产生一个上升沿,移位寄存器中的
                                        //   数据整体左移一位
  }
}

void display()
{
  RCLK_ClrVal();                        // 置 0,低电平
  RCLK_SetVal();                        // 置 1,高电平,产生一个上升沿,数据从
                                        //   移位寄存器复制到锁存寄存器
}
```

7.3.4 中断文件 Events.c

保持初始状态不做任何改动,运行程序后数码管将显示"1234"四个数字。

图 7.23　LED 显示结果

7.3.5 显示电机转速

可以用四位数码管实时显示电机转速。因为程序中计算出来的速度值更新频率比较快,如果直接显示在数码管上,数字会快速跳变,看起来眼花缭乱很费力。因此只需在数码管上显示一个平均的转速即可,可以考虑 1 秒钟刷新一次显示值,以便于观察。

打开已有的电机调速工程,增加三个 Bit 模块,分别重命名为 DIO、SCLK、RCLK。按上文所述初始化。

(1) 主文件 main.c

只给出与 LED 显示相关的代码。

```c
unsigned int duan[ ] = {0x3F, 0x06, 0x5B, 0x4F, 0x66, 0x6D, 0x7D, 0x07, 0x7F, 0x6F};
```

```c
    unsigned int wei[] = {0xF7, 0xFB, 0xFD, 0xFE};
        // speedLED 声明外部变量,该变量的相关代码在文件 Events.c 中
        // speedLED 仅用于 LED 显示,以图人眼观看方便,其刷新频率为 1 秒
    extern unsigned int speedLED;
    unsigned int qian,bai,shi,ge;          // 千位、百位、十位、个位
    void in(unsigned char);                //函数声明,输入并且移位
    void display();                        //函数声明,复制并且显示

    void main(void)
    {
      PE_low_level_init();
      for(;;)
      {
        qian = speedLED/1000;              // 整除,得到千位数
        bai = speedLED/100% 10;            // 整除后,再对 10 求余数,得到百位数
        shi = speedLED/10% 10;             // 整除后,再对 10 求余数,得到十位数
        ge = speedLED% 10;                 // 对 10 求余数,得到个位数
        // 数码管的第一个"8"显示转速的千位
        in(duan[qian]);
        in(wei[0]);
        display();
        // 数码管的第二个"8"显示转速的百位
        in(duan[bai]);
        in(wei[1]);
        display();
        // 数码管的第三个"8"显示转速的十位
        in(duan[shi]);
        in(wei[2]);
        display();
        // 数码管的第四个"8"显示转速的个位
        in(duan[ge]);
        in(wei[3]);
        display();
      }
    }

    void in(unsigned char data)
    {
      unsigned char i;
```

```c
  unsigned char a;
  for(i = 0;i < 8;i + +)
  {
    SCLK_ClrVal();
    a = data & 0x80;
    DIO_PutVal(a);
    data < < = 1;
    SCLK_SetVal();
  }
}

void display()
{
  RCLK_ClrVal();
  RCLK_SetVal();
}
```

(2) 中断文件 Events.c

只给出 LED 显示的相关代码。省略了电机旋转部分的代码,需要自行添加。

```c
unsigned int x, y, encodA, speed, speedLED;
unsigned int delNUM;
unsigned int NUM[2];
unsigned int yMAX = 100;

# pragma interrupt called
void PWMC1_OnReload(void)        // 频率 = 10 kHz
{
  A_GetCounterValue(&encodA);    // 获取编码器计数值,有关内容参考"光编测速"
  x + +;
  if(x > 100)                    // 每 0.01 秒计算一次转速,这个值与 PWM 周
                                 //   期有关,M 法计算转速
  {
    NUM[1] = encodA;
    if(NUM[1] > NUM[0])
    {
      delNUM = NUM[1] - NUM[0];
    }
    else
      delNUM = 0;
    speed = delNUM * 6;          // 实际转速,不宜用于数码管显示,刷新速度过快
```

```
        x = 0;
        NUM[0] = NUM[1];


        y++;
        if(y > yMAX)
        {
          speedLED = speed;              // speedLED 用于数码管显示,变化要缓慢
          y = 0;
        }
    }
        ******                           // 电机调速程序另行添加,省略,电机要旋转
        PWMC1_Load();
}
```

(3) FreeMASTER 工程

数码管每秒钟刷新一次,观察 speed 与 speedLED 的波形(图 7.24),图中第一个通道是 speed,第二个通道是 speedLED。可见 speedLED 每秒钟变化一次数值,刷新周期为 1 秒,便于肉眼观看。如果显示 speed,数码管数字的个位与十位势必波动得很快,让人看不清。

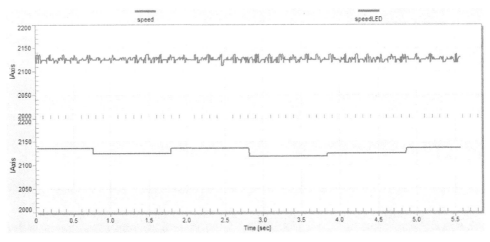

图 7.24 转速波形

数码管显示结果为 2130(图 7.25),表示此刻电机转速大约是 2130 rpm。

图 7.25 电机转速

第 8 章

永磁同步电动机控制

8.1 PMSM 启动

8.1.1 原理

启动之前,转子的初始位置 θ_0 是随机的。如果 PMSM 中没有安装霍尔传感器或其他绝对式编码器,只安装了增量式编码器,则存在启动问题。矢量控制程序运行后,转子有可能无法启动,而是在原地小幅震颤,用手难以拨动转子,电流还很大。此时电机没有反电势,很小的外加电压就能在绕组上产生大电流。由于转子不转,检测到的位置 θ 基本是一个固定值,三相电流就将始终维持某个状态(如 i_a 始终为正,i_b 与 i_c 始终为负),定子磁场是静止的。

本节所论述的启动问题,针对仅安装了增量式编码器、没有安装绝对式编码器(旋转变压器、正余弦编码器、霍尔位置传感器等)的 PMSM 控制系统。

增量式编码器输出 A、B、Z 三个信号,信号 Z 始终对应转子的某个位置,只要检测到信号 Z,就可以计算出后续的转子位置。所以,解决方案就在于另用一套办法,先让电机旋转起来,在此过程中实时检测 Z 信号,一旦检测到 Z 信号,也就明确了转子位置 θ,从而开始顺利地使用增量式编码器。

下面阐述一个简单常用的"三段式启动"方法,分为三个步骤:

1) 预定位:也称初始定位。启动时,转子初始位置 θ_0 随机不可知。预定位是将转子强制性拉拽到 0°,令转子 d 轴与定子 A 轴重合,此刻转子位置为零:$\theta=0°$。

2) 开环启动:产生慢速旋转磁场,将电机慢慢拉起来。可以将旋转磁场的速度逐步提高,使电机转速逐步加快。

3) 投入同步:开环启动过程中检测到 Z 信号后,可切换到正常的控制算法。

预定位的目标是使 $\theta=0°$,即 d 轴与 A 轴重合。指导原则是定子绕组通以直流电流,产生空间静止的定子磁场,从而拉动转子,直至 d 轴与 A 轴重合。

预定位的具体实现方法有很多,最简单的方式是直接产生图 8.1 所示的"定子磁场④",该定子磁场的轴线位于 A 轴,不管启动前转子 d 轴位于何处,直接一次性将转子拉到零度。但这种方法比较粗糙,不能保证 100% 成功率,而且瞬间电流大,定位后转子存在振荡现象。

还要考虑到一种极端的小概率事件:若转子初始位置 $\theta_0=180°$,即 d 轴与 A 轴负方向重合(图 8.2)。那么"一次性定位"这种方法就不一定能成功了。通电后,转子会静止不动,

维持 $\theta_0 = 180°$ 不变。由于转子静止,会被误认为已经完成了初始定位。

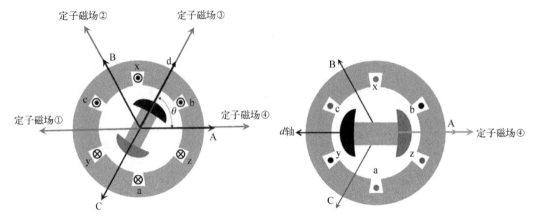

图 8.1　四步初始定位　　　　　图 8.2　小概率事件(初始位置 $\theta_0 = 180°$)

(1) 预定位

为避免上述小概率事件发生的风险,并降低定位过程中转子振荡的幅度,保险些的方法是"多步定位"。先后产生几个不同空间位置的定子静止磁场,图 8.1 采用了"四步定位"方法,将定子磁场依次定位在 $180° \to 120° \to 60° \to 0°$,步进式到达零位置,可靠性与平稳性好于一次性定位。步数越多,可靠性越高,具体步数与定子磁场位置可视实际工况酌情加减。

(2) 开环启动

在预定位完成之后,绕组通三相电流,产生旋转磁场,该磁场的转速由慢到快逐步增大,将转子的转速慢慢拉上来,在合适的时机,舍弃开环启动,投入正常运行。开环启动不需要检测外加信号,可以硬性地产生一个定子旋转磁场,旋转磁场转速开始慢,然后逐步加快,但要保证转子始终能跟得上,否则会失步。定子旋转磁场转速的变化率尚无统一标准,过快或过慢都不可行,而要根据实际工况,用实验凑一下,总原则是不能失步。

开环启动容易过流,电机抖动明显,也容易失步,因此要非常缓慢地调节磁场的旋转增速。转速不宜过高,开环启动的时间也不宜过长,只要能检测到反电势,即可中断开环启动状态,进入闭环。旋转圈数可视情况而定,原则上旋转一圈检测到光编 Z 信号即可。

由于反电势峰值的大小正比于转速,所以在预定位、开环启动期间,反电势都很小,甚至可近似视为零。限流环节只剩下绕组电阻,PMSM 的电阻都不大,很小的外加电压就可导致很大的电流,所以限流是重要的,但也不能只考虑限流,毕竟成功启动始终是第一位的。综合这两个因素,实际电流大小可参考正常情况下的额定电流 I_N。在预定位、开环启动期间,实际电流可在 $80\% \sim 90\% I_N$ 之间,这样既产生了足够的力矩拉动转子,也不至于电流过大。以此需要为基准选择 PWM 占空比,使得施加到绕组上的等效电压恰到好处。

如果只需检测到编码器 Z 信号,则开环启动最多转一圈。如果要检测反电势,开环启动就要转很多圈,将转速拉到足够高。具体数值看实际情况,不可一概而论。

(3) 投入同步

舍弃开环启动,切换到正常的控制算法。

三段式启动法是 PMSM 软启动的源头,在此基础上可派生出其他改进型方法。

8.1.2 CW 工程

预定位的代码如下,可利用定时器来实现。完成初始定位后,禁止该定时器。变量 cxsj 用来控制定子磁场的静止持续时间,该时间可根据实际工况自行调整。变量 ratio 为占空比,决定着施加到绕组上的等效电压,也需根据实际工况调整,通常以实际电流接近额定值为基本原则。另外要注意,预定位结束后,再运行开环启动的程序。"预定位"与"开环启动"这两段代码不能同时运行,要有先后次序,且代码功能是一次性的,完成任务后就要禁止,以节省 DSP 资源,这是一方面,更重要的是防止出现逻辑性错误。

```
    // 转子初始定位,定位到零度,d 轴与 A 轴重合
# pragma interrupt called
void TI1_OnInterrupt(void)
{
  cxsj + + ;
  if(cxsj < = 10000)
    {                                    // A 桥臂下管始终导通,B 桥臂上管与 C 桥
                                         //   臂上管为 PWM。互补模式
      PWMC1_SetDutyPercent(0,0);         // A 上管关断,下管导通,A - B + C + ,180°,
                                         //   持续 1 秒
      PWMC1_SetDutyPercent(2,ratio);     // B 上管 PWM,占空比为 ratio,下管与之互补
      PWMC1_SetDutyPercent(4,ratio);     // C 上管 PWM,占空比为 ratio,下管与之互补

    }
  else if(cxsj > 10000 && cxsj < = 20000)
    {
      PWMC1_SetDutyPercent(0,0);      // A - B + C - ,120°,持续 1 秒
      PWMC1_SetDutyPercent(2,ratio);
      PWMC1_SetDutyPercent(4,0);
    }
  else if(cxsj > 20000 && cxsj < = 30000)
    {
      PWMC1_SetDutyPercent(0,ratio);  // A + B + C - ,60°,持续 1 秒
      PWMC1_SetDutyPercent(2,ratio);
      PWMC1_SetDutyPercent(4,0);
    }
  else if(cxsj > 30000 && cxsj < = 40000)
    {
      PWMC1_SetDutyPercent(0,ratio);  // A + B - C - ,0°,持续 1 秒
      PWMC1_SetDutyPercent(2,0);
```

```
      PWMC1_SetDutyPercent(4,0);
    }
    if(cxsj > 40000)
    {
      TI1_Disable();                // 禁止本定时器,预定位已完成,不再运行
    }
}
```

预定位时,开环启动不可运行;预定位结束后,才可开始开环启动,同时须禁止预定位代码的运行。开环启动实现原理见图 8.3。

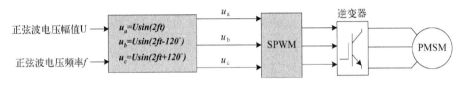

图 8.3 开环启动

假设定时器中断周期为 T(T 是个固定值)。角度、角速度、频率之间的关系为:

$$\theta = \omega t + \theta_0 = \omega t = 2\pi f t \tag{8.1}$$

在每个中断周期 T 内,令 θ 递加一个微小的增量 $\Delta\theta$:

$$\theta = \theta + \Delta\theta \tag{8.2}$$

角度变化率就是角速度,变化周期 Δt 就是中断周期 T:

$$\frac{\Delta\theta}{\Delta t} = \frac{\Delta\theta}{T} = \omega = 2\pi f \tag{8.3}$$

移项可得:

$$\Delta\theta = 2\pi T f = kf \tag{8.4}$$

在程序中,改变角度增量 $\Delta\theta$,就等价于改变了频率 f。若 $\Delta\theta$ 为零,f 也为零;$\Delta\theta$ 缓慢增大,f 也缓慢增大。可考虑按斜坡规律缓慢增大 $\Delta\theta$,但都须由零开始逐步增大,且增大步长不宜过激,以使定子磁场缓慢提速,将电机转子的转速逐步提高。开环启动非常容易失步,容易导致启动失败,故需要反复调试,找到最合适的参数。

开环启动代码如下,定时器的使用方法同预定位,开环启动完成后,也要禁止该定时器。在开环启动期间,应同时启动正常控制的位置检测与速度检测环节,为投入同步做准备。

```
# pragma interrupt called
void TI2_OnInterrupt(void)
{
    // DELtheta 为角度增量 Δθ,随时间增大
    DELtheta = div_s((Frac16)RP,4095);   // RP÷4095,RP 最大值 4095
    //三个对称正弦波,幅值为 1
```

```
    theta = theta + DELtheta;              // 电位器要保证 DELtheta 初始为零，
                                            然后缓慢增大
    theta120 = theta - two3pi;
    theta240 = theta + two3pi;
      // 产生三相对称正弦波电压作为调制波
    ua = mult(UMAX,GFLIB_SinTlr(theta));    //  u_a= U_max sin(θ)
    ub = mult(UMAX,GFLIB_SinTlr(theta120)); //  u_b= U_max sin(θ - 120°)
    uc = mult(UMAX,GFLIB_SinTlr(theta240)); //  u_c= U_max sin(θ + 120°)
      // SPWM
    dutyA = FUN_spwmDUTY(ua);               // 函数调用
    dutyB = FUN_spwmDUTY(ub);
    dutyC = FUN_spwmDUTY(uc);
}
      // 电位器来控制角度增量 Δθ
#pragma interrupt called
void AD1_OnEnd(void)
{
    AD1_GetChanValue16(2,&RP);              // 电位器输入电压，作为 DELtheta
    RP = RP > > 4;                          // 右移四位，得到 12 位 ADC 结果，取值
                                            范围 0 - 4095

}
```

程序运行后，改变 $\Delta\theta$ 的值，使 $\Delta\theta$ 由零逐步增大，等同于频率 f 的逐步增大。增大的速率要慢，同时观察电机，以转子能连续旋转为原则。当 $\Delta\theta$ 不变时，定子磁场以匀速旋转。

实践表明，用手动调节电位器改变 $\Delta\theta$ 的方式虽然在原理上可行，但人为手动调节难以保证电位器输出按匀速变化，引起失步的概率较大。较保险的方法有下述三种方案：1）编程实现角度增量 $\Delta\theta$ 的递增；2）用 FreeMASTER 在线调试直接写入数据；3）对电位器输出在程序中进行斜坡处理，以使得角度增量按匀速变化。

上述代码仅为关键环节，其他诸多常见细节本书未予列出，如头文件添加、变量声明、SPWM函数体、使能或禁止该定时器等，也没有列出闭环控制的代码，应根据实际需要自行补充。

在实验中，过流可视为头等大事。如果逆变器直流电压可调，应先尽量调低，以防止发生过流。UMAX 是正弦波实际相电压幅值，可以是一个常数，数值可以大一些。如果逆变器直流电压不可调，是一个比较高的电压，那么在软件代码中，UMAX 就不能写成一个较大的常数，以确保实际施加到绕组上的电压较小。在反电势近似为零的条件下，施加到绕组上的电压宜小不宜大，小电压即可产生大电流，转矩的大小只取决于电流，与电压无关。

参与运算的变量均为有符号 16 位小数 Frac16，取值范围为 ± 1，电机须用标幺化模型。

投入同步的程序为正常的矢量控制，不再赘述。切换到矢量控制闭环运行是一个重要问题，应确保可靠、柔性无振荡的切换，本节没有讨论这一环节。但要注意切换之后，务必禁止开环启动和预定位的代码运行，不允许出现下列情况：矢量控制的代码运行时，预定位或

开环启动的代码也在运行,这是一个容易犯的逻辑性错误。

如果电机上安装了霍尔传感器,可利用其直接启动。霍尔传感器属于绝对式编码器,位置分辨率虽然不高,但完全可以满足启动要求,启动性能也优于本节例程。相关内容可参考 BLDC 控制的相关章节。

上述完全开环的启动方法是存在失步风险的,有一种流频比(current frequency ratio,IF)的方法能提高开环启动的性能。该方法有电流反馈但无转速反馈,有反馈必然比无反馈的性能更好。IF 法给定直轴电流、交轴电流以及转速,对转速积分以构造一个虚拟转子位置,产生逐步提速的旋转磁场。IF 法的优点是能限制过流,提高带载能力,实用性好,空载开环启动的成功率近乎 100%。具体内容可查阅相关文献。

8.2 PMSM 矢量控制

8.2.1 原理

矢量控制(Vector Control)也叫磁场定向控制(FOC,field oriental control),图 8.4 为典型的矢量控制双闭环调速系统,SPWM 仅是其中的一个组成部分,不能和矢量控制画等号。为减小难度,例程只做电流内环(图 8.5)。直轴参考电流 i_d^* 始终为零,交轴参考电流 i_q^* 在 FreeMASTER

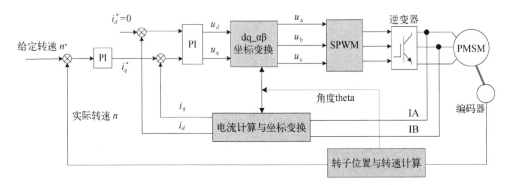

图 8.4 永磁同步电机 SPWM 矢量控制调速系统

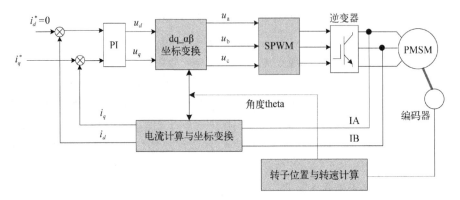

图 8.5 单闭环永磁同步电机矢量控制

中可手动给定(也可由电位器给定),转速随着i_q^*的变化而变化。i_q^*始终为正数,越大转速越高。电流内环调节好之后,再加上转速外环,就能够组成一个完整的双闭环调速系统。

根据磁钢放置方式,永磁同步电机(PMSM,Permanent Magnet Synchronous Motor)分为表贴式(SPM,Surface PMSM,图8.6)和内置式(IPM,Interior PMSM,图8.7),两者的定子没有区别。PMSM属于三相交流电机,定子和异步机、电励磁同步电机没有本质区别,从原理上讲,它们的定子是可以互换的。

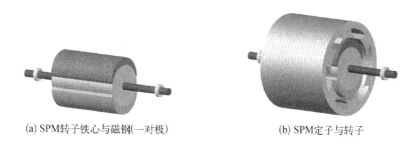

(a) SPM转子铁心与磁钢(一对极)　　　　(b) SPM定子与转子

图8.6　表贴式永磁同步电机 SPM(一对极)

(a) IPM转子铁心与磁钢(两对极)　　　　(b) IPM磁钢

图8.7　内置式永磁同步电机 IPM(两对极)

对 SPM 来说,$i_d=0$控制就是最大转矩电流比控制(MTPA,maximum torque per ampere,单位电流产生的转矩最大)。因为在i_d-i_q平面上,SPM 的转矩曲线是平行于横轴(i_d)的直线,MTPA 轨迹与纵轴(i_q)重合。

目前常用的磁钢有两种(图8.8):铁氧体磁钢和钕铁硼磁钢。前者价格便宜,磁性能弱;后者的价格与磁性能高于前者。

(a) 铁氧体磁钢　　　　(b) 钕铁硼磁钢

图8.8　磁钢

$i_d=0$控制所能达到的最高转速是有限的。对于 SPM,大体上最高转速为额定转速的1.2~1.5倍。对于 IPM,最高转速没有统一标准,与电机电感、凸极率有直接关系,有些凸极率大的 IPM 甚至达不到额定转速,而有的 IPM 的理论最高转速为无限大。欲提升最大转速,i_d必须为负数,即弱磁升速,同时要适当地降低i_q。如果拖动的是恒转矩负载,要把负载适当减小，让电机以恒功率方式运行。

电机的数学模型就是四个数学方程组：磁链方程、电压方程、转矩方程、运动方程。在不同坐标系，数学模型有着不同的表达形式，以转矩方程为例：

1) abc 坐标系的数学模型中，转矩方程为：$T=f(u_a, u_b, u_c, i_a, i_b, i_c)$
2) $\alpha\beta$ 坐标系的数学模型中，转矩方程为：$T=f(u_\alpha, u_\beta, i_\alpha, i_\beta)$
3) dq 坐标系的数学模型中，转矩方程为：$T=f(u_d, u_q, i_d, i_q)$

其中我们最关心的是 dq 坐标系的数学模型。d 轴（直轴）固定在转子上（图 8.9），与磁钢 N 极中心线重合，与转子励磁磁场峰值重合，相当于转子磁场定向。q 轴（交轴）也固定在转子上，超前 d 轴 90°电角度，这种超前是空间上的超前，逆时针为正方向。

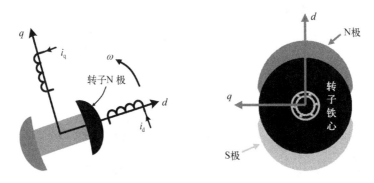

图 8.9 dq 坐标系

采用磁势恒定的坐标变换，通过繁琐但不复杂的计算，可以得到 PMSM 数学模型：

a) 磁链方程

$$\begin{bmatrix} \psi_d \\ \psi_q \end{bmatrix} = \begin{bmatrix} \left[L_{AAd} + \dfrac{2(L_{AA\sigma}+M_{AA\sigma})}{3}\right]i_d \\ \left[L_{AAq} + \dfrac{2(L_{AA\sigma}+M_{AA\sigma})}{3}\right]i_q \end{bmatrix} + \begin{bmatrix} \psi_f \\ 0 \end{bmatrix} = \begin{bmatrix} L_d i_d + \psi_f \\ L_q i_q \end{bmatrix} \tag{8.5}$$

ψ_d 是 d 轴的总磁链，是 d 轴绕组电流产生的磁链和转子磁钢产生的磁链之和。d 轴绕组的自感是 L_d，通的电流是 i_d（图 8.9）。d 轴绕组产生的磁链是 $L_d i_d$，转子磁钢产生的磁链是 ψ_f，全部匝链到 d 轴，是已经折算到定子侧的励磁磁链，式 8.5 中 ψ_f 是正弦波转子磁链的幅值。ψ_q 是 q 轴的总磁链，是 q 轴绕组产生的磁链，与励磁磁链 ψ_f 无关。

L_{AAd} 为 d 轴与 a 轴重合时，对应主磁通（不包括漏磁通）的电感，L_{AAq} 为转子 q 轴与 a 轴重合时，对应主磁通（不包括漏磁通）的电感。$L_{AA\sigma}$ 是定子一相的自漏感，$M_{AA\sigma}$ 为定转子互漏感，是折算到定子侧的数值。

b) 电压方程

$$\begin{cases} u_d = R_1 i_d + \dfrac{d}{dt}\varphi_d - \psi_q \omega \\ u_q = R_1 i_q + \dfrac{d}{dt}\psi_q + \psi_d \omega \end{cases} \tag{8.6}$$

把磁链方程式 1 带入式 2,还可得到另外一种表达方式：

$$\begin{cases} u_d = R_1 i_d + L_d \dfrac{di_d}{dt} - L_q i_q \omega \\ u_q = R_1 i_q + L_q \dfrac{di_q}{dt} + (L_d i_d + \psi_f) \omega \end{cases} \tag{8.7}$$

稳态时 i_d、i_q 都是常数,再忽略定子电阻压降,电压方程简化为：

$$\begin{cases} u_d = -L_q i_q \omega \\ u_q = (L_d i_d + \psi_f) \omega \end{cases} \tag{8.8}$$

根据电机统一理论的伪静止绕组方式(d-winding、q-winding),也可直接写出电压方程(图 8.10)。

c) 转矩方程

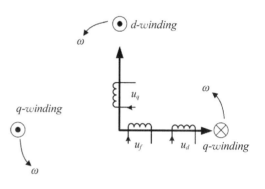

$$\begin{aligned} T &= \dfrac{3}{2} p [i_q \psi_d - i_d \psi_q] \\ &= \dfrac{3}{2} p [i_q \psi_f + (L_d - L_q) i_d i_q] \end{aligned} \tag{8.9}$$

电机控制的最终目标是控制转矩,而非电流。极对数 p、转子磁链(励磁磁链)ψ_f、直轴电感 L_d、交轴电感 L_q 是固定不变的常数(这只是一种近似,实际上,除极对数外,其他参数都不

图 8.10 伪静止绕组等效模型

可能是固定的常量,而是随工况而变动的),那么转矩大小仅和直轴电流 i_d、交轴电流 i_q 有关,若保证这两个电流稳定,则转矩稳定无脉动,转矩稳定则转速无波动。

直轴电流 i_d 对直轴磁链 ψ_d 有影响。当 i_d 产生的磁链与转子磁链 ψ_f 同方向时,为增磁作用;反之则为去磁(弱磁)。大多数情况下,i_d 为去磁电流($i_d < 0$)。因为 $L_d < L_q$ 且 $i_q > 0$,为了产生正值转矩,即 $(L_d - L_q) i_d i_q > 0$,i_d 只能为负。这部分转矩是由交直轴电感不相等,即转子凸极性所导致的,对于交直轴电感相等的表贴式 SPM,$i_d = 0$ 即可。

式 8.9 中,$(L_d - L_q) i_d i_q$ 为磁阻转矩分量,不论 IPM 还是 SPM,只要采用 $i_d = 0$ 算法,磁阻转矩分量均为零。对 SPM 来说,由于 $L_d = L_q$,磁阻转矩分量天然为零。所以转矩简化为：

$$T = \dfrac{3}{2} p i_q \psi_f \tag{8.10}$$

d) 运动方程

$$T - T_L = J \dfrac{d\Omega}{dt} \tag{8.11}$$

T 为电磁转矩,T_L 为加在电动机轴上的总负载,包括负载、摩擦、风阻、空载阻转矩等;J 代表传动系统总惯量,不一定是常数,与质心、质量、结构有关;Ω 为机械角速度。

8.2.2 CW 工程

debug 下载程序之前，先断开逆变器直流侧电压，以防止过流。新建工程，命名为 PMSM_spwm。添加模块 FreeMASTER、PWMMC、模数转换 ADC、两个脉冲计数器 PulseAccumulator、捕获 Capture、定时器 TimerInt。在 FreeMASTER 中使能记录仪 Recorder，以观测快速变化的数据（图 8.11）。

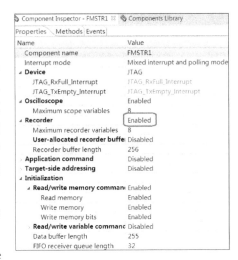

图 8.11 记录仪 Recorder 初始化

模块 PWMMC 频率设定为 10 kHz，死区时间为 3 μs，开中断（Enabled），互补模式。

模块 ADC 采样 A、B 两相电流。模块 Capture 捕获光编信号 Z 的上升沿。

第一个模块 PulseAccumulator 对光编信号 A 的两个跳变沿计数，计数模式 Count。

第二个模块 PulseAccumulator 对光编信号 B 的两个跳变沿计数，计数模式 Count。

暂时不考虑电机转向问题，所以用两个计数模块。定时器模块 TimerInt 用于转子初始定位，中断周期为 100 μs。所有模块如图 8.12。

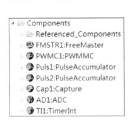

图 8.12 全部模块

8.2.3 自己制作头文件

为了编程方便，减少中断文件 Events.c 中需要自己输入的代码量，可以把坐标变换的四个函数做成一个头文件，命名该文件为 CoordinateTransform.h（图 8.13）。该文件包含了函

```
/* 函数声明 */
void FUN_ABC_AlphaBeta(Frac16 *A,Frac16 *B,Frac16 *C,Frac16 *alpha,Frac16 *beta);
void FUN_AlphaBeta_dq(Frac16 *alpha,Frac16 *beta,Frac16 *d,Frac16 *q,Frac16 *theta);
void FUN_dq_AlphaBeta(Frac16 *d,Frac16 *q,Frac16 *alpha,Frac16 *beta,Frac16 *theta);
void FUN_AlphaBeta_ABC(Frac16 *alpha,Frac16 *beta,Frac16 *A,Frac16 *B,Frac16 *C);

/* 函数定义 */
void FUN_ABC_AlphaBeta(Frac16 *A,Frac16 *B,Frac16 *C,Frac16 *alpha,Frac16 *beta)
{
    *alpha = mult(FRAC16(0.666667),*A)-mult(FRAC16(0.333333),*B)-mult(FRAC16(0.333333),*C);
    *beta = mult(FRAC16(0.577350),*B) - mult(FRAC16(0.577350),*C);
}
void FUN_AlphaBeta_dq(Frac16 *alpha,Frac16 *beta,Frac16 *d,Frac16 *q,Frac16 *theta)
{
    *d = mult(*alpha,GFLIB_CosTlr(*theta)) + mult(*beta,GFLIB_SinTlr(*theta));
    *q = mult(*beta,GFLIB_CosTlr(*theta)) - mult(*alpha,GFLIB_SinTlr(*theta));
}
void FUN_dq_AlphaBeta(Frac16 *d,Frac16 *q,Frac16 *alpha,Frac16 *beta,Frac16 *theta)
{
    *alpha = mult(*d,GFLIB_CosTlr(*theta)) - mult(*q,GFLIB_SinTlr(*theta));
    *beta = mult(*d,GFLIB_SinTlr(*theta)) + mult(*q,GFLIB_CosTlr(*theta));
}
void FUN_AlphaBeta_ABC(Frac16 *alpha,Frac16 *beta,Frac16 *A,Frac16 *B,Frac16 *C)
{
    *A = *alpha;
    *B = mult(FRAC16(-0.5),*alpha) + mult(FRAC16(0.866025),*beta);
    *C = mult(FRAC16(-0.5),*alpha) - mult(FRAC16(0.866025),*beta);
}
```

图 8.13 自制坐标变换的头文件

数声明和函数定义。在使用之前需要先完成以下两项工作：

(1) 把 CoordinateTransform.h 拷贝到工程文件夹 PMSM_spwm\Generated_Code 中。

(2) 在中断文件 Events.c 中把该头文件包含进来。

 # include"CoordinateTransform.h"

类似的，也可以把其他常用函数做成头文件。文件后缀名必须是"＊＊＊.h"。

8.2.4 主文件 main.c

```
void main(void)
{
  PE_low_level_init();
  PWMC1_OutputPadEnable();
  Puls1_Enable();
  Puls2_Enable();
  for(;;) {
    FMSTR1_Poll();           // 使用示波器
    FMSTR1_Recorder();       // 使用记录仪
  }
}
```

8.2.5 中断文件 Events.c

与异步机相比，永磁同步电机电感普遍不大，多为 10 毫亨(mH)以下，甚至是微亨(μH)级别，电机越大电感往往越小。空载电流很小，它不可能是光滑的正弦波，波形看起来也很差，在零附近快速波动，这是永磁同步电机的一个共性，尤其是小惯量的电机。所以，空载时应当以能调速为目标，不要去过分追求电流波形的正弦化。

要非常仔细地调节 PI 参数。首先要把电流内环调好。使直流给定电流始终为零，即 $i_d^* = 0$，交轴给定电流 i_q^* 可人为给定，转速会随着 i_q^* 变化而变化，当 i_q^* 超过某个数值时，电机将以最高速运行，此时 i_q^* 再大就失去了意义。

干扰是无法避免的，多表现为不规律的高频毛刺信号。捕获光编 Z 信号时，务必要考虑到干扰问题。正常情况下，当 Z 信号到来时光编计数值为 4 000，但如果在计数未满时(例如计数到 2 000)，出现了一个干扰信号并被误认为是光编 Z 信号，那么计数值会马上被清零，这与所期望的事实严重不符，电机将发生转速"卡顿"现象，导致过流，严重时甚至电机停转。例程中使用了两个办法来解决这个问题。

首先，将捕获模块 Capture 设定为高级模式 Advanced，激活其中的滤波器 Input filter (图 8.14)。Sample count 为采样次数，默认值

图 8.14 滤波

为3,取值范围为3~10。Sample period 为采样周期,按 IP 时钟频率来采样,默认值为1,取值范围为1~255。根据图8.14数值,以10 ns(时钟频率100 M)一次的速率进行采样,三次采样均为上升沿则被认为是有效信号而不是干扰信号。采样周期应小于干扰信号的周期,但干扰信号多为毛刺,其周期只能大体估计。使用这个滤波器可以有效解决部分问题,但并非百试百灵,而且要付出延时的代价,延时太长则有可能把有效信号也丢失掉。具体的延时时间为:

$$delay = 采样周期 * (采样次数 + 1) \tag{8.12}$$

其次,在程序中增加一条判断语句:**if**(encodBOTH>=3 900),除非光编计数值超过3 900,否则不对计数值做清零处理,这样至少可以把计数值在0~3 900之间出现的干扰信号排除掉。

启动是一个非常重要的问题,能否顺利启动,与软硬件都有关系。例程采用前面章节讨论过的预定位方法,即首先将转子定位到零度,令 d 轴和 a 轴重合;定位完成后,定位程序不再运行,例程没有包含开环启动的内容。

在下面例程的基础上,添加转速外环,可以构建双闭环调速系统。

```
# include"gflib.h"
# include"CoordinateTransform.h"
    //转子初始定位相关变量
unsigned int z = 0;
byte switchPWM = 0;
byte ratio = 13;                        // 占空比,取值范围 0~100,0~100% 占
                                        空比,该值不能大,否则过流


    //电流 AD 采样相关变量
unsigned int IA_off = 5;                // 电流采样值零位调节
unsigned int IB_off = 8;                // 电流采样值零位调节
unsigned int Va,Vb,Vc;
Frac16 ia,ib,ic;


    //以下为光编测位置的相关变量
Frac16 thetaINI = FRAC16(0.833333);     // 5/6,150°电角度
unsigned int encodA,encodB,encodBOTH;   // 光编计数值
Frac16 x,theta;                         // 准备用于三角函数计算的角度
unsigned int NUM[2],delNUM,n;           // 转速计算的相关变量


    //以下为电流环变量
byte state = 0;                         // 空载启动,启动后在 freeMASTER 中改为1
Frac16 Kp_current = FRAC16(0.007);      // 比例系数,空载时大致范围 0.001~0.009
Frac16 Ki_current = FRAC16(0.00088);    // 积分系数,空载时大致范围 0.0008~0.001
Frac16 idRef = FRAC16(0.0);             // 直轴参考电流,$i_d$= 0 控制,$i_{dRef}$ 始终为 0
Frac16 iqMAX = FRAC16(0.06);            // 空载时近似为零,$i_{qRef}$ > 0,大致范围
```

```
Frac16 iSTEP = FRAC16(0.00025);      // 步长     0.04~0.07
Frac16 uSTEP = FRAC16(0.0005);       // 步长
Frac16 Kp,Ki,ialpha,ibeta,id,iq,iqRef,errorD,errorQ,errorD1,errorQ1;
Frac16 ua,ub,uc,ualpha,ubeta,ud,uq,ud1,uq1;
Frac16 udMAX = FRAC16(-0.002);       // 电压峰值,大致范围 0.0004~0.1,该
                                     //   初值用于空载启动
Frac16 uqMAX = FRAC16(0.2);          // 电压峰值,大致范围 0.2~+1,该初值
                                     //   用于空载启动
Frac16 uVECTOR;                      // 电压矢量幅值,仅用于观测

    //SPWM
int dutyA,dutyB,dutyC;               // 占空比,取值范围 0~32767,代表 0~
                                     //   100% 占空比
    //函数声明
int FUN_spwmDUTY(Frac16 uref);
Frac16 FUN_PI(Frac16 ERROR, Frac16 ERROR1, Frac16 KP, Frac16 KI, Frac16 *
yOLD);

    //定时器中断,转子初始定位,定位到零度,令 d 轴与 a 轴对齐
#pragma interrupt called
void TI1_OnInterrupt(void)
{
  z++;
  if(z <= 10000)
  {
    PWMC1_SetDutyPercent(0,0);       // A-B+C+,180°,持续 1 秒
    PWMC1_SetDutyPercent(2,ratio);
    PWMC1_SetDutyPercent(4,ratio);
  }
  else if(z > 10000 && z <= 20000)
  {
    PWMC1_SetDutyPercent(0,0);       // A-B+C-,120°,持续 1 秒
    PWMC1_SetDutyPercent(2,ratio);
    PWMC1_SetDutyPercent(4,0);
  }
  else if(z > 20000 && z <= 30000)
  {
    PWMC1_SetDutyPercent(0,ratio);   // A+B+C-,60°,持续 1 秒
```

```c
      PWMC1_SetDutyPercent(2,ratio);
      PWMC1_SetDutyPercent(4,0);
  }
  else if(z > 30000 && z <= 40000)
  {
      PWMC1_SetDutyPercent(0,ratio);     // A + B - C - ,0°,持续 1 秒
      PWMC1_SetDutyPercent(2,0);
      PWMC1_SetDutyPercent(4,0);
  }
  if(z > 40000)
  {
      switchPWM = 1;                     // 使用 SPWM 产生的占空比
      Puls1_SetCounter(1167);            // 初始定位后,转子位于零度
      Puls2_ResetCounter();
      ud1 = udMAX;
      uq1 = uqMAX;
      TI1_Disable();                     // 禁止本定时器,不再运行
  }
}
    //ADC,测量两相电流
#pragma interrupt called
void AD1_OnEnd(void)
{
  AD1_GetChanValue16(0,&Va);
  AD1_GetChanValue16(1,&Vb);
  Va = Va >> 4;
  Vb = Vb >> 4;
  Va = Va + IA_off;                      // 零电流校正
  Vb = Vb + IB_off;                      // 零电流校正

  ia = div_s((Frac16)Va,4095);           // 运算结果的取值范围[0, + 1)
  ia = ia - FRAC16(0.5);                 // 运算结果的取值范围[- 0.5, + 0.5]
  ia = ia + ia;                          // 运算结果的取值范围[- 1, + 1)
  ib = div_s((Frac16)Vb,4095);
  ib = ib - FRAC16(0.5);
  ib = ib + ib;
  ic = - (ia + ib);
}
```

```c
    // 捕获中断,捕获光编 Z 信号上升沿,光编计数值清零
#pragma interrupt called
void Cap1_OnCapture(void)
{
  if(encodBOTH > = 3900)              // 防止干扰
  {
    Puls1_ResetCounter();             // 光编计数值清零
    Puls2_ResetCounter();             // 光编计数值清零
  }
}
    // PWM 中断,转速环、电流环、SPWM
#pragma interrupt called
void PWMC1_OnReload(void)
{
  AD1_Measure(0);

  // *************** 光编测位置 ******************* //
  Puls1_GetCounterValue(&encodA);
  Puls2_GetCounterValue(&encodB);
  encodBOTH = encodA + encodB;
  if(encodBOTH > = 4000)
    encodBOTH = 4000;
  x = (Frac16)encodBOTH;              // 类型转换
  if(encodBOTH > = 0 && encodBOTH < = 166)
    theta = div_s(x,1000) + thetaINI;
  else if(encodBOTH > = 167 && encodBOTH < = 2166)
    theta = div_s4q(x - 1167,1000);
  else if(encodBOTH > = 2167 && encodBOTH < = 4000)
    theta = div_s4q(x - 3167,1000);

  // ************ 光编测转速,M法,仅用于观测 ************ //
  y + + ;
  if(y ≥ 10)
  {
    NUM [1] = encodBOTH;
    if(NUM[1] > NUM[0])
    {
      delNUM = NUM[1] - NUM[0];
    }
```

```
    n = delNUM * 15;                        // n = delNUM/4000/period * 60
    NUM[0] = NUM[1];
    y = 0;
}

// ************ 转速环,略 ******************** //

// ************ 电流环 ********************** //
FUN_ABC_AlphaBeta(&ia,&ib,&ic,&ialpha,&ibeta);   //调用函数,abc→αβ
FUN_AlphaBeta_dq(&ialpha,&ibeta,&id,&iq,&theta); //调用函数,αβ→dq

// *** 下列四行代码旨在微调电流给定值,减小转速振荡,并非必须,可酌情删改 ***
if(iqMAX > = iqRef)
    iqRef = iqRef + iSTEP;
else if(iqMAX < iqRef)
    iqRef = iqRef - iSTEP;

errorD = idRef - id;                 // 电流给定值与实际值的偏差,d 轴
errorQ = iqRef - iq;                 // 电流给定值与实际值的偏差,q 轴

if(state = = 0)
{
    Kp = 0;
    Ki = 0;
}
else
{
    Kp = Kp_current;
    Ki = Ki_current;
    udMAX = FUN_PI(errorD,errorD1,Kp,Ki,&ud1);
    uqMAX = FUN_PI(errorQ,errorQ1,Kp,Ki,&uq1);
}
errorD1 = errorD;
errorQ1 = errorQ;

// ****** 斜坡,令 ud,uq 缓慢变化,并非必须,可酌情修改或删除 ****** //
if(udMAX > = ud)
    ud = ud + uSTEP;
else if(udMAX < ud)
```

```
      ud = ud - uSTEP;
   if(uqMAX > = uq)
      uq = uq + uSTEP;
   else if(uqMAX < uq)
      uq = uq - uSTEP;
   FUN_dq_AlphaBeta(&ud,&uq,&ualpha,&ubeta,&theta);   //调用函数,dq→αβ
   FUN_AlphaBeta_ABC(&ualpha,&ubeta,&ua,&ub,&uc);    //调用函数,αβ→abc
   uVECTOR = mult(ualpha,ualpha) + mult(ubeta,ubeta);

      // ********** SPWM **************** //
   dutyA = FUN_spwmDUTY(ua);            // 函数调用,规则采样法计算占空比
   dutyB = FUN_spwmDUTY(ub);
   dutyC = FUN_spwmDUTY(uc);

   if(switchPWM = = 1)
   {
      PWMC1_SetRatio15(0,dutyA);
      PWMC1_SetRatio15(2,dutyB);
      PWMC1_SetRatio15(4,dutyC);
   }
   PWMC1_Load();
}
      // 函数定义,增量式 PI 调节器
Frac16 FUN_PI(Frac16 ERROR, Frac16 ERROR1, Frac16 KP, Frac16 KI, Frac16 *
   yOLD)
{
   Frac16 delERR,yp,yi,yout;
   turn_on_sat();                       // 开始饱和保护
   delERR = ERROR - ERROR1;
   yp = mult(KP,delERR);
   yi = mult(KI,ERROR);
   yout = yp + yi +  * yOLD;
    * yOLD = yout;
   turn_off_sat();                      // 结束饱和保护
   return(yout);
}
      // 函数定义,SPWM 占空比计算
int FUN_spwmDUTY(Frac16 uref)
{
```

```
    Frac16 duty;
    int ratio;
    duty = mult(uref,FRAC16(0.5));
    duty = duty + FRAC16(0.5);
    ratio = (int)duty;
    return(ratio);
}
```

8.2.6 FreeMASTER 工程

受限于串行通讯有限的采样率,当电机转速很快、数据变化速度很快时,示波器 Scope 会因为丢失数据而导致波形失真,而用记录仪 Recorder 可以避免这一点,但缺点是 Recorder 不能实时显示波形。Recorder 的设置分为以下几步(图 8.15)。首先设置 Time base,该数值越大,能观测到的波形则越多,即横轴越长,该值没有上限。要注意 Recorded 的数值(40)不能超过 Current on-board recorder 中的第二个数值(64)。

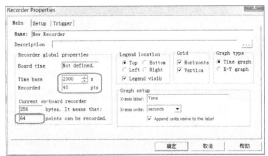

图 8.15 记录仪 Recorder 设置

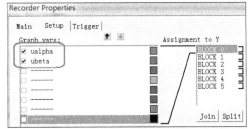

图 8.16 待观测变量

在图 8.16 中,选择要观察的波形。

选择触发源(图 8.17),触发源最好选择整型数。

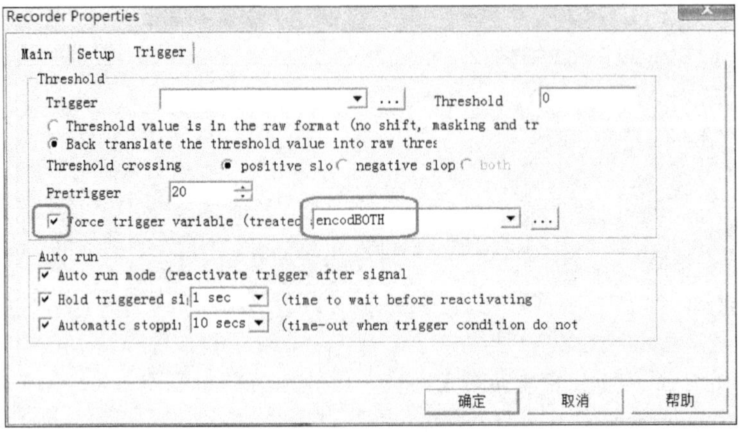

图 8.17 记录仪触发源

最后选择自动运行 Auto run，见图 8.18，纵轴为标幺值。

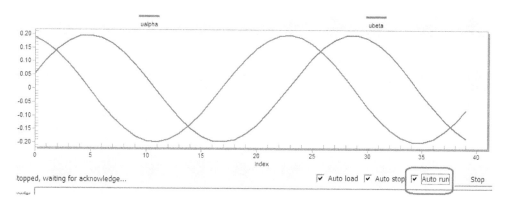

图 8.18　自动运行 Auto run

最终得到的电机实际电流波形见图 8.19（iqMAX＝0.048，转速 370 rpm，用 Recorder 显示），依次分别为：三相电流 i_a、i_b、i_c；两相静止坐标系电流 i_α、i_β；直轴与交轴电流 i_d、i_q。虽然采取了 $i_d=0$ 方法，但实际直轴电流并不为零，控制效果还有待提高。可考虑直轴和交轴分用两个不同参数的 PI 调节器，而非例程中共用一个 PI 调节器的这种方式。

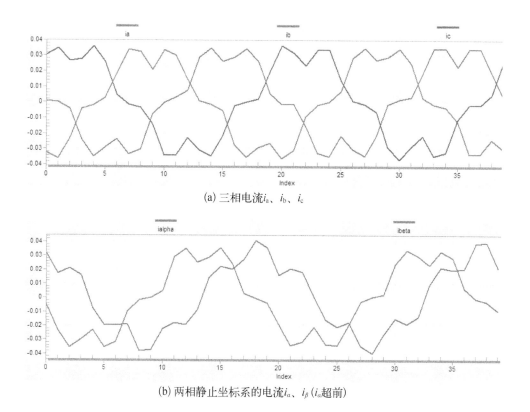

(a) 三相电流 i_a、i_b、i_c

(b) 两相静止坐标系的电流 i_α、i_β（i_α 超前）

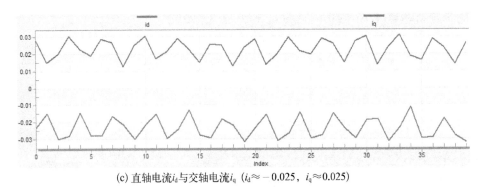

(c) 直轴电流i_d与交轴电流i_q ($i_d \approx -0.025$,$i_q \approx 0.025$)

图 8.19 电流波形

电压波形见图 8.20($i_{qMAX}=0.048$,转速 370 rpm,用 Recorder 显示)。

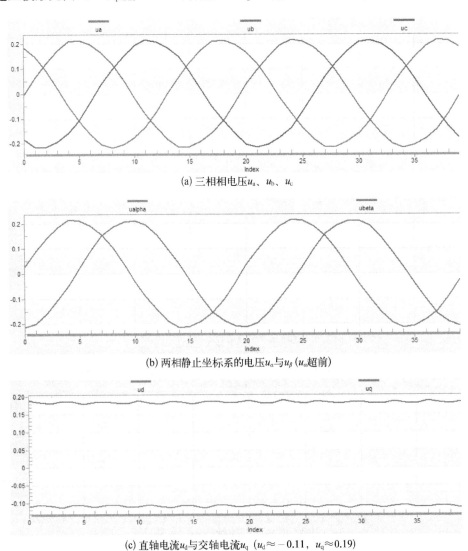

(a) 三相相电压u_a、u_b、u_c

(b) 两相静止坐标系的电压u_α与u_β (u_α超前)

(c) 直轴电流u_d与交轴电流u_q ($u_d \approx -0.11$,$u_q \approx 0.19$)

图 8.20 电压波形

图 8.18～图 8.20 的纵轴均为标幺值。

调速过程见图 8.21(转速范围 370～3500 rpm,比例系数 0.46,积分系数 0.00125,用示波器 Scope 实时显示),第一个通道为给定交轴电流 i_{qMAX},纵轴是标幺值;第二个通道为实际转速 n,在 500～3500 rpm 之间变化,纵轴的单位是 rpm。横轴均为时间,单位为秒。

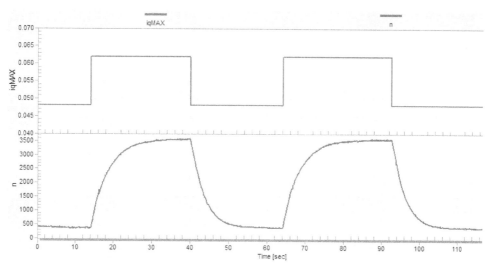

图 8.21 调速过程

8.3 PMSM 直接转矩控制

8.3.1 原理

(1) 概述

直接转矩控制(direct torque control,DTC)与矢量控制(vector control,VC)是交流电机的两大主流控制方法,其基本原理有本质不同。转矩,而非电流,是核心被控制量,矢量控制是通过控制电流间接地控制了转矩,DTC 则直接去控制转矩。

矢量控制在 20 世纪 60 年代末由德国达姆斯塔特工业大学 Hasse 提出,紧接着 1971 年,德国布伦瑞克大学 Blaschke 在其博士论文中将其系统化,并应用于异步电动机,称之为磁场定向控制(field oriental control,FOC),FOC 这个称谓至今仍在广泛使用。

1985 年,德国鲁尔大学 Depenbrock 针对电力机车提出了直接自控制(direct self control,DSC)。虽然那时矢量控制已经流行,但由于电力机车功率太大,在当时的条件下,功率器件只能选用开关速度低但能承载大电流的 GTO。器件的开关速度并不高,无法使用矢量控制,于是只能把定子磁链轨迹控制为六边形。次年,日本长冈理工大学 Takahashi(高桥熏)针对中小功率电机,采用了载流小、速度快的功率器件,把定子磁链轨迹由六边形改进为圆形,现在提起的直接转矩控制普遍指的是这种圆形轨迹方案。圆形轨迹方案要求逆变器快速地实现多次切换,其中高开关频率功率器件是前提,六边形轨迹的开关切换次数则少得多,一个电周期只需最少六次切换即可。

DSC 与 DTC 首先应用于异步电动机。1996 年,南京航空航天大学胡育文教授与澳大利亚新南威尔士大学钟立明博士将 DTC 应用到了永磁同步电机上,图 8.22 就是其方案,没有使用零矢量。在异步电动机直接转矩控制中,零矢量会使得转差率由正变负,从而产生强烈的制动性质的负转矩。随着后续研究的深入,揭示了在 PMSM - DTC 中,零矢量不仅是可以使用的,而且相当重要。在一个控制周期内,零矢量能够基本维持转矩、定子磁链不变,而不是象异步电机那样产生制动转矩。

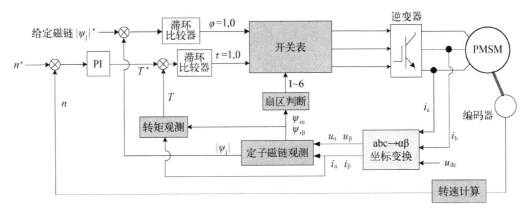

图 8.22　1997 年 PMSM - DTC 经典方案

在图 8.22 方案的基础上,陆续出现了各种改进,如:细化的开关表、SVM - DTC(即 SVPWM)、无传感器控制、扇区细分、多电平、最优电压矢量预测、结合了 $i_d = 0$ 或 MTPA、容错控制等方法,DTC 也拓展到了其他种类电机。

(2) 电压矢量、扇区与开关表

DTC 通过八个电压矢量将定子磁链矢尖轨迹控制为圆形(图 8.23),扇区的划分也有其特殊性,矢量位于扇区的中间。定子磁链 Ψ_1 是一个矢量,是由三相相磁链 ψ_a、ψ_b、ψ_c 合成的

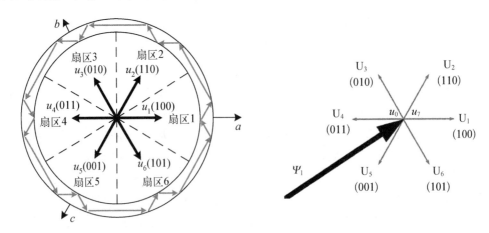

(a) 六个运动矢量、扇区与圆形定子磁链　　(b) 定子磁链受八个电压矢量的控制

图 8.23　电压矢量、扇区与定子磁链

(式 8.13)。三相相磁链是定子每相绕组的总磁链,并非仅仅由定子电流所产生,而是永磁体励磁磁链 ψ_f(折算到定子侧)与定子电流所产生的电枢反应磁链这两者共同作用的结果。

$$\Psi_1 = \frac{2}{3}(\psi_a + \psi_b e^{j120°} + \psi_c e^{j240°}) \tag{8.13}$$

通常把 $u_1 \sim u_6$ 称为运动矢量,u_0(000)与 u_7(111)为零矢量(图 8.23)。运动矢量使定子磁链 Ψ_1 运动,零矢量则使 Ψ_1 静止,同时三相相电压均为零。八个电压矢量对定子磁链的大小与位置有着不同的影响(图 8.23b)。

为了形成逆时针匀速旋转的定子磁链圆(在时间相量图与空间向量图中,一般定义逆时针为正方向),采用一系列电压矢量的组合是可以达到目的的。图 8.23b 中,u_1 使定子磁链幅值 $|\Psi_1|$ 增大且顺时针运动;u_2 使 $|\Psi_1|$ 显著增大并呈逆时针运动;u_3 使 $|\Psi_1|$ 略微增大、逆时针快速运动;u_4 则使 $|\Psi_1|$ 减小、逆时针运动;u_5 使 $|\Psi_1|$ 显著减小、呈顺时针运动;u_6 使 $|\Psi_1|$ 微弱的增大、顺时针运动。从以上描述中可见,所用语言是模糊且难以量化的,在不同电压矢量的作用下,Ψ_1 不仅幅值变化率不同,转速也不一样。当定子磁链 Ψ_1 旋转到其他位置后,电压矢量对磁链作用的描述还需要调整。

图 8.22 中,φ 和 τ 是期望值与实际值比大小的结果,φ 是磁链幅值的比较结果,τ 是转矩的比较结果。当期望值>实际值,φ 和 τ 为 1,否则为 0。$\varphi=1$ 说明实际定子磁链偏小,需要增大,$\varphi=0$ 说明实际定子磁链偏大,需要减小。转矩同理,$\tau=1$ 说明实际转矩偏小,需要增大,$\tau=0$ 说明实际转矩偏大,需要减小。图 8.22 所示 PMSM-DTC 方案的开关表如表 8.1,表中只考虑了正转,没有使用零矢量。

表 8.1 PMSM-DTC 开关表

φ	τ	扇区 1	扇区 2	扇区 3	扇区 4	扇区 5	扇区 6
1 磁链应增大	1 转矩应增大	110	010	011	001	101	100
	0 转矩应减小	101	100	110	010	011	001
0 磁链应减小	1 转矩应增大	010	011	001	101	100	110
	0 转矩应减小	001	101	100	110	010	011

当定子磁链 Ψ_1 位于扇区 1,电压矢量 u_2(110)能增大定子磁链,由于定子磁链逆时针运行,且旋转速度比转子磁链 ψ_f 快得多,所以增大了与转子磁场(d 轴)之间的夹角,也就能增大转矩。电压矢量 u_6(101)在增大定子磁链幅值 $|\Psi_1|$ 的同时,由于顺时针运行,减小了与转子磁场之间的夹角,所以使得转矩降低。其他矢量的作用同理可得。

在这个开关表基础上,后来又出现了更细分的开关表。例如将 φ 和 τ 的取值增加到三个($+1$、0、-1),分别代表:增大、不变、减小,还可以考虑反转状态。

零矢量在异步电机和 PMSM 中的效果完全不同,前者产生一个很大的负转差率,瞬间产生反向制动转矩,而后者则维持转矩基本不变,隐含的前提条件是控制周期足够短。

在企业界,DTC 的应用不如矢量控制广泛,但 ABB 公司则对 DTC 侧重,开发出了 DTC 兆瓦级商用变频器(如 ACS800)。从理论上看,矢量控制对电流的控制是连续的,转矩是平滑无脉动的;而 DTC 对转矩的控制是不连续的,存在明显的脉动。

DTC 的优点可概括为动态响应快、实现容易,缺点是砰-砰(bang-bang)控制,转矩脉动大,电流波形不佳。改变电压比改变电流快得多,因为改变电压不受电气时间参数(L/R)的影响,几乎是瞬间完成的,所以动态响应更迅速。DTC 容易实现具体表现在以下两点:

1) 无旋转变换,计算量相对较少。
2) 只需要知道定子电阻,对电机参数依赖小,尤其是与电感无关。

由于没有旋转变换,无需实时检测转子位置,所以 DTC 在无传感器控制上有一定的天然优势。

稳态时,PMSM-DTC 的相电流为正弦波。因为 DTC 追求定子磁链轨迹为圆形,定子磁链向各相轴线的投影,即三相相磁链为对称正弦波,那么三相电流自然也是对称正弦波。

在 PMSM 以极高速旋转时,圆形轨迹逐渐向六边形过渡,完全变化到六边形之后,就对应着该工况下的最高速,零矢量也会消失。若想再提速,则会进入弱磁区,随着速度的升高,六边形面积会逐步缩小。

PMSM 电感小,电枢反应磁链一般小于永磁体励磁磁链 ψ_f,所以表贴式 PMSM 弱磁升速范围非常有限,而凸极式 PMSM 弱磁升速范围与凸极率关系密切,但总体比表贴式 PMSM 的弱磁升速范围大。

若合理设计直轴电感、凸极率以及 ψ_f 这三者之间的配比,则凸极式 PMSM 弱磁升速在理论上甚至能达到无限高。

(3) 转矩方程与负载角

在 PMSM-DTC 数学模型中,转矩方程有其特殊性(式 8.14),而磁链方程、电压方程、运动方程与矢量控制相同,不再列出。

$$T = \frac{3p}{4L_dL_q}\psi_1[2\psi_f L_q \sin\delta - \psi_1(L_q - L_d)\sin 2\delta] \tag{8.14}$$

对于表贴式 PMSM,$L_d = L_q = L_s$,则上式可简化为:

$$T = \frac{3p}{2L_s}\psi_1\psi_f \sin\delta \tag{8.15}$$

以上两式中,p 为电机极对数,ψ_1 指定子磁链幅值 $|\Psi_1|$,即俗称的定子磁链;ψ_f 指折算到定子侧之后的永磁体励磁磁链幅值 $|\psi_f|$,即俗称的转子磁链。δ 称为负载角(load angle),是定子磁链 ψ_1 与 d 轴之间的夹角(图 8.24),即定子磁链 ψ_1 与转子磁链 ψ_f 之间的夹角,也是负载反电势 e_1 与空载反电势 e_0 之间的夹角。

式 8.14 中,最大转矩所对应的负载角并非 90°,而是与电机参数有关。

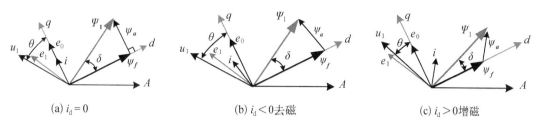

(a) $i_d = 0$ (b) $i_d < 0$ 去磁   (c) $i_d > 0$ 增磁

图 8.24 负载角 δ 与功角 θ

负载角 δ 是1997年PMSM-DTC方案中特意提出的一个专属概念，在数值上与功角 θ 相差不大，但在概念上不能把这两个角度混为一谈。功角 θ 是电励磁同步电机中的一个成熟概念，是空载反电势 e_0（q 轴）与定子端电压 u_1 之间的夹角；而负载角 δ 是空载反电势 e_0 与气隙反电势 e_1 之间的夹角。两个角度相差了一个定子电阻压降与漏抗压降，即 $u_1 = e_1 + i_1 R + j i_1 X$。假设忽略定子电阻与漏抗，则负载角等于功角。

式 8.14 与式 8.15 中，维持 ψ_1 与 ψ_f 恒定，通过改变负载角 δ，即可改变转矩的大小。选择不同的电压矢量，可快速调整定子磁链 Ψ_1 的空间位置，在转子磁链 ψ_f 由于机械惯性尚未明显变动其空间位置时，就迅速改变了负载角 δ，这是DTC动态响应快的原因。

定子磁链 Ψ_1 是转子磁链 ψ_f 和电枢反应磁链 ψ_a 在空间上的合成，矢量表达见式 8.16，式中的三个磁链都是有大小有方向的矢量。当 $i_d < 0$ 时，由于电枢反应的去磁作用，定子磁链有可能比转子磁链小（图 8.24b）。当 $i_d > 0$ 时，由于电枢反应的增磁作用，定子磁链肯定比转子磁链大（图 8.24c）。

$$\Psi_1 = \Psi_f + \Psi_a \tag{8.16}$$

在DTC中，具体确定 $|\Psi_1|$ 的数值时，应注意到PMSM电感小这一特点，$|\Psi_1|$ 往往与转子磁链幅值 $|\psi_f|$ 相差不大，故可将 $|\Psi_1| \approx |\psi_f|$ 作为初始值，然后在此基础上，结合控制方法，通常做法是略微往大的方向调整。

(4) 扇区判断的方法

判断定子磁链矢量 Ψ_1 所处的扇区，与判断 Ψ_1 的位置 γ 是两回事。判断位置 γ 最老实的方法就是计算两个分量 ψ_α 与 ψ_β 的反正切值：$\gamma = \mathrm{atan}(\psi_\beta/\psi_\alpha)$，$\gamma$ 的取值范围为 $0 \sim 2\pi$。但使用这个方法要做后处理，因为反正切计算结果取值范围在 $\pm \pi/2$ 之间，还要根据 ψ_α 与 ψ_β 的符号来具体判断处于哪个象限，另外还要注意分母 ψ_α 为零的特殊状况。以下只论述扇区的判断。

仿照"SVPWM"章节中的扇区判断方法，具体过程如下。

将某个瞬间的定子磁链矢量向图 8.25 中的三个相轴 a 轴、b 轴、c 轴做投影，判断三个投影

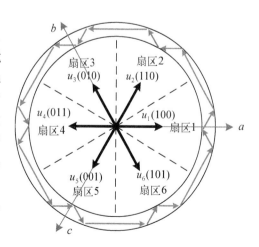

图 8.25 利用符号变量 N 进行扇区判断，定子磁链矢量向 a 轴、b 轴、c 轴投影

的正负号,这三个投影也是相磁链的瞬时值。因为只是求取符号函数 sign,因此可以忽略 Clarke 变换矩阵的系数 2/3,最终形成式 8.17。

$$\left.\begin{array}{l}A=\text{sign}(\psi_a)=\text{sign}(\psi_a) \quad \text{sign}(x)\geqslant 0 \text{ 时 } A=1 \quad \text{sign}(x)<0 \text{ 时 } A=0\\ B=\text{sign}\left(-\frac{1}{2}\psi_a+\frac{\sqrt{3}}{2}\psi_\beta\right)=\text{sign}(\psi_b) \quad \text{sign}(x)\geqslant 0 \text{ 时 } B=1 \quad \text{sign}(x)<0 \text{ 时 } B=0\\ C=\text{sign}\left(-\frac{1}{2}\psi_a-\frac{\sqrt{3}}{2}\psi_\beta\right)=\text{sign}(\psi_c) \quad \text{sign}(x)\geqslant 0 \text{ 时 } C=1 \quad \text{sign}(x)<0 \text{ 时 } C=0\end{array}\right\}$$

(8.17)

式 8.17 的含义非常简单,就是判断三个相磁链的正负号。定义符号变量 N 如式 8.18:

$$N=A+2B+4C \tag{8.18}$$

符号变量 N 的定义与"SVPWM"章节中完全相同,则 N 与扇区之间的关系见表 8.2。

表 8.2 符号变量 N 与扇区对应关系

扇 区	1	2	3	4	5	6
式 8.17 三个变量	CBA	CBA	CBA	CBA	CBA	CBA
式 8.17 计算结果	001	011	010	110	100	101
$N=A+2B+4C$	1	3	2	6	4	5

式 8.17 的三个变量按照[C,B,A]的顺序构造了一个三位二进制数,C 是最高位,A 是最低位,然后把这个二进制数转换成十进制,符号变量 N 就是转换后的十进制数。

(5) 开关表在程序中的查找方法

用 $[\varphi,\tau]$ 组成一个两位的二进制数(表 8.3a),再根据二进制的大小由上到下调整开关表的行的次序,用变量 hang(取值范围为 0~3)表示行(表 8.3b)。

表 8.3a 在程序中开关表的查找方法

φ	τ	$[\varphi,\tau]$	扇区 1	扇区 2	扇区 3	扇区 4	扇区 5	扇区 6
1	1	11	110	010	011	001	101	100
1	0	10	101	100	110	010	011	001
0	1	01	010	011	001	101	100	110
0	0	00	001	101	100	110	010	011

表 8.3b 在程序中开关表的查找方法

$[\varphi,\tau]$	hang	扇区 1	扇区 2	扇区 3	扇区 4	扇区 5	扇区 6
00	0	001	101	100	110	010	011
01	1	010	011	001	101	100	110
10	2	101	100	110	010	011	001
11	3	110	010	011	001	101	100

从表 8.2 可知符号变量 N 与扇区之间的关系,考虑到 C 语言的变量是从零起始而非从 1 起始,令变量 lie=$N-1$,表示开关表的列,将其列于表 8.3c。

表 8.3c 在程序中开关表的查找方法

lie=$N-1$		0	2	1	5	3	4
$[\varphi,\tau]$	hang	扇区 1	扇区 2	扇区 3	扇区 4	扇区 5	扇区 6
00	0	001	101	100	110	010	011
01	1	010	011	001	101	100	110
10	2	101	100	110	010	011	001
11	3	110	010	011	001	101	100

对表 8.3c 的列按变量 lie 的大小从左到右排列,最终形成表 8.3d。

表 8.3d 在程序中开关表的查找方法

lie=$N-1$		0	1	2	3	4	5
$[\varphi,\tau]$	hang	扇区 1	扇区 3	扇区 2	扇区 5	扇区 6	扇区 4
00	0	001	100	101	010	011	110
01	1	010	001	011	100	110	101
10	2	101	110	100	011	001	010
11	3	110	011	010	101	100	001

在程序中构造一个 4×6 的二维数组 $table$(式 7),此数组与表 8.3d 对应,是把电压矢量当成三位的二进制数,并将其转化为十进制数。求出变量 hang 与 lie(hang=$[\varphi,\tau]$、lie=$N-1$),确定二维数组的行与列,从而实现开关表的查找。

$$table[4][6]=\begin{bmatrix}1 & 4 & 5 & 2 & 3 & 6\\ 2 & 1 & 3 & 4 & 6 & 5\\ 5 & 6 & 4 & 3 & 1 & 2\\ 6 & 3 & 2 & 5 & 4 & 1\end{bmatrix} \quad (8.19)$$

理解了原理之后,还可以根据个人习惯对这种查表方式做修正变形。例如可修改符号变量的表达形式为:$N=A+2B+4C-1$、$N=4A+2B+C$、$N=4A+2B+C-1$,要注意 N 改变后,上文中的后续表格也要随之改正,因为形式虽异,但本质不变。

另外,在具体实现过程中,对电压做积分时有可能出现直流偏置,磁链正弦波波形将沿着纵轴整体上移或下移。这与积分起始时刻有直接关系,当出现这种情况时,可对磁链进行高通滤波以消除直流偏置。下述例程并未出现偏置问题,所以没有滤波的相关代码。

下述例程中,为求简化,只有内环,没有转速外环。磁链$|\Psi_1|^*$与转矩T^*均为手动给定的常数,系统原理见图 8.26。图中没有 PI,没有旋转变换,也不需要转子位置,体现了 DTC 的简易性。图 8.26 中的转速 n 仅用于观察,不参与控制。

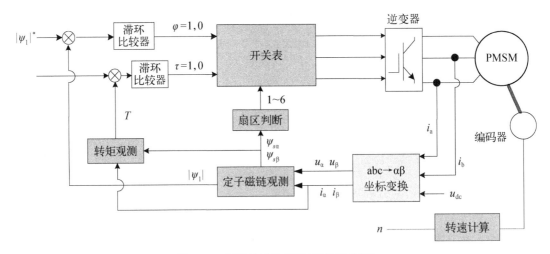

图 8.26　例程的系统框图(无转速外环)

(6) 标幺值的选取

根据实际,选取如下三个基本基值:转速基值 $n_b=4\,500$ rpm,电压基值 $u_b=24$ V,电流基值 $i_b=5$ A。其他派生基值如时间基值 t_b、磁链基值 ψ_b 等可根据这三个基本基值计算出来,从而确定程序中的某些给定量,如给定磁链$|\Psi_1|^*$、滞环宽度等。

8.3.2　CW 工程

新建工程,命名为 PMSM_DTC。添加三个模块 FreeMASTER、PWMMC、ADC。

在 FreeMASTER 中激活记录仪 Recorder,以观测快速变化的数据。PWMMC 频率设定为 10 kHz,死区时间为 3 μs,开中断(Enabled),选择互补模式。模块 ADC 采样 A、B 两相电流。

8.3.3　主文件 main.c

```
void main(void)
{ PE_low_level_init();
  PWMC1_OutputPadEnable();
  for(;;)
```

```
    {
        FMSTR1_Poll();
        FMSTR1_Recorder();
    }
}
```

8.3.4 中断文件 Events.c

```
# include"gflib.h"
# include"mlib.h"
        // ********手动给定的参数,标幺值 ********
Frac16 fluxref = FRAC16(0.56);     // 给定磁链,空载,在理论值基础上进行了微调
Frac16 Tref = FRAC16(0.05);        // 给定转矩,空载,在理论值基础上进行了微调
Frac16 Thigh = FRAC16(0.01);       // 转矩滞环宽度,Thigh 为上限,—Thigh为下限
Frac16 fluxhigh = FRAC16(0.025);   //磁链滞环宽度,fluxhigh 为上限,—fluxhigh
                                   //  为下限
signed int   duty = 32000;         // 占空比 97.66% ,32767 对应 100%
byte state = 0;                    // state = 0 什么也不做,state = 1 零电流
                                   //  自动校准,state = 1 为 DTC 闭环


        // ************常数 ****************
Frac16 sqrt32 = FRAC16(0.866025);  // $\sqrt{3}/2$
Frac16 T = FRAC16(0.079437);       // 控制周期,在理论值 0.094248 基础上进行
                                   //  了微调
Frac16 TR = FRAC16(0.037323);      // TR = T * R,电阻 R = 0.4 欧
signed int IA_off = 0;             // A 相电流校准初值
signed int IB_off = 0;             // B 相电流校准初值

    // 电流 AD 采样
unsigned int Va,Vb,Vc;
unsigned int Va0,Va1,Va2,Va3,Va4,Vb0,Vb1,Vb2,Vb3,Vb4;    // 平均值滤波
Frac16 ia,ib,ic;

    //定子磁链观测
Frac16 ua,ub,uc,ualpha,ubeta,ialpha,ibeta;
Frac16 fluxalpha,fluxbeta,flux;                          // $\Psi_\alpha,\Psi_\beta,\Psi$
Frac32 fluxalpha32,fluxbeta32,tempflux32;                // $\Psi_\alpha^2,\Psi_\beta^2,\Psi_\alpha^2 + \Psi_\beta^2$

    //转矩滞环
```

```c
    Frac16 errorT;                    //转矩差
    Frac16 Te;                        //实际转矩
    signed int tao;                   //τ,tao = 1 表示需要增大转矩,tao = 0 表示
                                      //  需要减小转矩

        //磁链滞环
    Frac16 errorflux;                 //fluxhigh 为磁链环上限,—fluxhigh 为
                                      //  磁链环下限
    signed int phi;                   //Φ,phi = 1 表示需要增大磁链,phi = 0 表
                                      //  示需要减小磁链

        //扇区判断
    Frac16 a1,b1,c1;
    signed int a,b,c,N,lie,hang;

    int table[4][6] = {   {1,4,5,2,3,6},
                          {2,1,3,4,6,5},
                          {5,6,4,3,1,2},
                          {6,3,2,5,4,1} };

    signed int voltage;               //电压矢量选择

        // ******电流 ADC,对 A、B 两相电流采样并做了简单的平均值滤波 ******
#pragma interrupt called
void AD1_OnEnd(void)
{
    AD1_GetChanValue16(0,&Va);
    AD1_GetChanValue16(1,&Vb);
    Va = Va >> 4;
    Vb = Vb >> 4;
    Va = Va + IA_off;                 // 必须放到 if 语句之前
    Vb = Vb + IB_off;                 // 必须放到 if 语句之前

    if(state = = 1)                   //state用做开关,零电流自动校准,零电流
                                      //  时,Va 与 Vb 理想值 2048
    {
      if(Va > 2048)
         IA_off - - ;
      else if(Va < 2048)
```

```
            IA_off + + ;
        if(Vb > 2048)
            IB_off - - ;
        else if(Vb < 2048)
            IB_off + + ;
    }
    Va3 = Va2;
    Va2 = Va1;
    Va1 = Va;
    Va4 = Va + Va1 + Va2 + Va3;      // 三个平均值与最近一次采样结果的累加
    Va = Va4 > > 2;                   // 右移两位除以 4,求平均值

    Vb3 = Vb2;
    Vb2 = Vb1;
    Vb1 = Vb;
    Vb4 = Vb + Vb1 + Vb2 + Vb3;
    Vb = Vb4 > > 2;

    ia = div_s((Frac16)Va,4095);
    ia = ia - FRAC16(0.5);
    ia = ia + ia;
    ib = div_s((Frac16)Vb,4095);
    ib = ib - FRAC16(0.5);
    ib = ib + ib;
    ic = - ia - ib;                   //三相电流之和为零
}

    // ********DTC 闭环 ********
# pragma interrupt called
void PWMC1_OnReload(void)
{
    AD1_Measure(0);                   //PWM 同步触发 ADC
if(state = = 2)                       // // state 用做开关,运行下列代码,开始 DTC
{
    //电流 Clarke 变换 [$i_a$,$i_b$,$i_c$]→[$i_\alpha$,$i_\beta$]
    Ialpha = ia;                      // $i_\alpha$ = 2/3 * $i_a$ — 1/3 * $i_b$ — 1/3 * $i_c$ = $i_a$
    ibeta = mult(FRAC16(0.577350),ib) - mult(FRAC16(0.577350),ic);
                                      // $i_\beta$ = 1/$\sqrt{3}$ * $i_b$ — 1/$\sqrt{3}$ * $i_c$
```

```
    //电压 Clarke 变换 [uₐ,u_b,u_c]→[uₐ,u_β]
ualpha = ua;
ubeta = mult(FRAC16(0.577350),ub) - mult(FRAC16(0.577350),uc);

    //磁链观测 Ψₐ,Ψ_β
Fluxalpha = fluxalpha + mult(T,ualpha) - mult(TR,ialpha);
    // Ψₐ(k + 1) = Ψ(k) + T * uₐ—T * R * iₐ,周期T,电阻R
Fluxbeta = fluxbeta + mult(T,ubeta) - mult(TR,ibeta);
    // Ψ_β(k + 1) = Ψ(k) + T * u_β—T * R * i_β

fluxalpha32 = MLIB_Mul32SS(fluxalpha,fluxalpha);    // Ψₐ²
fluxbeta32 = MLIB_Mul32SS(fluxbeta,fluxbeta);       // Ψ_β²
tempflux32 = MLIB_Add32(fluxalpha32,fluxbeta32);    // Ψₐ² + Ψ_β²
flux = GFLIB_SqrtIter(tempflux32);                  // √(Ψₐ² + Ψ_β²)
Te = mult(fluxalpha,ibeta) - mult(fluxbeta,ialpha);
                                                    // T_e = Ψₐ * i_β—Ψ_β * iₐ
    // 虽然 T_e= 1.5 * p * (Ψₐ * i_β—Ψ_β * iₐ) = 3(Ψₐ * i_β—Ψ_β * iₐ),p 为极对数
    // 但是标幺化之后,转矩公式中的系数为 1,与极对数无关

    //磁链滞环
errorflux = fluxref - flux;
if(errorflux < = - fluxhigh)
phi = 0;            // Φ = 0,Ψ * < Ψ,实际磁链偏大,已超出上限,需要减小
if(errorflux > fluxhigh)
phi = 1;            // Φ = 1,Ψ * > Ψ,实际磁链偏小,已超出下限,需要增大

    //转矩滞环
errorT = Tref - Te;
if(errorT < = - Thigh)
tao = 0;            // τ = 0,T * < T,实际转矩偏大,已超出上限,需要减小
if(errorT > = Thigh)
tao = 1;            // τ = 1,T * > T,实际转矩偏小,已超出下限,需要增大

    //扇区判断
a1 = fluxalpha;     // Ψₐ
b1 = mult(fluxalpha,FRAC16(- 0.5)) + mult(sqrt32,fluxbeta);
                                          // −1/2 * Ψₐ + √3/2 * Ψ_β
c1 = mult(fluxalpha,FRAC16(- 0.5)) - mult(sqrt32,fluxbeta);
                                          // −1/2 * Ψₐ − √3/2 * Ψ_β
```

```
if(a1 > = 0)
  a = 1;
if(a1 < 0)
  a = 0;
if (b1 > = 0)
  b = 1;
if(b1 < 0)
  b = 0;
if (c1 > = 0)
  c = 1;
if(c1 < 0)
  c = 0;

N = a + 2 * b + 4 * c;              //符号变量
lie = N - 1;                        //查找表列数,从 0 开始,0 ~ 5
hang = phi * 2 + tao;               // 查找表行数,从 0 开始,0 ~ 3
voltage = table[hang][lie];         //选择电压矢量 voltage

  if(voltage = = 1)                 // u5(001),$u_a = u_b = -1/3 * u_{dc}$, $u_c = 2/3 * u_{dc}$, $u_{dc} = 1$
  {
    PWMC1_SetRatio15(0,0);
    PWMC1_SetRatio15(2,0);
    PWMC1_SetRatio15(4,duty);
    ua = FRAC16(- 0.333333);
    ub = ua;
    uc = FRAC16(0.666667);
  }
  if(voltage = = 2)                 // u3(010),$u_a = u_c = -1/3$, $u_b = 2/3$
  {
    PWMC1_SetRatio15(0,0);
    PWMC1_SetRatio15(2,duty);
    PWMC1_SetRatio15(4,0);
    ua = FRAC16(- 0.333333);
    ub = FRAC16(0.666667);
    uc = ua;
  }
  if(voltage = = 3)                 // u4(011),$u_a = -2/3$, $u_b = u_c = 1/3$
```

```
      {
        PWMC1_SetRatio15(0,0);
        PWMC1_SetRatio15(2,duty);
        PWMC1_SetRatio15(4,duty);
        ua = FRAC16(- 0.666667);
        ub = FRAC16(0.333333);
        uc = ub;
      }
      if(voltage = = 4)              // u1(100),$u_a$= 2/3,  $u_b$= $u_c$= －1/3
      {
        PWMC1_SetRatio15(0,duty);
        PWMC1_SetRatio15(2,0);
        PWMC1_SetRatio15(4,0);
        ua = FRAC16(0.666667);
        ub = FRAC16(- 0.333333);
        uc = ub;
      }
      if(voltage = = 5)              // u6(101),$u_a$= $u_c$= 1/3,  $u_b$= －2/3
      {
        PWMC1_SetRatio15(0,duty);
        PWMC1_SetRatio15(2,0);
        PWMC1_SetRatio15(4,duty);
        ua = FRAC16(0.333333);
        ub = FRAC16(- 0.666667);
        uc = ua;
      }
      if(voltage = = 6)              // u2(110),$u_a$= $u_b$= 1/3,  $u_c$= －2/3
      {
        PWMC1_SetRatio15(0,duty);
        PWMC1_SetRatio15(2,duty);
        PWMC1_SetRatio15(4,0);
        ua = FRAC16(0.333333);
        ub = ua;
        uc = FRAC16(- 0.666667);
      }
    }
    PWMC1_Load();                    //始终重载
  }
```

8.3.5 FreeMASTER 工程

稳态转速大约 1 550 rpm,图 8.27 是经过滑动平均滤波处理后的结果,在例程中没有给出相关代码。转速值不参与算法反馈,仅用于波形的显示。

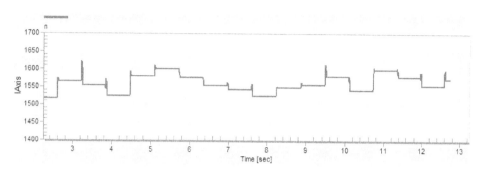

图 8.27 稳态转速($n=1\ 550\ \text{rpm}$)

其他参数不变,手动修改给定转矩 Tref,分别取 0.02、0.1、0.18,所对应的稳定转速分别约为 300、2600、3700 rpm(图 8.28),基本上是例程的转速极限。若 Tref 低于 0.02 电机会停转,Tref 高于 0.18 转速也不会再上升。添加了转速外环之后,Tref 将由转速差决定,是可以实现调速的。

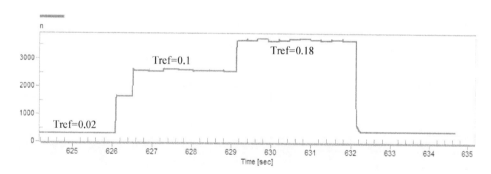

图 8.28 转速的动态变化(空载,横轴为时间,纵轴为 rpm)

实测发现(图 8.29),空载电流的有效值大约 1 A,看不出任何正弦的趋向,波动非常明显,这是很糟糕的,与没有使用零矢量关系很大。电机旋转时的噪声很大,也有发热的现象。

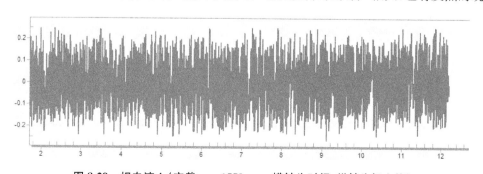

图 8.29 相电流 i_a(空载,$n=1550\ \text{rpm}$,横轴为时间,纵轴为标幺值)

用记录仪 Recorder 观察磁链 ψ_α 与 ψ_β(图 8.30)。ψ_α 超前 $90°$,两个磁链大体呈现正弦分布,且总体上关于横轴上下对称,说明在积分过程中没有出现直流偏置问题。

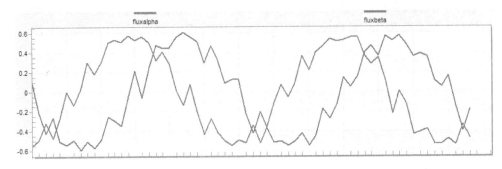

图 8.30　两相静止坐标系磁链 ψ_α 与 ψ_β(Recorder 显示,$n=1\,550$ rpm)

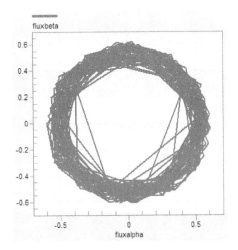

图 8.31　定子磁链轨迹($n=1550$ rpm)

用 X - Y plot 观察定子磁链的矢尖轨迹(图 8.31),横轴为 ψ_α,纵轴为 ψ_β,均为标幺值。圆的轨迹很粗、很杂乱,说明脉动大,单闭环例程的效果不理想。

决定能否成功启动的两个关键参数是控制周期 T 和磁链滞环宽度 fluxhigh,给定磁链和转矩滞环宽度也要考虑,但影响力不如前两个参数。一旦控制参数不合适,就会启动失败。

例程中只有内环,控制参数也非最优。如果添加了转速外环,包含初始定位与开环启动,并耐心地将参数调理恰当,效果会好一些。

附录

1 试验箱使用说明

1.1 注意事项

- 使用了 220 V 单相工频交流电,时刻牢记用电安全。
- 不可用手触摸芯片,以防人体静电损坏芯片。
- 所有设备都已固定,不要随意撬动,不能将任何设备移出箱体。

1.2 平台框图

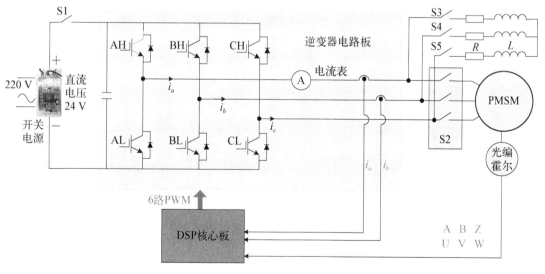

附图 1　实物平台框图

1.3 实物照片

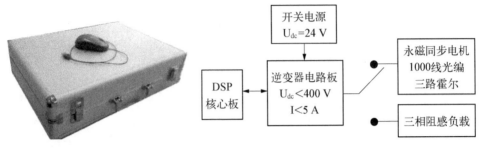

附图 2　试验箱外观(41 * 29 * 10 厘米)　　附图 3　系统关键部件

主要设备如下：
- 三相永磁同步电机 PMSM。
- 星型连接的三相阻感性负载,最大电流 1 A,由于电阻发热严重,需注意安全。
- DSP 最小核心板(核心板可插拔,可更换)。
- 逆变器电路板。
- USB TAP 仿真器。
- 空气开关断路器,附图 4 中从左往右,依次为 S1、S2、S3、S4、S5。
- 5 A 交流电流表。
- 开关电源。

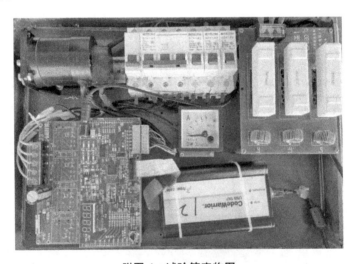

附图 4　试验箱实物图

1.4　断路器

五个断路器安装在一起,断路器开关上写明了开关状态:1:ON 为导通,向上扳动;0:OFF 为关断,向下扳动。

S1 是一位断路器,位于附图 4 最左侧,接通或断开 24 V 直流电压 u_{dc},以保证逆变器的安全。由于该电压虽然不高,但性质属于强电。在调试初期,以熟悉、学习为主,可暂不控制电机,那么应当断开 S1,待程序调试成功后再接通。

S2 是三位断路器,接通或断开三相电机 PMSM。

S3、S4、S5 是一位断路器(附图 5),接通或断开三相阻感性负载。

附图 5　空气开关断路器(一位)

1.5　开关电源

该开关电源就是常见的 AC/DC 整流器。输入一路交流电,输出两路直流电(附图 6)。

输入:220 V 交流电,单相工频(50 Hz),特别要注意用电安全。

输出 1:直流电压 24 V,最大电流 3 A。逆变器直流侧电源 u_{dc}。

附图 6　单输入双输出开关电源

输出 2:直流电压 5 V,最大电流 2 A。芯片工作电源,该 5 V 电源是始终接通的。

两路直流电压彼此独立,是隔离的。

1.6　仿真器

仿真器(烧录器、下载器)是个人电脑(上位机)和微处理器芯片通讯的工具,执行程序下载与调试的任务。仿真器的 USB 数据线与电脑连接,仿真器的 14 针 JTAG 接口与 DSP 核心板连接。

通常一个仿真器可兼容多个芯片,一个芯片所能选择的仿真器也很多,但不同厂家的仿真器一般不能混用。本试验箱采用芯片为飞思卡尔 DSC-56F84763,使用了 USB TAP 仿真器(附图 7),该仿真器价格较高。另一种功能更强大的仿真器是 MULTILINK UNIVERSAL(附图 8),接口丰富,但价格更高。国内也有第三方生产的几十元的仿真器。选用 USB TAP 仿真器的目的是为了使用软件 FreeMASTER。

附图 7　USB TAP 仿真器

附图 8　Multilink Universial 仿真器

1.7　电机

1) 电机参数

该电机(附图 9)为表贴式永磁同步电机 SPM,三相绕组星形连接。安装有霍尔位置传感器和 1000 线增量式光电编码器。仅使用霍尔传感器时,亦可作为无刷直流电机

BLDC 来使用。

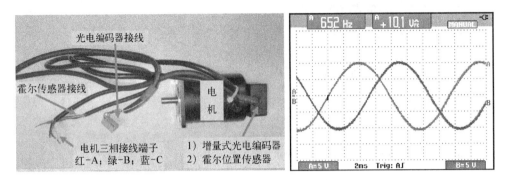

附图 9　永磁同步电机及其空载线反电势(e_{ab}, e_{bc})

附表 1　电机主要参数

面对电机轴,逆时针为旋转的正方向			
额定电压(V)	24	极数	$2p=4$
额定功率(W)	70	转子磁链 ψ_f(wb)	0.014 28
额定速度(rpm)	3 000	额定转矩(Nm)	0.22
额定电流(A)	4.2	电阻(Ω)	0.4
三相绕组	霍尔信号对应的转子位置 θ		增量式光电编码器
A 相:黄 B 相:绿 C 相:蓝	U:黄	$\theta=30°\sim210°$	A:绿白　　1 000/转
	V:绿	$\theta=150°\sim330°$	B:蓝白　　1 000/转
	W:蓝	$\theta=270°\sim90°$	Z:黄　　$\theta=150°$

2) 增量式光电编码器

光电编码器输出三个信号 A、B、Z。转子每转一圈,A 与 B 各输出 1000 个脉冲,Z 输出两个脉冲,即每个电周期输出一个 Z 脉冲。

电机正转时(附图 10~11),信号 A 超前 B 为 90°电角度;反转时,A 滞后 B 为 90°电角度。Z 信号常低,高电平时对应的转子位置为 150°电角度。

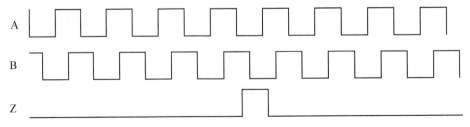

附图 10　光电编码器三路输出信号示意图(电机正转)

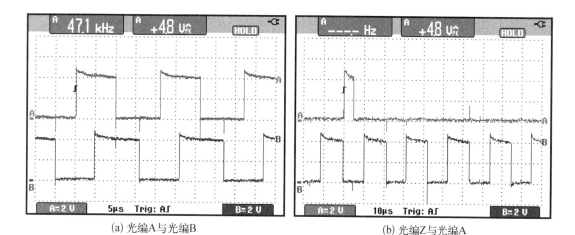

(a) 光编A与光编B　　　　　　　(b) 光编Z与光编A

附图 11　光电编码器实测输出信号（电机正转）

3）霍尔传感器

霍尔传感器安装在电机内部，输出三路信号 U、V、W。当电机正转时，三路信号依次滞后 120°电角度。示意图与实测图分别见附图 12 与附图 13。

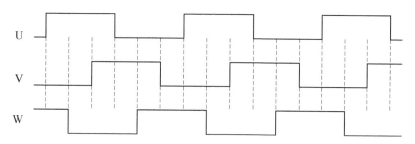

附图 12　霍尔位置传感器三路输出信号示意图（电机正转）

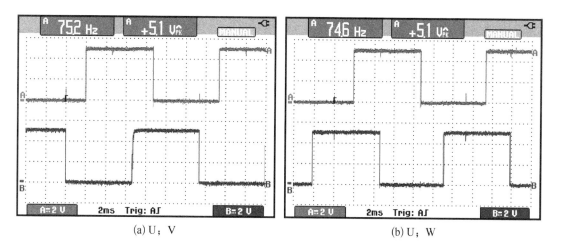

(a) U；V　　　　　　　　　　(b) U；W

附图 13　霍尔位置传感器实测输出信号（电机正转）

1.8 逆变器电路板

- 可外接三相永磁同步电机、无刷直流电机、阻感性负载。
- 采用智能功率模块 IPM，含六个 IGBT、六个反并联二极管、保护、驱动、报警电路等。
- 最大瞬间电流为 5 A，最大直流母线电压为 400 V。
- 硬件保护：过流（瞬间电流超过 5 A，自动保护）、过压、欠压、温升。
- 高低压电压隔离。
- J1：数字量接口，方向为输入。主要输入量为六路 PWM 信号，A＋、A－、B＋、B－、C＋、C－，分别控制逆变器六个 IGBT 功率管的开通与关断。A＋表示 A 相桥臂上管的驱动信号，A－表示 A 相桥臂下管的驱动信号，其他两相依此类推。
- J2：模拟量接口，方向为输出。
- J3：负载接口，A、B、C 接三相负载，＋、－分别接直流母线电压 u_{dc} 的正极与负极。

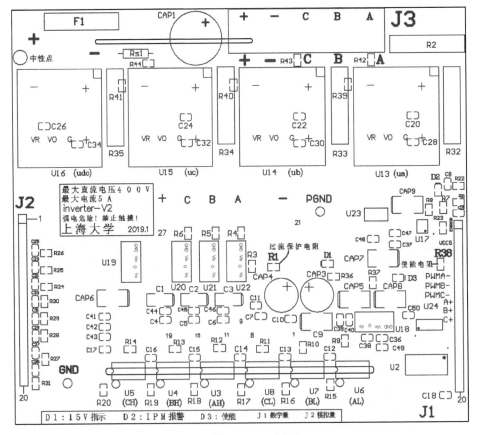

附图 14　逆变器电路板 TOP 丝印层

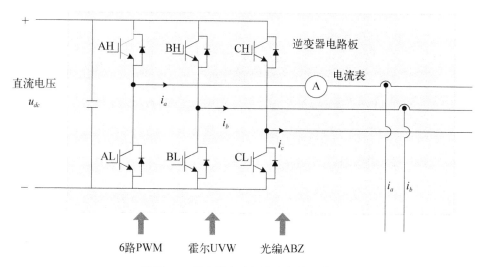

附图 15 逆变器电路板主要部件示意图

1.9 DSP 核心板

1) 接口功能说明

- U1：数字信号控制器 DSC，型号 56F84763，定点芯片，主频 100 MHz。
- J1：数字量接口，六路 PWM（高有效），使能信号 Enable（低有效），故障报警信号 Error（低有效），方向为输出。
- J2：模拟量接口，方向为输入，共 8 路模拟量：其中四路为电流信号 i_a、i_b、i_c、i_{dc}，四路为电压信号 u_a、u_b、u_c、u_{dc}。本试验箱只使用了其中两路电流信号 i_a、i_b。
- J3：光编、霍尔接口。A、B、Z 为三路光编信号，U、V、W 为三路霍尔信号。
- J4：5 V 供电直流电源。

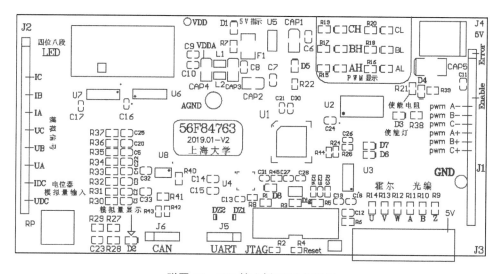

附图 16 DSP 核心板 TOP 丝印层

2) 发光二极管功能说明
- D1：5 V 供电直流电源指示。
- D2：电位器输入模拟电压指示,输入电压越高,D2 亮度越亮。
- D3：故障报警灯,发生故障时点亮,正常时熄灭。
- D4：使能灯,使能时点亮,禁止时熄灭。
- D5：比较器输入指示。GPIOC14。
- D6：XBAR 输出指示。GPIOF3。
- D7：XBAR 输出指示。GPIOF4。
- D8：DAC 模拟量输出指示。GPIOC5。
- AH：逆变器 A 相上管 PWM 信号指示,当 PWM 高电平时点亮,亮度正比于占空比。
- AL：逆变器 A 相下管 PWM 信号指示,当 PWM 高电平时点亮,亮度正比于占空比。
- BH：逆变器 B 相上管 PWM 信号指示,当 PWM 高电平时点亮,亮度正比于占空比。
- BL：逆变器 B 相下管 PWM 信号指示,当 PWM 高电平时点亮,亮度正比于占空比。
- CH：逆变器 C 相上管 PWM 信号指示,当 PWM 高电平时点亮,亮度正比于占空比。
- CL：逆变器 C 相下管 PWM 信号指示,当 PWM 高电平时点亮,亮度正比于占空比。
- 上述六个发光二极管 AH、BH、CH、AL、BL、CL,分别对应六路 PWM 脉冲。当二极管发光时,说明所对应的 IGBT 导通,二极管亮度越高,PWM 的占空比越大。

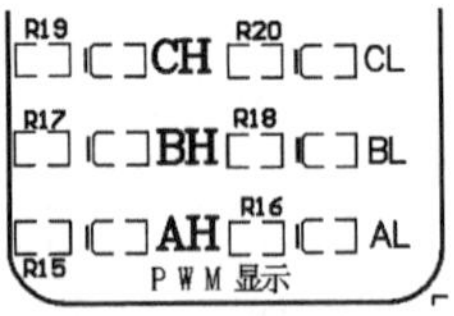

附图 17　六个发光二极管

3) 四位八段 LED 数码管

DSP 核心板左上方的四位八段式 LED 数码管,可用来显示电机转速、转矩、电流、电压等,通过 RCLK、SCLK、DIO 三路数字信号进行控制,需要在程序中编程。

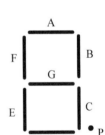

附图 18　八段式 LED 数码管(一位)

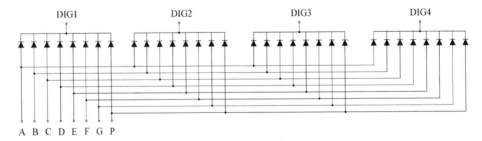

附图 19　八段式 LED 数码管(四位,共阴极)

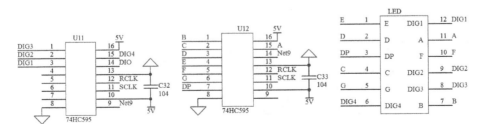

附图 20　LED 驱动电路

附图 20 为 LED 数码管的驱动电路,两个 74HC595 芯片接收 DSP 发出的三个控制信号 SCLK、RCLK、DIO,驱动 LED 显示数值。

4) 数字信号控制器 DSC-56F84763 引脚配置

附表 2 引 脚 配 置

DSC 引脚号	DSC 引脚名	功　　能	说　　明
46	GPIO E1	A 相上管驱动信号 AH	A+,高有效
45	GPIO E0	A 相下管驱动信号 AL	A-,高有效
48	GPIO E3	B 相上管驱动信号 BH	B+,高有效
47	GPIO E2	B 相下管驱动信号 BL	B-,高有效
52	GPIO E5	C 相上管驱动信号 CH	C+,高有效
51	GPIO E4	C 相下管驱动信号 CL	C-,高有效
33	GPIO C8	霍尔信号 U	
34	GPIO C9	霍尔信号 V	2 个脉冲/转
35	GPIO C10	霍尔信号 W	
58	GPIO F6	光编信号 A	1 000 线
59	GPIO F7	光编信号 B	1 000 个脉冲/转
49	GPIO C13	光编信号 Z	2 个脉冲/转
50	GPIO F1	使能信号 Enable	低有效
36	GPIO F0	报警信号 Error	高有效
7	GPIO C3	LED 存储时钟 RCLK	
8	GPIO C4	LED 移位时钟 SCLK	从 DSP 芯片的三个引脚输出
9	GPIO A7	LED 数据端口 DIO	
13	GPIO A0	A 相电流 IA	i_a
24	GPIO B0	B 相电流 IB	i_b
14	GPIO A1	C 相电流 IC	i_c
15	GPIO A2	A 相电压 UA	u_a
27	GPIO B2	B 相电压 UB	u_b

续表

DSC 引脚号	DSC 引脚名	功　能	说　明
16	GPIO A3	C 相电压 UC	u_c
25	GPIO B1	逆变器直流侧电流 Idc	i_{dc}
28	GPIO B3	逆变器直流侧电压 Udc	u_{dc}
20	GPIO B5	电位器模拟量输入	RP
18	GPIO C5	DAC 输出	数模转换

1.10　连接

将个人笔记本电脑、USB TAP 仿真器、DSP 核心板按附图 21 方式进行连接。其中,仿真器与实验箱的连线已经安装,用户只需要连接如下两根线即可(附图 22):

1) 220 V 交流电源线。
2) USB TAP 仿真器的数据线。

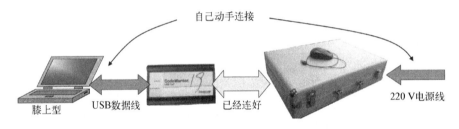

附图 21　连接方式

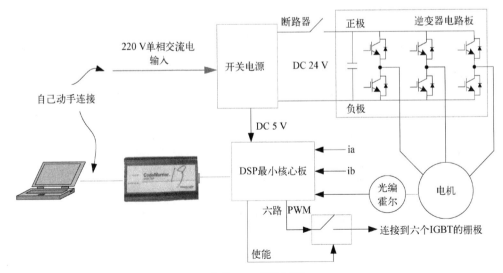

附图 22　系统框图

1.11 再次提醒注意事项

- 牢记用电安全,尤其当开关电源输入的是 220 V 交流电,要特别注意。
- 禁止撬动任何设备。
- 不可用手触摸芯片。

2 PMSM 标幺化数学模型

定点数的定标不是一件容易的事,既要考虑精度,又要防止溢出,需要不断地调整参数的定标值,很容易出现错误。为简化定标问题,采用下列规定:

1) 凡是整型数不满足要求的场合,参与数学运算的数据全部采用 Frac16 格式,它是 16 位有符号小数,Q15 定标格式,取值范围为[-1,+1)。

2) 与此相对应,电机控制采用标幺化系统,即电机数学模型均为标幺值,运算过程中数据全部采用 Frac16 格式。

数据统一采用 Q15 定标格式,会使得编程大为简化,同时还可以保持比较高的精度。

2.1 基值选取

选择三个基本基值:电压、电流、转速,其他基值从这三个基本基值中派生。基值选取的常用原则是:电压基值为额定相电压的幅值、电流基值为额定相电流的幅值、转速基值为额定转速。但是在数字化编程中不建议这么选,必须将可能达到的最大值做为基值,以保证电压、电流、转速均在-1~+1 之间变化,最大可能杜绝溢出的发生。

理论上基值可以任意选择,但基值选的过大或过小都不行。基值过大将导致精度变低,过小则容易发生溢出,三个基本基值可以按照下文所述的原则来选取。

1) 三个基本基值:

① 电压基值:u_b 选择逆变器直流侧电压 u_{dc},单位 V

② 电流基值:i_b 选择最大电流,单位 A

③ 转速基值:n_b 选择最高转速,单位 rpm

2) 派生基值:

① 角频率基值:$\omega_b = \dfrac{2p\pi}{60} n_b$($p$ 为极对数)

② 频率基值:$f_b = \dfrac{p}{60} n_b$

③ 磁链基值:$\psi_b = \dfrac{u_b}{\omega_b} = \dfrac{60}{2p\pi} \dfrac{u_b}{n_b}$

④ 阻抗基值:$Z_b = \dfrac{u_b}{i_b}$

⑤ 电感基值:$L_b = \dfrac{\psi_b}{i_b} = \dfrac{60}{2p\pi} \dfrac{u_b}{i_b n_b}$

⑥ 时间基值：$t_b = \dfrac{2\pi}{\omega_b} = \dfrac{1}{f_b}$，旋转一个 360°电周期所需时间

⑦ 功率基值：$S_b = \dfrac{3}{2} u_b i_b$

⑧ 机械角速度基值：$\Omega_b = \dfrac{\omega_b}{p} = \dfrac{2\pi}{60} n_b$

⑨ 转矩基值：$T_b = \dfrac{S_b}{\Omega_b} = \dfrac{45}{\pi} \dfrac{u_b i_b}{n_b}$

⑩ 转动惯量基值：$J_b = \dfrac{S_b p^2}{\omega_b^3} = \dfrac{40\,500}{p\pi^3} \dfrac{u_b i_b}{n_b^3}$

⑪ 微分算子：$\dfrac{1}{\omega_b} \dfrac{d}{dt} = \dfrac{d}{d\left(\dfrac{t}{t_b}\right)} = \dfrac{d}{dt^*}$

⑫ 角度基值：$\theta_b = 2\pi$，角度取值范围 $0 \sim 2\pi$；也可以选 π，取值范围 $-\pi \sim +\pi$。

2.2 标幺值数学模型

先列出实际值表示的数学模型，把其中的变量除以基值，就可以得到标幺值数学模型，采用磁势恒定的坐标变换。

1) 实际值电压方程为：

$$u_d = R_1 i_d + L_d \frac{di_d}{dt} - L_q i_q \omega$$

$$u_q = R_1 i_q + L_q \frac{di_q}{dt} + (L_d i_d + \psi_f)\omega$$

左右同时除以电压基值 u_b，化为标幺值方程，推导过程如下，注意到 $u_b = Z_b i_b$：

$$\frac{1}{u_b}\begin{bmatrix} u_d \\ u_q \end{bmatrix} = \frac{1}{u_b}\begin{bmatrix} R_1 i_d + L_d \dfrac{di_d}{dt} - L_q i_q \omega \\ R_1 i_q + L_q \dfrac{di_q}{dt} + (L_d i_d + \psi_f)\omega \end{bmatrix}$$

$$= \begin{bmatrix} \dfrac{R_1 i_d}{Z_b i_b} + \dfrac{L_d}{L_b} \cdot \dfrac{di_d}{i_b} \cdot \dfrac{1}{\omega_b dt} - \dfrac{L_q i_q \omega}{L_b i_b \omega_b} \\ \dfrac{R_1 i_q}{Z_b i_b} + \dfrac{L_q}{L_b} \cdot \dfrac{di_q}{i_b} \cdot \dfrac{1}{\omega_b dt} + \dfrac{(L_d i_d + \psi_f)\omega}{L_b i_b \omega_b} \end{bmatrix}$$

标幺值电压方程与实际值完全相同：

$$\begin{bmatrix} u_d \\ u_q \end{bmatrix} = \begin{bmatrix} R_1 i_d + L_d \dfrac{di_d}{dt} - L_q i_q \omega \\ R_1 i_q + L_q \dfrac{di_q}{dt} + (L_d i_d + \psi_f)\omega \end{bmatrix} \tag{1}$$

2) 实际值磁链方程的左右两边同时除以磁链基值 ψ_b，得到标幺值方程，推导过程如下，

注意到 $\psi_b = L_b i_b$：

$$\frac{1}{\psi_b}\begin{bmatrix}\psi_d\\\psi_q\end{bmatrix}=\frac{1}{\psi_b}\begin{bmatrix}L_d i_d + \psi_f\\L_q i_q\end{bmatrix}=\begin{bmatrix}\dfrac{L_d}{L_b}\dfrac{i_d}{i_b}+\dfrac{\psi_f}{\psi_b}\\\dfrac{L_q}{L_b}\dfrac{i_q}{i_b}\end{bmatrix}$$

磁链的标幺值方程与实际值方程完全相同：

$$\begin{bmatrix}\psi_d\\\psi_q\end{bmatrix}=\begin{bmatrix}L_d i_d + \psi_f\\L_q i_q\end{bmatrix} \tag{2}$$

3）实际值转矩方程：

$$T=\frac{3}{2}p[i_q\psi_f+(L_d-L_q)i_d i_q]$$

左右同时除以转矩基值 T_b，化为标幺值方程，推导过程如下：

$$\frac{1}{T_b}T=\frac{1}{T_b}\frac{3}{2}p(i_q\psi_f+(L_d-L_q)i_d i_q)=\left(\frac{i_q}{i_b}\frac{\psi_f}{\psi_b}+\frac{(L_d-L_q)}{L_b}\frac{i_d}{i_b}\frac{i_q}{i_b}\right)$$

转矩的标幺值方程如下，与实际值方程在形式上不一样，系数为1。

$$T=[i_q\psi_f+(L_d-L_q)i_d i_q] \tag{3}$$

4）实际值运动方程：

$$T-T_L=J\frac{d\Omega}{dt}$$

标幺化过程如下：

$$\frac{T-T_L}{T_b}=\frac{J}{J_b}\frac{1}{\omega_b}\frac{d}{dt}\frac{\Omega}{\Omega_b}$$

整理后得式4，与实际值方程在形式上完全相同：

$$T-T_L=J\frac{d\Omega}{dt} \tag{4}$$

除了转矩方程相差一个系数之外，其他三个标幺值方程在形式上与实际值方程完全相同。

另外，转化为标幺值后，转速、频率、角频率的数值相等：

$$n=f=\omega \tag{5}$$